Agriculture et biodiversité

Valoriser les synergies

Collection *Matière à débattre et décider*

La protection des indications géographiques
France, Europe, Inde
Delphine Marie-Vivien
2012, 240 p.

Comportements alimentaires
Choix des consommateurs et politiques nutritionnelles
Ouvrage collectif
2012, 104 p.

Lobbying de l'agroalimentaire et normes internationales
Le cas du Codex *Alimentarius*
Maryvonne Lassalle-de Salins
2012, 264 p.

La France des friches
De la ruralité à la féralité
Annik Schnitzler et Jean-Claude Génot
2012, 208 p.

The world's challenge
Feeding 9 billion people
Marion Guillou et Gérard Matheron
2011, 240 p.

Éditions Quæ
RD 10
78026 Versailles Cedex, France
www.quae.com

ISBN 978-2-7592-1824-0
ISSN 2115-1229

Agriculture et biodiversité

Valoriser les synergies

Expertise scientifique collective Inra
Juillet 2008

Xavier Le Roux, Robert Barbault, Jacques Baudry, Françoise Burel, Isabelle Doussan, Éric Garnier, Félix Herzog, Sandra Lavorel, Robert Lifran, Jean Roger-Estrade, Jean-Pierre Sarthou, Michel Trommetter

Éditions Quæ

Directrice de la publication
Claire Sabbagh, Inra, unité Expertise scientifique collective

Contacts
Xavier Le Roux : leroux@bioserv.univ-lyon1.fr ; Claire Sabbagh : sabbagh@paris.inra.fr

Le rapport d'expertise, source de cette synthèse, a été élaboré par les experts scientifiques sans condition d'approbation préalable par les commanditaires ou l'Inra. La synthèse a été validée par les auteurs du rapport. La liste des experts mobilisés pour cette expertise figure en fin de document.
Le rapport intégral de l'expertise et les références bibliographiques sont accessibles sur le site internet de l'Inra.

Le présent document constitue la synthèse d'un rapport réalisé à la demande du ministère de l'Écologie, de l'Énergie, du Développement durable et de l'Aménagement du territoire et du ministère de l 'Agriculture et de la Pêche.

Sommaire

Conclusions

Avant-propos

Contexte et enjeux de l'ESCo

Cette expertise scientifique collective (ESCo), réalisée à la demande des ministères de l'Agriculture et de la Pêche, et de l'Écologie, de l'Énergie, du Développement durable et de l'Aménagement du territoire, intervient dans un contexte marqué par un très fort intérêt porté à la biodiversité, désormais considérée comme un enjeu d'importance majeure. Cet intérêt est né du constat de la perte actuelle de biodiversité (liée notamment à l'activité agricole), de la prise de conscience de ses rôles multiples (ressources génétiques potentielles, services écologiques à valeur marchande ou non, capacité d'autorégulation des agro-écosystèmes...) et des réflexions sur la conception de nouvelles manières de produire pour faire face aux enjeux futurs (baisse de l'emploi des pesticides, adaptation des systèmes au changement climatique, diminution de l'utilisation de carburants fossiles...) dans lesquels la biodiversité tient une part importante, comme élément majeur des capacités d'adaptation des agro-écosystèmes.

Les spécificités de la problématique biodiversité dans le domaine agricole

Parmi l'ensemble des secteurs d'activité, l'agriculture entretient des interrelations étroites avec la biodiversité, dont elle peut bénéficier, qu'elle peut modifier et qu'elle peut contribuer à maintenir. Pour l'agriculture, la biodiversité est ainsi l'objet d'un intérêt croissant à tous les niveaux de l'action publique. L'activité agricole implique généralement d'orienter et de contrôler les biocénoses des zones qu'elle exploite. La question des relations entre agriculture et biodiversité est donc souvent posée en termes de compromis ou de cohabitations. Mais l'agriculture est également susceptible d'avoir des effets bénéfiques sur la biodiversité à différentes échelles et à différents niveaux d'organisation. Plus encore, les bénéfices pour l'agriculture du maintien de la biodiversité peuvent être nombreux, pour la production agricole au sens large, *via* les « services écosystémiques » rendus au sein des espaces agricoles.

Actualité politique de la demande d'expertise

Lors de la commande de l'ESCo, début 2007, plusieurs échéances politiques étaient annoncées : concernant l'Europe, la renégociation de la Politique agricole commune (PAC) autour de la conditionnalité des aides publiques à l'agriculture et les discussions sur la définition des objectifs pour arrêter la perte de biodiversité dans le cadre de la Convention internationale sur la diversité biologique. En France, l'actualité était également forte, avec la mise en œuvre de la Stratégie nationale pour la biodiversité, et en particulier la révision de la première programmation du plan sectoriel « Agriculture » de cette stratégie, la révision à mi-parcours du nouveau Plan de développement rural hexagonal (PDRH) et l'adaptation des mesures agri-environnementales (MAE) nationales après leur première mise en œuvre sur 2007, ainsi que la préparation de la 9e Conférence des Parties (COP 9), en mai 2008, qui a procédé à l'examen approfondi du volet agriculture.

Depuis lors, l'actualité politique de ces questions s'est encore renforcée, avec, notamment, la réflexion sur la biodiversité engagée dans le cadre du Grenelle de l'environnement, qui a débouché sur la création d'une fondation pour la recherche sur la biodiversité et a donné lieu à des projets en cours de réalisation, comme la mise en place d'une trame verte et la stratégie nationale des aires protégées, ainsi que le plan de conservation de 131 espèces en danger, dont les pollinisateurs. Par ailleurs, la France a organisé en novembre 2008, sous sa présidence de l'Union européenne, un colloque scientifique international, destiné aux décideurs, « Agriculture et biodiversité ».

Les questions posées à l'ESCo

Dans ce contexte et face à ces enjeux, les ministères en charge de l'agriculture et de l'écologie ont demandé à l'Inra de réaliser un état des connaissances pluridisciplinaires sur les relations existant entre agriculture et biodiversité, afin de mettre à disposition de l'ensemble des acteurs tous les éléments nécessaires pour orienter les actions et les décisions (*encadré 1*).

Les questions, formulées par les commanditaires dans une lettre de cadrage adressée à l'Inra, concernaient les effets de l'agriculture sur la biodiversité, les rôles et valorisations possibles de cette biodiversité pour l'agriculture, les marges de manœuvre techniques pour mieux internaliser la biodiversité dans l'agriculture, et enfin la faisabilité économique, technique et sociale de cette internalisation.

Le périmètre de l'ESCo

L'expertise collective scientifique s'est focalisée sur la biodiversité ordinaire, ne considérant la biodiversité domestique que comme l'une des composantes des systèmes de production susceptible notamment d'influer sur la biodiversité non domestique. Sur le plan géographique, l'ESCo ne prend en compte que le cas de la France métropolitaine. Les milieux aquatiques ainsi que les forêts sont exclus du champ de l'ESCo.

Méthode et portée de l'ESCo

Les compétences nécessaires pour traiter les questions posées au sein du collectif d'experts relèvent de l'écologie, de l'agronomie, aux différents niveaux d'organisation pertinents (parcelle, exploitation, système, paysage), de l'économie, de la sociologie, du droit. Cette association de disciplines vise à intégrer des niveaux de complexité croissants, des organismes biologiques au paysage et aux structures de décision.

L'ESCo a mobilisé une vingtaine d'experts d'origines institutionnelles diverses, en France (Inra, CNRS, IRD, Écoles supérieures d'agronomie) et à l'étranger (Agroscope et Institute of environmental sciences de Zurich, université de Louvain-la-Neuve).

1

L'expertise scientifique collective (ESCo)

L'ESCo est une activité d'appui à la décision publique : l'exercice consiste à répondre à une question complexe posée par un commanditaire public en établissant, sur la base de la bibliographie mondiale, un état des connaissances scientifiques pluridisciplinaires qui fait la part des acquis, des incertitudes, des lacunes et des controverses. L'ESCo ne produit pas d'études spécifiques pour répondre aux questions posées. Elle ne fournit ni avis ni recommandations, et ne comporte pas de dimension prospective.

Le travail d'expertise est réalisé par un collectif de chercheurs, spécialistes de différentes disciplines et appartenant à divers organismes de recherche. Il se conclut par la production d'un rapport qui rassemble les contributions des experts et par une synthèse notamment à l'usage des décideurs.

Le travail des experts s'est appuyé sur le traitement de quelque 2 000 références bibliographiques, composées d'articles scientifiques, de rapports internationaux et de documents techniques, dont les experts ont extrait, analysé et assemblé les éléments utiles pour éclairer les questions posées.

L'expertise est structurée en cinq parties. Elle s'ouvre sur une partie liminaire de rappel des définitions, concepts et enjeux autour du thème « Agriculture et biodiversité ». Le premier chapitre explore les modes d'action de l'agriculture sur la biodiversité, à travers les pratiques culturales à la parcelle, mais aussi à l'échelle du paysage. L'expertise s'intéresse ensuite aux services rendus par la biodiversité, qui peuvent contribuer à augmenter la productivité et la stabilité des agro-écosystèmes, en portant une attention particulière aux éléments hors de la parcelle, qui constituent la matrice paysagère (chapitre 2). L'intégration des éléments et des services de la biodiversité utiles à l'agriculture est ensuite examinée dans le contexte des systèmes de production et de leurs contraintes (chapitre 3). Le chapitre 4 analyse les fondements juridiques et les instruments utilisés par les politiques publiques. Il examine les résultats obtenus par les MAE et développe l'analyse des modèles possibles d'organisation et de gestion. Enfin, il aborde les conditions d'une mise en œuvre des instruments au service des politiques publiques.

Biodiversité et agriculture : éléments de cadrage

Cette introduction se propose de donner des éléments de contexte pour comprendre l'origine et les enjeux de la question posée aux experts, à savoir les conditions d'une meilleure intégration de la biodiversité dans l'agriculture. Ce questionnement opère un rapprochement entre deux termes, la biodiversité et l'agriculture, dont le lien, pour sembler évident, n'en est pas moins complexe et doit être resitué dans une double histoire : celle du concept de biodiversité et celle des évolutions de l'agriculture à partir de la seconde moitié du XXe siècle. La diversité est une idée récente et une notion complexe qui s'est construite sous l'influence combinée des savoirs scientifiques, des préoccupations sociales et des politiques publiques. De la même façon, l'agriculture est un secteur d'activité qui s'est profondément modernisé au cours des cinquante dernières années, notamment en substituant des intrants industriels aux services écologiques fournis par la biodiversité. Répondre à la question posée en établissant un bilan des connaissances sur l'état actuel de la relation agriculture-biodiversité et sur les voies permettant de valoriser les bénéfices que la société peut tirer d'une meilleure intégration constitue un sujet inédit. Celui-ci se situe au carrefour de l'écologie, de l'agronomie, de l'économie, du droit, de la sociologie et des sciences politiques.

La biodiversité : concepts et enjeux

L'émergence du concept de biodiversité

Attestée depuis l'Antiquité, l'étude de la diversité du vivant va connaître à partir du XVIIIe siècle des développements successifs, marqués notamment par la classification de Linné, l'apparition de la théorie de l'évolution puis de la génétique, et le développement, dans les années 1950, de l'écologie. Les deux étapes suivantes de cette histoire scientifique sont liées à l'émergence de deux concepts : celui de biodiversité, dans les années 80, et plus tard celui de diversité fonctionnelle et de services des écosystèmes.

Le néologisme « biodiversité » a été popularisé par le Sommet de la Terre de Rio, en 1992. Il englobe trois niveaux d'organisation du vivant : la diversité écologique (ou diversité des écosystèmes), la diversité spécifique (diversité des espèces ou interspécifique), la diversité génétique (ou intra-spécifique). Bien que considéré par certains comme synonyme de diversité biologique, le terme « biodiversité » s'en distingue par deux ruptures épistémologiques. La première, dans le champ des sciences de la nature, porte sur les interdépendances entre les trois composantes majeures de la diversité du vivant, classiquement abordées séparément par des spécialistes portés à s'ignorer – les écologues, les systématiciens et les généticiens. La seconde rupture, plus significative, s'inscrit dans un champ plus large : la biodiversité n'appartient plus aux seuls biologistes mais inscrit la diversité du vivant dans les enjeux, préoccupations et conflits d'intérêts exprimés à Rio. C'est également en 1992 qu'est signée la Convention pour la diversité biologique (CDB).

L'évolution des concepts de biodiversité, depuis la conception patrimoniale d'une biodiversité support de l'évolution jusqu'à la conception utilitariste d'une biodiversité support des services rendus par les écosystèmes, a marqué la dernière décennie. Cette évolution s'est accompagnée d'une transformation dans les valeurs dominantes qui fondent la protection de la biodiversité : l'accent est dorénavant mis sur la valeur d'usage direct et indirect, au travers des services rendus pas les écosystèmes, et non plus simplement sur la valeur d'existence.

À la complexité du concept de biodiversité dans sa définition scientifique s'ajoute le fait qu'il a été forgé et utilisé dans les débats internationaux à partir de quatre logiques, qui ne sont pas forcément cohérentes les unes avec les autres. L'Institut de développement durable et des relations internationales (Iddri) les caractérise de la manière suivante :

- une logique environnementaliste qui affiche la conservation comme objectif ;
- une logique agronomique qui cherche à limiter l'érosion de la diversité génétique dans un but d'amélioration des plantes ;
- une logique commerciale qui s'est exprimée par l'adoption du principe de propriété intellectuelle du vivant lors des négociations de l'Uruguay Round ;
- une logique culturaliste ou indigéniste venue se greffer aux débats à la fin des années 80.

La biodiversité est ainsi devenue le cadre de réflexion et de discussion dans lequel sont revisitées et reformulées l'ensemble des questions posées par les relations que l'homme entretient avec les autres espèces et les milieux naturels. La « gestion de la biodiversité » a remplacé la « protection de la nature ». Cette multiplicité des motivations et des conceptions (patrimoniale ou fonctionnelle) conduit à de grandes difficultés dans l'élaboration d'un cadre juridique de conservation de la biodiversité.

La biodiversité dans l'ordre juridique

La CDB est le premier texte de droit international définissant la diversité biologique et la reconnaissant comme une valeur que les États doivent protéger. Celle-ci est définie comme « la variabilité des organismes vivants de toutes origines, y compris les écosystèmes terrestres, marins et autres écosystèmes aquatiques et les complexes écologiques dont ils font partie. Cela comprend la diversité au sein des espèces et entre espèces ainsi que celle des écosystèmes ». En conséquence, la biodiversité se présente comme un concept intégrateur permettant en principe d'englober l'ensemble du vivant dans ses relations avec les éléments abiotiques qui lui sont nécessaires. Or c'est précisément parce que l'objectif de protection de la biodiversité conduit à repenser les relations que l'homme entretient avec son environnement naturel qu'il est extrêmement ambitieux et complexe à mettre en œuvre. Faute d'un accord sur la nature même de ces nouvelles relations, le cadre juridique dans lequel est censée s'inscrire sa protection est resté fondamentalement le même. Construit sur les visions anciennes de la nature, il continue notamment à être profondément marqué par la division essentielle entre les choses et les êtres humains, seuls sujets de droits.

Nombreuses sont les propositions, issues de recherches juridiques relatives à la définition d'un statut propre aux ressources naturelles, qui pourraient rendre compte de l'interdépendance et de la complexité des relations entre les êtres humains et l'environnement. Mais ces propositions, qui conduisent souvent à de profonds bouleversements de l'ordre juridique, sont dans l'ensemble politiquement et économiquement difficilement acceptables. Le concept de « patrimoine commun de l'humanité » est l'une d'elles. Elle n'a pas été retenue dans la CDB.

Actuellement, la protection de la biodiversité doit donc s'accommoder des catégories juridiques classiques, que la CDB n'est pas parvenue à remettre en cause. Les auteurs remarquent ainsi que la biodiversité reste un concept abstrait que le droit, et plus généralement les politiques publiques, ont du mal à prendre en compte. Les études juridiques en tirent deux conséquences. Premièrement, en cas de conflit d'intérêts entre la protection de la biodiversité et d'autres valeurs reconnues par le droit, comme la propriété foncière et intellectuelle ou les principes de la libre concurrence, l'ordre juridique actuel est globalement favorable aux seconds. Deuxièmement, la protection de la biodiversité est comprise dans l'ensemble des mesures de protection de la santé humaine et de l'environnement, et les mesures concrètes de protection concernent le plus souvent les « éléments » de la biodiversité, comme certains écosystèmes, espaces naturels, espèces sauvages ou encore certaines ressources phytogénétiques. En conséquence, les mesures de protection de la biodiversité sont encore en grande part ciblées, c'est-à-dire visant des espèces ou des espaces déterminés, tandis que les mesures de prévention des atteintes visent la santé humaine et les milieux physiques, sans cibler spécifiquement la biodiversité en tant que telle (exemple : les procédures d'évaluation des produits phytopharmaceutiques ou des fertilisants).

La biodiversité dans l'ordre politique

Les fondements des politiques de protection de la biodiversité se sont initialement inscrits dans un contexte de prise de conscience des menaces qui pèsent sur elle, et de l'intérêt pour l'humanité de la protéger (*encadré* 2). Il s'agissait donc d'une logique de conservation des milieux et des ressources naturels. Le constat de disparitions d'espèces à un rythme supérieur à tous ceux connus au cours des époques géologiques a d'abord conduit les scientifiques à privilégier le nombre d'espèces présentes dans les écosystèmes, autrement dit la dimension quantitative de la biodiversité, ce qui s'est traduit dans le champ politique en mesures de préservation.

Aujourd'hui, un consensus des chercheurs semble s'être établi sur le constat selon lequel l'impact des espèces sur le fonctionnement des écosystèmes dépend plus des fonctions que ces espèces remplissent dans l'écosystème que de leur nombre en tant que tel. On trouve la traduction de cette convergence dans la notion de « services » rendus par la biodiversité, largement popularisés par le Millenium Ecosystem Assessment (ONU, 2005) : services d'approvisionnement tels que la nourriture, l'eau douce..., services de régulation tels que la régulation du climat, de l'épuration et de la qualité des eaux, services culturels tels que des bénéfices récréatifs...

Les politiques de protection de l'environnement sont fondées sur cette double approche. La valeur intrinsèque de certaines ressources naturelles puis, en 1992, de la biodiversité est proclamée. Cela implique, en principe, qu'elle soit protégée indépendamment de l'utilité qu'elle présente pour l'homme et qu'elle coexiste avec la valeur

2

Pourquoi protéger la biodiversité ?
(d'après Christian Lévêque, 1997)

Motifs économiques

- Elle contribue à la fourniture de nombreux produits alimentaires, de matières premières pour l'industrie, de médicaments, de matériaux de construction et à usages domestiques.
- Elle est à la base de toute la production agricole, tant du point de vue du nombre d'espèces utilisées que des nombreuses variétés patiemment sélectionnées. Elle est indispensable pour l'amélioration des végétaux et des animaux domestiques.
- Elle offre d'importantes perspectives de valorisation dans le domaine des biotechnologies, notamment pour les mircroorganismes, mais également dans le domaine des manipulations génétiques.
- Elle suscite une activité économique liée au tourisme et à l'observation d'espèces dans leur milieu ou à l'attrait de beaux paysages.
- Elle joue un rôle dans la régulation des grands équilibres physico-chimiques de la biosphère, notamment au niveau de la production et du recyclage du carbone et de l'oxygène.
- Elle contribue à la fertilité des sols et à sa protection, ainsi qu'à la régulation du cycle hydrologique.
- Elle absorbe et décompose divers polluants organiques et minéraux. Elle participe par exemple à l'épuration des eaux.

Motifs éthiques et patrimoniaux

- Elle est indispensable pour maintenir les processus d'évolution du monde vivant.
- Les hommes ont le devoir moral de ne pas éliminer les autres formes de vie.
- Selon le principe d'équité entre les générations, nous devons transmettre à nos enfants l'héritage que nous avons reçu.
- Les écosystèmes naturels et leurs espèces sont de véritables laboratoires pour comprendre les processus de l'évolution.
- La biodiversité est chargée de normes de valeur : c'est ce qui est naturel, ce qui est vulnérable, ce qui est bon pour l'homme et la survie de l'humanité...

fonctionnelle reconnue par exemple à certains écosystèmes, comme les zones humides. Mais la notion de services induit un changement important, car elle peut fournir un cadre conceptuel nouveau, propre à mieux concilier ces deux approches. En effet, les services dont il est question comprennent ceux qui sont utiles aux besoins humains, mais aussi ceux utiles aux différents éléments de l'environnement et à la biodiversité elle-même. Autrement dit, l'approche fonctionnelle traduite dans la notion de services peut permettre de renouveler les politiques de protection de l'environnement, en reconnaissant à la biodiversité une valeur fonctionnelle qui ne serait pas pour autant réduite aux seuls besoins humains. En outre, la notion de services semble devoir faciliter l'évaluation de la biodiversité, en particulier à travers le coût des atteintes qui lui sont portées. Pour autant, le risque demeure d'adopter une vision trop restrictive des services rendus par les écosystèmes, en excluant par exemple des mesures de protection les services « culturels et spirituels » ou en limitant ces mesures aux services pour lesquels il n'existe pas de techniques qui pourraient se substituer à eux.

La modernisation de l'agriculture au XXe siècle

Dans le langage commun, l'agriculture est l'ensemble des travaux utilisant et/ou transformant le milieu naturel pour la production des végétaux et des animaux utiles à l'homme. C'est donc une activité humaine appliquée à des objets biologiques, dont le but est la fourniture de biens et services à l'humanité, de nourriture et de fibres pour la plus grande part.

L'agriculture se définit comme une activité économique dont le but est la satisfaction des besoins humains considérés comme essentiels, aussi bien par leur importance que par leur permanence. Pour satisfaire ces besoins, l'activité agricole met en œuvre des moyens impliquant l'intervention de facteurs du milieu naturel et du milieu vivant complexes, dans un contexte d'aléas qui nécessite des ajustements et des adaptations aux conditions de milieu et de climat.

À partir de la révolution industrielle du XIXe siècle, on observe que l'agriculture a plus de mal que d'autres secteurs à s'insérer dans l'économie marchande, son efficacité et sa productivité restant faibles. Jusqu'au milieu du XXe siècle, elle était même considérée comme un secteur retardataire, caractérisé par des conditions de vie difficiles. Nombreux sont ceux qui souhaitaient l'abandonner. Elle semblait en outre peu ouverte aux progrès scientifiques et aux innovations, la transmission des connaissances, très empiriques, se faisant dans le cadre familial ou communautaire. Il est important de bien prendre la mesure de ce contexte pour évaluer la mutation amorcée au début du XXe siècle et dont l'apogée fut atteint dans les années 60.

Une demande sociale, un modèle de développement industriel, des performances techniques

La « modernisation » de l'agriculture répondait à un choix politique, celui de développer les capacités productives de la France, qui devait sortir du contexte de pénurie et de dépendance alimentaires de l'après-Deuxième Guerre mondiale. Cet objectif a été atteint dès les années 70, notre pays occupant dès lors le rang de deuxième puissance agricole mondiale. Cet essor a été le fruit d'un mouvement autant social que technique. Au travers du changement de pratiques et de modes d'organisation économique, il s'agissait de rapprocher les agriculteurs du monde industriel et de leur donner la « parité » économique. Cette évolution a modifié en profondeur la « vision du monde » par le monde agricole et sa place dans la société.

Cette agriculture modernisée s'appuie alors sur la disponibilité et l'accessibilité des intrants : l'eau, les fertilisants, les produits phytosanitaires, les machines. Selon les régions, les systèmes de production et les exploitations, la modernisation a emprunté des voies diverses, combinant différemment les facteurs de production selon les dotations initiales en la matière. Cette évolution s'est traduite par une adoption généralisée de l'usage des engrais minéraux et des pesticides, par une spécialisation sur un nombre réduit de cultures au niveau de l'exploitation et la simplification des assolements.

La conjonction de la mécanisation, de l'usage généralisé des intrants chimiques et du départ de nombreux petits agriculteurs âgés a permis une augmentation importante de la production et de la productivité du travail.

L'analyse de cette « révolution silencieuse », définie ainsi par les acteurs du mouvement eux-mêmes, souligne les dimensions sociales, institutionnelles et politiques des évolutions de méthodes de production agricole.

Impact sur les pratiques agricoles, les milieux et les paysages

La « modernisation de l'agriculture » s'inscrit dans un bouleversement des relations traditionnelles entre villes et campagnes. La France rurale de l'avant-guerre a cédé la place à une France des villes, devenue le moteur de développement. La part de l'espace proprement agricole s'est réduite au bénéfice des espaces urbains et des infrastructures. Ces évolutions se sont traduites par des transformations dans les usages du sol, les pratiques de culture et d'élevage et les modes d'action sur la nature. Elles correspondent à des transformations des systèmes de production et, globalement, à une dissociation des cultures et de l'élevage, ainsi qu'à la spécialisation des exploitations.

La recherche d'un contrôle le plus poussé possible des conditions de production a justifié le développement de grands projets régionaux d'aménagement rural, d'irrigation, d'assèchement des zones humides et de drainage (de 1970 à 2000, les surfaces irrigables et les superficies drainées ont plus que triplé), de reboisement (la forêt a progressé de 35 % au cours de la seconde moitié du xxe siècle). Depuis 1945, 15 millions d'hectares ont été remembrés. En un siècle, le linéaire de haies a été divisé par trois. Depuis la fin de la Seconde Guerre mondiale, les rendements des prairies temporaires et artificielles et celui des céréales ont doublé.

L'augmentation du troupeau bovin de 8 millions de têtes a été rendue possible par une augmentation importante des rendements des prairies et par un recours accru aux céréales, aux prairies artificielles, à l'ensilage, et aux importations de soja et autres protéagineux, alors que, dans le même temps, 5 millions d'hectares de surfaces fourragères disparaissaient. La tendance générale pour l'ensemble des prairies recouvre de grandes variations régionales. Dans les zones de montagne, le maintien des pratiques d'estive qui, historiquement, étaient souvent liées à la production fromagère, s'est ainsi accompagné d'une extensification des pratiques de gardiennage à la faveur d'une modification des systèmes d'élevage et d'une réorientation vers la production de viande.

La profonde modification des assolements s'est traduite, à l'échelle des parcelles, par un raccourcissement des rotations et une extension de la monoculture, notamment pour le maïs grain et le blé.

Au total, la modernisation agricole de la seconde moitié du xxe siècle a donc conduit à la mise en place d'une agriculture productive, intégrée dans le secteur de l'agrofourniture et le secteur agroalimentaire, et dépendante des soutiens publics. Si l'évaluation de la politique agricole et des performances de l'agriculture commence aujourd'hui à prendre en compte ses coûts environnementaux longtemps ignorés, il n'existe toujours pas de statistiques ou d'indicateurs des performances environnementales de l'agriculture et des exploitations agricoles qui permettraient de donner un bilan économique complet du processus de modernisation.

Agriculture et biodiversité : des synergies à valoriser

La recherche de synergies entre agriculture et biodiversité est une préoccupation récente, liée à des éléments de contexte global et à l'émergence dans les années 90, à la suite de la conférence de Rio, d'approches nouvelles de cette relation.

Nouveaux enjeux, nouvelles normes

Au-delà des enjeux traditionnels, à savoir l'enjeu alimentaire pour l'essentiel, l'agriculture est désormais confrontée, comme d'autres secteurs, aux questions d'énergie, mais aussi à la protection de l'environnement et aux préoccupations sociales, éthiques et culturelles des citoyens.

L'enjeu alimentaire et énergétique

Le contexte actuel de tensions sur les marchés agricoles mondiaux et d'émeutes de la faim dans certaines régions du monde traduit des tendances structurelles : accroissement de la demande, stagnation de l'offre liée au plafonnement des performances techniques et à la raréfaction des ressources, faiblesse des investissements par les pays pauvres dans leur développement agricole. L'enjeu est donc important. Il remet au cœur des débats à la fois les modèles de production et les modèles de consommation alimentaire (notamment la croissance de la demande de produits d'origine animale).

L'agriculture moderne consomme une grande quantité d'énergie fossile, à la fois pour la fabrication de ses principaux intrants, notamment les engrais azotés, et pour la réalisation des travaux motorisés. La raréfaction et la hausse du prix de ces énergies rendent assez logique, d'un simple point de vue économique, la recherche d'intrants de substitution à moins fort contenu en ressources non renouvelables. Ces intrants peuvent être recherchés dans l'agriculture elle-même, laquelle, par nature, consiste à transformer de l'énergie solaire en biomasse *via* la photosynthèse. La question doit être posée pour le bilan énergétique du système agroalimentaire dans son ensemble.

L'enjeu environnemental

Aujourd'hui, un enjeu environnemental majeur pour l'équilibre de la planète est celui de la réduction des émissions de gaz à effet de serre. Dans ce contexte, le rôle de l'agriculture peut être important, au travers de la stabilisation, voire de l'amélioration de son bilan carbone, et de la réduction de sa dépendance à l'égard des énergies fossiles. À des échelles plus locales s'ajoutent des problèmes de rejets polluants dans l'environnement. Quoiqu'une partie des effets soient exportés en dehors des agroécosystèmes et affectent d'autres agents, les agriculteurs sont souvent les premiers touchés par les conséquences de ces émissions, soit dans leur propre santé, soit dans le fonctionnement de l'exploitation et dans leur environnement.

L'enjeu écologique et d'aménagement du territoire

Pour la France, la diversité des paysages a une valeur patrimoniale et identitaire élevée. Elle constitue une ressource économique à préserver. Avec l'existence d'un réseau de communication remarquable, elle constitue la base d'un secteur économique de première importance ainsi qu'un moyen de valorisation des productions locales. Les paysages et la biodiversité constituent aussi un cadre de vie à préserver pour les populations humaines. Or les paysages et la biodiversité sont étroitement liés au travers des habitats et des écosystèmes. Le rôle de l'agriculture dans leurs dynamiques, quoique non exclusif, apparaît déterminant. Ce point sera analysé dans le chapitre 1.

Les défis démographique et d'aménagement du territoire trouvent leur fondement dans la croissance de la population et sa répartition géographique, ainsi que dans les modifications structurelles induites par l'allongement de la durée de vie. Les concentrations urbaines induisent des besoins nouveaux dans la consommation alimentaire et la consommation de services, notamment récréatifs. Ces besoins sont renforcés par les modifications structurelles : avec une espérance de vie de 20 ans à partir de l'âge de la retraite, la demande de loisirs, d'espace récréatifs, de voyages et d'activités touristiques est croissante. Corrélativement, la demande de paysages de qualité ira en augmentant.

L'enjeu sociétal : quelle place pour l'action collective ?

L'enjeu sociétal peut être décrit aux deux niveaux de l'organisation de la production agricole et des relations entre l'agriculture et les citoyens au plan local.

Les systèmes de production à venir vont devoir gérer de nombreuses interactions impliquant des dynamiques de ressources en dehors de l'exploitation. On peut émettre l'hypothèse selon laquelle l'organisation collective et les formes de coordination (notamment non marchandes) des agriculteurs à l'échelle des territoires prendront plus de place que dans un système fondé sur le seul usage des intrants manufacturés.

La multiplication des produits sous indication géographique de provenance est sans aucun doute une stratégie émanant d'abord des agriculteurs, mais elle répond évidemment à un besoin d'identification et de confiance de la part des consommateurs.

Agriculture, biodiversité et développement durable

Le Sommet de la Terre de Rio (1992) a marqué une étape de renouvellement de la réflexion sur l'agriculture, dans son rapport avec le développement durable et avec la biodiversité. On a vu émerger deux réflexions, l'une sur les liens entre agriculture et biodiversité, qui a abouti à créer le concept d'agrobiodiversité (*encadré 3*), l'autre sur la multifonctionnalité de l'agriculture. Le premier concept est étroitement associé aux approfondissements de la Convention sur la diversité biologique (CDB), dans le cadre des conférences des parties et des sous-groupes de travail. Le second est en lien direct avec les négociations à l'Organisation mondiale du commerce (OMC), dont l'enjeu est de faire reconnaître des fonctions autres que productives (entretien des paysages…) et susceptibles de justifier des aides publiques à l'agriculture.

Nées d'une initiative globale et d'une démarche commune, les deux thématiques de l'agrobiodiversité et de la multifonctionnalité de l'agriculture se sont développées pour l'essentiel dans des milieux d'experts et dans les négociations internationales.

Des approches différentes de la relation agriculture-biodiversité

L'agro-écologie reste centrée sur la satisfaction des besoins alimentaires. Définie comme une application des concepts et principes de l'écologie à la conception et la gestion d'agro-écosystèmes durables, puis plus globalement de systèmes agroalimentaires, elle propose de s'inspirer des fonctionnements des systèmes naturels pour aboutir à des systèmes productifs agricoles durables. Il s'agit notamment de restaurer la diversité agricole, dans le temps et l'espace, par les rotations culturales, les intercultures ou l'association entre culture et élevage.

Quant à la notion de révolution doublement verte, elle est apparue à la suite du diagnostic des limites environnementales et sociales de la révolution verte des années 70.

3

L'agrobiodiversité

L'agrobiodiversité fait référence à la variété et à la variabilité des organismes vivants qui contribuent à l'alimentation et à l'agriculture, dans son sens le plus large, et aux connaissances associées. La cinquième Conférence des Parties de la CDB en a donné la définition suivante : « L'expression "diversité biologique agricole" désigne de façon générale tous les éléments constitutifs de la diversité biologique qui relèvent de l'alimentation et de l'agriculture ainsi que tous les composants de la diversité biologique qui constituent l'agro-écosystème : la variété et la variabilité des animaux, des plantes, des microorganismes, aux niveaux génétique, spécifique et écosystémique, nécessaires au maintien des fonctions clés de l'agro-écosystème, de ses structures et de ses processus [...] ».

Dans une acception plus large, on inclut dans l'agrobiodiversité les terres cultivées et les champs autant que les habitats et les espèces hors du territoire des exploitations, mais qui bénéficient à l'agriculture et qui régulent les fonctions des écosystèmes. On distingue alors la biodiversité planifiée ou contrôlée et la biodiversité associée : l'agrobiodiversité planifiée est la biodiversité des cultures et des systèmes d'élevage choisis par l'agriculteur, alors que la biodiversité associée renvoie aux organismes (faune du sol, adventices...) qui colonisent l'agro-écosystème.

Elle promeut l'objectif de répéter les succès de la révolution verte en termes d'accroissement de la production, mais de manière « durable » (acceptable au plan de l'environnement, économiquement viable et socialement équitable). Le principe de la révolution doublement verte est d'utiliser les fonctionnalités naturelles au bénéfice de la production alimentaire et des autres besoins des sociétés, et d'une manière plus intensive, c'est-à-dire en accroissant le rendement de l'ensemble. Il n'exclut pas les apports externes d'intrants mais les soumet à deux conditions. La première consiste à intensifier simultanément les différentes fonctionnalités pour mieux utiliser leur potentiel de synergie. La seconde préconise d'utiliser des doses plus modestes qu'en agriculture classique en complément des fonctionnalités qu'elles ont pour fonction de stimuler : l'engrais chimique, par exemple, sera apporté en complément de la fonctionnalité naturelle qui crée la fertilité des sols. La mise en œuvre de ces principes est supposée procurer une croissance significative des rendements, et cela de façon viable.

Des approches centrées sur les services des écosystèmes et le développement des territoires

L'approche « écosystème », contrairement à ce que suggère son nom, n'est pas centrée principalement sur l'écologie. Elle intègre en effet les caractéristiques des écosystèmes et les interactions sociales à l'œuvre dans leur gestion. Cette approche a été initiée par des agences gouvernementales américaines confrontées à des difficultés de coordination dans la mise en œuvre des politiques publiques de conservation et de développement. Elle a été reprise par les Conférences des Parties de la CDB pour résoudre le conflit potentiel entre développement agricole et conservation de la biodiversité. On peut la définir comme une méthode destinée à rendre durables ou à restaurer les systèmes écologiques, leurs fonctions et leurs valeurs. Elle est orientée par ces objectifs et fondée sur une vision développée collectivement sur les futurs désirés, intégrant les facteurs écologiques, économiques et sociaux. Elle est appliquée à l'intérieur d'un cadre géographique défini en premier lieu par ses limites écologiques.

Pour sa part, l'éco-agriculture cherche à concilier protection des espèces sauvages et croissance de la production agricole. Elle se veut à la fois une stratégie de conservation et une stratégie de développement rural. Elle reconnaît les communautés rurales comme des gestionnaires décisifs des écosystèmes et de la biodiversité. Elle applique une approche systémique intégrée aux territoires agricoles, prenant en compte les trois piliers autour desquels s'articulent la subsistance des ruraux, la protection de la biodiversité et des services des écosystèmes, et le développement de systèmes productifs agricoles durables. Contrairement à l'agro-écologie, l'éco-agriculture est centrée sur le territoire et intègre la biodiversité comme un des éléments clés du développement rural (et pas seulement agricole). Les objectifs qui en découlent sont nombreux : réduire la destruction des habitats par l'augmentation de la productivité et de la durabilité sur les terres déjà cultivées, renforcer les habitats pour la vie sauvage sur les fermes et établir des corridors verts pour relier les espaces cultivés, établir des espaces protégés près des espaces agricoles, imiter les habitats naturels en intégrant des plantes pérennes productives, utiliser des méthodes agricoles qui réduisent la pollution, modifier les pratiques de gestion des ressources pour améliorer la qualité des habitats dans et autour des terres agricoles.

La relation agriculture-biodiversité dans l'espace

Face au double impératif de production alimentaire et de protection de la biodiversité, certains prônent un partage des rôles et des territoires selon des modèles dits de « *land sparing* ». L'idée de base consiste à supposer que l'intensification agricole sur les meilleures terres (au sens d'une intensification en intrants d'origine industrielle) permettrait de faire face à l'accroissement de la demande alimentaire tout en épargnant des terres que l'on pourrait alors consacrer à la conservation de la biodiversité. Cette option repose sur trois hypothèses dont le bien-fondé est rarement discuté : la supériorité technique (en termes de productivité à l'hectare) du modèle intensif, l'absence d'effets d'un type de zone sur l'autre et l'absence de bénéfices mutuels de l'agriculture et de la biodiversité.

La première hypothèse repose largement sur le choix de la métrique d'efficacité, qui devrait inclure l'ensemble des coûts privés et sociaux, ou l'ensemble des ressources utilisées, indépendamment de la nature de leur appropriation. Cet aspect est occulté dans les prises de position en faveur du modèle de ségrégation spatiale. La deuxième, qui dépend de la mosaïque paysagère et de l'importance des connexions permettant, ou non, de limiter les effets de voisinage, est évaluée dans cette expertise (voir en particulier le chapitre 1). Enfin, la troisième hypothèse est également examinée dans le cadre de cette expertise (voir chapitres 2 et 3), de nombreux cas d'étude suggérant qu'il est possible de développer de nouveaux modèles intégrés.

La perspective d'une spécialisation des territoires rencontre la demande des milieux internationaux de la Conservation de la nature d'une extension des aires protégées et d'une protection plus ferme contre les empiétements des populations locales sur les territoires riches en biodiversité. Dans les pays européens, au contraire, on développe des approches visant à reconnaître le rôle de certaines formes d'agriculture dans le maintien de la biodiversité, avec en particulier la notion d'agriculture à haute valeur naturelle (ou écologique).

La question prend un relief différent quand on considère le besoin d'espace, de nature et de paysage des populations urbaines réparties sur le territoire. La biodiversité et les services des écosystèmes sont en effet des biens publics locaux qui, en tant que tels, doivent être fournis si possible au plus près des populations. Ces nouvelles demandes adressées à l'agriculture et aux collectivités territoriales atténuent la logique de spécialisation des espaces.

Une alternative à la gestion dualiste de l'espace et de la relation agriculture-biodiversité est fournie par les approches en termes de trames et de réseaux, qui consistent à favoriser la circulation des populations (non humaines) par la mise en réseau des habitats.

1 Les effets de l'agriculture sur la biodiversité

L'agriculture est le premier facteur anthropique contrôlant la biodiversité en Europe de l'Ouest. Les zones agricoles y représentent la majorité de l'espace : 75 % en Grande-Bretagne, 60 % en France... Sur le territoire français un nombre important de grandes régions sont caractérisées par une nette dominante agricole (*figure A,* planche 1). Bien que les préoccupations récentes à propos de l'érosion de la biodiversité se focalisent surtout sur la transformation et la destruction d'habitats naturels, de nombreux paysages gérés par l'homme présentent une diversité spécifique comparable à celle d'écosystèmes naturels, avec notamment la persistance de nombreuses espèces en déclin. Si la conservation de la biodiversité impose de protéger les 5 % d'habitats naturels existant encore à ce jour, il va également de soi qu'elle ne se fera pas sans reconnaître la contribution du « reste » du territoire. C'est ainsi qu'en Allemagne un quart environ des espèces en danger se trouvent dans les 2 % de territoires protégés pour la conservation de la biodiversité, tandis que les 75 % restants sont localisés dans des zones gérées par l'agriculture (50 % du territoire) et la sylviculture (30 %).

Les paysages agricoles de nombreuses régions européennes sont vieux de plus de 2 000 ans. Au cours du temps, un grand nombre d'espèces sauvages s'est adapté à ces paysages, avec pour résultat le développement d'écosystèmes riches en espèces bien qu'ils aient été modifiés par l'homme. Parallèlement, la croissance continue des populations humaines et l'occupation d'espace qui leur est associée ont provoqué la destruction de la plupart des habitats naturels européens. Certaines espèces ont ainsi perdu leur habitat initial et sont devenues presque entièrement dépendantes de leurs habitats secondaires, agricoles, pour survivre. Des milieux façonnés et gérés par les sociétés humaines pendant des millénaires, comme les Landes, sont ainsi devenus des milieux à protéger. Ces espaces, nombreux en Europe, sont particulièrement importants pour la conservation de la biodiversité.

On mesure donc l'influence sur la biodiversité de la gestion des territoires par les activités agricoles, que ce soit en termes d'équilibre entre milieux naturels et gérés, ou bien de qualité des milieux gérés par l'agriculture. Évaluer et comprendre les effets de l'agriculture sur la biodiversité représente donc un enjeu majeur, quels que soient les obstacles rencontrés pour dégager des connaissances génériques et utiles aux décideurs dans ce champ de recherche scientifique.

Un champ de recherche protéiforme

Les études relatives aux effets de l'agriculture sur la biodiversité sont très nombreuses : quelque 570 articles ont été analysés dans ce chapitre. Pourtant, force est de constater que peu d'entre elles ont débouché sur des connaissances et théories génériques propres à guider efficacement l'action publique. Quatre raisons à cela :

- Le terme biodiversité recouvre des réalités biologiques, ainsi que des questions et des enjeux associés très différents.
- Les échelles spatiales et les niveaux d'organisation auxquels les effets de l'agriculture sur la biodiversité sont abordés, ainsi que les mécanismes associés sont multiples.
- Bien que des cadres théoriques mobilisables existent et que leur capacité à structurer les connaissances en règles génériques mériterait d'être testée, ceux-ci sont rarement utilisés.
- La façon d'appréhender l'agriculture et de prendre en compte les acteurs humains et leurs actions est souvent insuffisante pour déboucher sur des recommandations opérationnelles.

Avant d'exposer les connaissances acquises dans ce champ de recherche, nous détaillerons ces quatre raisons car elles expliquent pourquoi la littérature en question ressemble à une nébuleuse de connaissances éparses et difficilement mobilisables directement par les décideurs.

Réalités biologiques et enjeux associés

L'écologie a formalisé des traits caractéristiques de la biodiversité dont les composantes se déclinent selon une logique taxinomique ou, au contraire, plus fonctionnelle (*figure 1*).

Dans les approches taxinomiques, il est possible de préciser : la richesse spécifique (nombre d'espèces présentes), l'abondance relative des différentes espèces, la composition en espèces (leur identité) ou leur distribution spatiale.

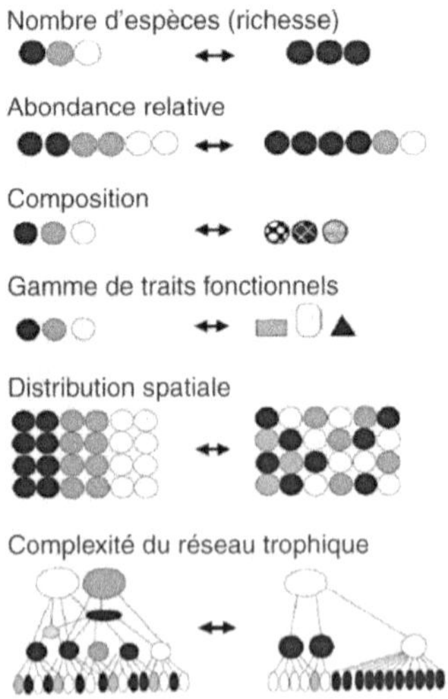

Figure 1. Les composantes de la biodiversité.
Le terme « biodiversité » recouvre des entités biologiques très différentes (d'après Diaz *et al.* 2006).

Dans les approches fonctionnelles, les taxons sont appréhendés par leurs caractéristiques (« traits ») fonctionnelles, Par exemple, on regroupera sous le terme de « pollinisateurs » des organismes assurant la fonction de pollinisation indépendamment de leur appartenance taxonomique.

Ces différentes composantes sont très inégalement prises en compte dans les études analysant les effets de l'agriculture sur cette biodiversité.

- Dans la majorité des études, les entités biologiques considérées sont les espèces. De nombreux travaux s'intéressent ainsi aux effets de l'agriculture sur de grands groupes taxonomiques ou trophiques (plantes, coléoptères, chauve souris, vers de terre...) caractérisés par un nombre d'espèces (richesse spécifique), des abondances relatives d'espèces et/ou une composition en espèces (identité des espèces présentes). Si le choix des groupes étudiés fait implicitement l'hypothèse qu'il s'agit de groupes importants dans le contexte des relations agriculture-biodiversité, d'autres considérations interviennent : les compétences propres des équipes de recherche impliquées, les difficultés pratiques à étudier une large gamme d'espèces, des enjeux de conservation biologique (espèces à caractère patrimonial)...
- Une fraction non négligeable mais bien moindre des études évalue les effets de l'agriculture sur la diversité fonctionnelle, de plantes le plus souvent. L'enjeu est alors davantage explicité. Il est relié à la réponse des organismes à des contraintes induites par l'agriculture, qui s'expliquerait par certains traits biologiques des organismes, ou bien, mais plus rarement, au niveau de fonctionnement d'un agro-écosystème, qui dépendrait lui aussi de caractéristiques des organismes importantes d'un point de vue fonctionnel (voir chapitre 2).
- Très peu de travaux s'intéressent à la diversité génétique des espèces ou des communautés. Une exception notable concerne l'étude de la diversité des microorganismes, où le niveau « espèce » n'est pas forcément le plus pertinent ni le plus facilement identifiable. Dans ce cas, la diversité est souvent évaluée par le nombre et la distribution de différents types de séquences d'ADN, même si les travaux actuels tendent à caractériser la diversité des communautés microbiennes par une approche fonctionnelle.
- Enfin, très peu d'études s'intéressent à la diversité des écosystèmes à l'échelle du paysage. Les questions portent principalement sur les relations susceptibles d'exister entre la diversité de certains organismes et la diversité (et la qualité) des écosystèmes, ces derniers étant vus comme des habitats fournissant des ressources et/ou des corridors ou obstacles aux déplacements.

De nombreuses études mettent l'accent sur la richesse spécifique ou la composition de groupes biologiques, plus que sur l'abondance ou la biomasse totale des organismes de ces groupes. Cela rend plus difficile le lien avec les travaux évaluant le rôle fonctionnel de la biodiversité (voir chapitre 2) : les fonctions écologiques et les services agro-écosystémiques sont en effet souvent plus liés à l'abondance des organismes qu'à leur diversité *stricto sensu*.

Les entités biologiques considérées, les métriques utilisées pour quantifier la biodiversité et les questions scientifiques et enjeux associés apparaissent donc très variables selon les études. Or les différents groupes d'organismes ou composantes de la biodiversité (richesse spécifique, abondance...) peuvent réagir de façon sensiblement différente à un même facteur agricole. Cette situation limite considérablement la possibilité de dégager des réponses génériques simples à des questions telles que : « quelle est l'influence de tel ou tel type d'agriculture sur la biodiversité ? »

ou « de quelles marges de manœuvre dispose-t-on dans le cadre de tel système de production pour favoriser la biodiversité ? ».

Des échelles et niveaux d'organisation variés

À l'instar du concept de biodiversité, le terme d'agriculture recouvre des réalités très diverses, qui incluent notamment les notions de pratiques agricoles à l'échelle de la parcelle (fertilisation, pesticides, rotation, taille des parcelles...), de systèmes de culture, de taille et structure des exploitations, ou de gestion de l'espace à l'échelle des paysages et territoires. Chacune de ces facettes implique une appréhension et une articulation spécifiques des problèmes, depuis l'échelle de la parcelle jusqu'à l'échelle du paysage et de la grande région, ou bien à des niveaux d'organisation tels que celui de l'exploitation. Chacune est donc nécessaire pour analyser les relations agriculture-biodiversité.

L'agriculture exerce une influence sur la biodiversité *via* un réseau complexe de mécanismes. Ces derniers intègrent l'incidence de l'ensemble des pratiques agricoles au niveau de la parcelle sur les variables environnementales rencontrées par les organismes, mais aussi l'impact de l'agriculture sur l'hétérogénéité des habitats, en termes de diversité des éléments de l'agro-écosystème (surface cultivée, bords de champs, bosquets, fossés...) et de diversité des agro-écosystèmes et écosystèmes naturels aux échelles plus larges du paysage (à celle de la région notamment).

Les effets de l'agriculture peuvent être évalués au travers de trois catégories de biodiversité : la diversité alpha, qui est la richesse en espèces au sein d'un agro-écosystème local (la parcelle), la diversité bêta, qui reflète la modification de la diversité alpha entre habitats/écosystèmes, et la diversité gamma, qui correspond à la richesse en espèces à une échelle large d'analyse (paysage, région, pays...) (*figure B*, planche 1).

L'idéal serait de disposer de travaux proposant une approche intégrée des effets de l'agriculture sur les composantes alpha et gamma de la biodiversité, et analysant et hiérarchisant simultanément l'ensemble des facteurs et mécanismes qui sous-tendent ces effets. De tels travaux sont malheureusement très rarement rapportés dans la littérature. Nous n'avons pu identifier que quelques projets de recherche et études de cas en Europe, tant paysagers qu'agricoles. Ce problème d'intégration d'échelles ou de niveaux d'organisation est loin d'être trivial : les caractéristiques émergentes à un niveau supérieur, celui du paysage par exemple, n'étant généralement pas prédictibles à partir des caractéristiques étudiées à un niveau inférieur, celui des exploitations par exemple.

Au-delà des échelles spatiales, les niveaux d'organisation pertinents pour l'activité agricole que sont l'exploitation, le réseau d'exploitations ou le bassin de production sont rarement pris en compte explicitement. La majorité des études porte sur certaines caractéristiques des systèmes de production (niveau de fertilisation, type de travail du sol, impact de pesticides, rôle des bords de champs...) mais aborde très peu l'effet d'un système de production dans son ensemble.

Concernant les échelles temporelles, la majorité des études se focalise sur des périodes de quelques années au mieux, alors que l'histoire des pratiques culturales au niveau parcellaire et la dynamique du paysage conditionnent la réponse de la biodiversité aux nouvelles pratiques ou aux nouveaux aménagements. La pérennité des pratiques agricoles sur des durées de l'ordre du siècle a une influence notable sur la biodiversité, contrairement à ce qui se passe sur des durées courtes, caractérisées par une alternance régulière des pratiques agricoles. Les dispositifs expérimentaux permettant de coupler dynamique des pratiques et dynamique de la biodiversité au niveau parcellaire sont encore très rares en France comme au plan international, de même que les suivis à long terme au niveau du paysage. Ils sont pourtant nécessaires pour intégrer les dimensions spatiales et temporelles dans la compréhension des patrons de biodiversité dans les territoires agricoles.

Les échelles, les mécanismes, les enjeux et les questions scientifiques considérés s'avèrent donc très variables selon les études. Le champ de recherche couvrant « la » question des effets de l'agriculture sur la biodiversité s'est historiquement construit en France avec, d'un côté des études agronomiques focalisées sur la parcelle *stricto sensu*, et de l'autre des études écologiques considérant souvent les haies comme des éléments entièrement naturels. Il recouvre en fait une grande quantité de travaux qui n'ont en commun que d'être à l'interface entre la notion complexe de biodiversité et les réalités tout aussi complexes de l'agriculture. C'est donc naturellement un champ très morcelé, tant en termes de questions que de mécanismes, d'échelles/niveaux d'études, ou de communautés scientifiques impliquées (biologie de la conservation, dynamique des populations et communautés biologiques, écologie fonctionnelle, écologie du paysage...).

C'est la raison pour laquelle, dans le cadre de cette expertise, nous avons fait l'état des connaissances disponibles pour deux échelles spatiales, correspondant à des corpus largement disjoints : l'échelle de la parcelle (diversité alpha), la littérature étant dans ce cas dominée par les approches agro-écologiques, et celle du paysage (diversité gamma), la littérature étant alors naturellement dominée par les approches d'écologie du paysage. L'écologie du paysage correspond à une branche de l'écologie bien individualisée travaillant sur des facteurs de contrôle souvent différents de ceux étudiés par les agro-écologues. C'est à cette échelle du paysage que nous avons pu relier les effets des modes de production qui concernent l'activité d'une ou de plusieurs exploitations agricoles sur un territoire donné.

Des cadres théoriques

L'écologie a produit un certain nombre de théories et modèles pour rendre compte des changements de la biodiversité et analyser les facteurs qui déterminent ces changements. Bien que rarement utilisés pour structurer les connaissance scientifiques, certains pourraient être appliqués aux agro-écosystèmes.

Échelle locale

De nombreuses hypothèses et théories visant à expliquer les variations de biodiversité ont été proposées. En ce qui concerne la richesse spécifique d'une communauté particulière, on admet qu'elle dépend de deux grands types de facteurs : le *pool* d'espèces disponibles (l'ensemble des espèces susceptibles d'arriver sur un site donné), qui dépend de facteurs biogéographiques et historiques, et les interactions écologiques opérant dans des conditions environnementales données. Ces dernières ont pour effet de trier les espèces capables de coexister dans la communauté à partir de ce *pool*. Les conditions abiotiques et les interactions biotiques sont les deux forces principales qui contribuent au « filtre écologique ». Ces deux types de facteurs interviennent aux échelles locales (de la parcelle), mais aussi plus largement à l'échelle du paysage.

Des modèles conceptuels rendent compte des variations de biodiversité. Dans la plupart d'entre eux, le niveau de productivité et le régime de perturbation sont considérés comme des variables structurantes des milieux. Ils permettent de prédire certaines caractéristiques fonctionnelles des espèces en réponse à la combinaison de ces deux gradients. Le plus connu est le modèle conceptuel de l'équilibre dynamique (MED) proposé par Huston (1979, 1994), qui permet de rendre compte qualitativement des variations de richesse spécifique animale ou végétale dans un grand nombre de situations (*figure* 2).

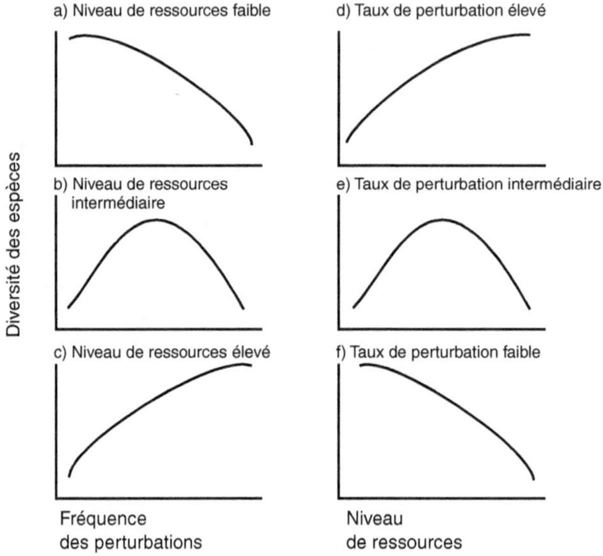

Figure 2. Modèle de l'équilibre dynamique (Huston, 1979, 1994).

Ce modèle stipule qu'un appauvrissement en espèces se produit sous l'effet de deux combinaisons de conditions :

• Celles pour lesquelles les populations locales disparaissent car elles ne sont pas capables de « récupérer » après une perturbation ou sous un régime de perturbations dans des conditions de faible croissance démographique (quand la productivité des milieux est faible en particulier).

• Quand les populations locales deviennent rares ou disparaissent, en raison de la trop forte concurrence exercée par quelques espèces (exclusion compétitive). Une telle situation se produit plus rapidement dans des conditions de forte croissance démographique (en particulier dans des conditions de forte productivité des milieux) lorsque les perturbations sont peu fréquentes.

Les effets de ces processus très différents sont de réduire la diversité aux extrémités des gradients de productivité et de perturbations. Dans la portion centrale des gradients, les effets de ces deux processus sont réduits et le nombre d'espèces susceptibles de coexister peut être beaucoup plus élevé. Ce modèle conduit à un certain nombre de prédictions relatives à la variation de la richesse spécifique le long de gradients de perturbations et de productivité.

Un point très important de ce modèle réside dans l'interdépendance entre effets des différents processus : par exemple, l'augmentation de la fréquence de perturbation à faible niveau de ressources (faible productivité) a pour effet de diminuer la richesse, alors qu'à fort niveau de ressource (forte productivité), elle a pour effet d'augmenter la richesse.

Ce type de théorie écologique est *a priori* utilisable en situation agricole, les principales caractéristiques à l'échelle de la parcelle des systèmes agricoles et de leur niveau d'intensification pouvant se traduire en termes de niveau de ressource (fertilisation) et d'intensité, de fréquence et de nature de perturbations (labour, pâturage et fauche...). En pratique toutefois, les descriptions des systèmes étudiés offrent rarement la possibilité de les positionner sur l'axe « ressource » et moins encore sur l'axe « perturbation ». La majorité des études rapporte des relations empiriques entre biodiversité et niveau de fertilisation, sans se référer à une quelconque théorie générique. Une exception notable concerne les prairies permanentes riches en espèces, milieux pour lesquels les modèles et théories de la diversité biologique sont plus largement utilisés. Mais une traduction des pratiques en termes de perturbation est souvent impossible à établir, à partir, entre autres, de caractérisations du pâturage par un chargement animal à l'hectare ou un taux de prélèvement de biomasse.

En dépit de ces restrictions, ce type de modèle est intéressant pour rendre compte du sens des évolutions observées pour bon nombre de situations agricoles.

Échelle du paysage

Concernant la compréhension des effets de l'agriculture sur la biodiversité à l'échelle du paysage, différentes théories d'écologie générale ou d'écologie du paysage sont là aussi disponibles. La théorie des métapopulations et métacommunautés est sans doute la plus connue. La théorie des métacommunautés permet ainsi de prédire la richesse spécifique de communautés en fonction des types d'habitats présents, de l'adéquation des différentes espèces à ces habitats et des taux de migration existant entre patchs d'habitats.

Une telle théorie écologique est *a priori* utilisable pour analyser des effets de la structure des paysages agricoles sur la biodiversité. Mais là encore, les caractérisations du paysage utilisées dans la plupart des études restent trop frustres pour appliquer ce type d'approche. Certaines se limitent par exemple à un pourcentage d'éléments non productifs, ou à une opposition entre paysage « complexe » et « simple ». Au mieux, l'hétérogénéité ou la complexité sont caractérisées par la composition en éléments du paysage, le niveau de fragmentation ou de connectivité de certains éléments (souvent les habitats favorables d'espèces cibles) et/ou leur géométrie.

Globalement, la littérature fournit donc davantage d'informations pour établir des patrons que pour appréhender des processus expliquant ces patrons, tant à l'échelle de la parcelle qu'à celle du paysage.

Acteurs humains et facteurs socio-économiques

Les uns comme les autres sont à ce jour ignorés par les études relatives aux effets de l'agriculture sur la biodiversité. Les connaissances actuelles sont très majoritairement issues d'approches d'écologie ou d'agro-écologie. Elles concernent les effets de facteurs locaux liés directement aux pratiques agricoles au niveau de la parcelle ou de la structure des paysages. Or évaluer et comprendre leurs effets sur la biodiversité nécessite également des connaissances sur les processus ainsi que sur les déterminants et contraintes sociologiques, économiques, juridiques et techniques. Les facteurs socio-économiques, largement abordés par les travaux portant sur l'acceptabilité des mesures favorables à la biodiversité par le monde agricole (voir chapitres 3 et 4), sont en revanche très peu pris en compte alors qu'ils agissent souvent en tant que causes distales puissantes sur la biodiversité (*figure* 3).

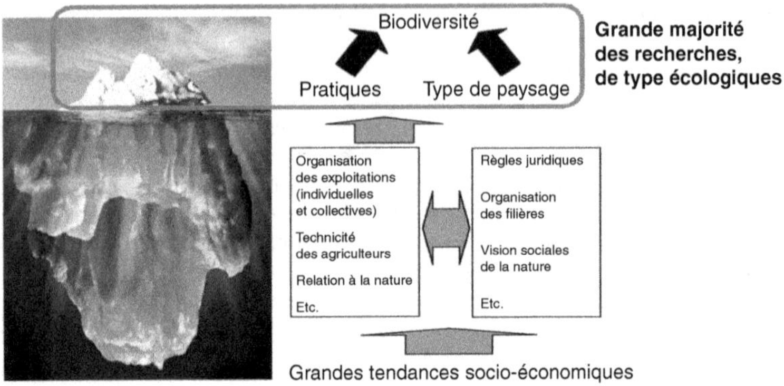

Figure 3. Agriculture et biodiversité : des connaissances lacunaires.

Les connaissances actuelles sur les effets de l'agriculture sur la biodiversité sont très majoritairement issues d'approches et modèles agro-écologiques. Si elles sont absolument nécessaires, elles n'abordent cependant que la partie émergée de l'iceberg en termes de processus et déterminants clés à prendre en compte pour évaluer correctement les effets de l'agriculture sur les différentes composantes de la biodiversité.

Impact des pratiques agricoles à l'échelle des parcelles

L'agriculture, par définition même de ce type d'activité, gère et cherche à contrôler la biodiversité, mais très différemment selon les agro-écosystèmes. Les effets des différentes pratiques sur la biodiversité seront donc considérés en distinguant les parcelles en cultures annuelles, cultures pérennes et prairies permanentes. Les études à l'échelle de la parcelle sont très nombreuses, mais elles génèrent aussi des approches et des connaissances particulièrement morcelées. La plupart d'entre elles évaluent l'incidence de l'intensification des pratiques sur un gradient, avec des effets souvent positifs à l'extrémité « extensive » du gradient et des effets variables suivant les pratiques et les groupes considérés à son extrémité « intensive ».

Cultures annuelles

Les parcelles cultivées présentent généralement de fortes spécificités écologiques : un flux de matière important (notamment dans les systèmes de culture intensifs) et une structure trophique fortement contrainte par l'homme (ressources canalisées au profit du seul peuplement cultivé, réduction des niveaux trophiques), ce qui crée des systèmes en déséquilibre permanent avec nécessité impérative d'intervention. Les parcelles cultivées sont soumises à des perturbations intenses (interventions visant la destruction de bioagresseurs, exportation massive de la production primaire), à une relative uniformité spatiale et à une « remise à zéro » périodique. Les différentes pratiques agissent directement sur la biodiversité en modifiant le milieu (labour par exemple) et/ou la biocénose (pesticides) de façon intentionnelle mais aussi indirectement, par des effets trophiques notamment.

Dans le cas des grandes cultures, l'usage des produits phytosanitaires de synthèse, les labours profonds et répétés ainsi que la fertilisation apparaissent comme des facteurs majeurs du déclin de la richesse spécifique et de l'abondance de nombreux organismes (microorganismes du sol, faune du sol, insectes, plantes, amphibiens, oiseaux). Ces effets sont à la fois intentionnels, lorsqu'ils visent à favoriser la plante cultivée, et non intentionnels lorsqu'ils touchent par exemple les populations d'auxiliaires des cultures ou de vers de terre.

Le travail du sol

Le labour utilisé de façon répétée a un effet négatif sur la richesse spécifique ou sur l'abondance de nombreux organismes. Il sélectionne les espèces d'adventices en fonction de la capacité de survie des semences dans le sol. L'abondance des organismes de la macrofaune du sol, et en particulier des vers de terre, est fortement réduite par les pratiques de labour profond. Elle l'est moins par des pratiques plus superficielles. L'abondance relative des différentes espèces et des différents groupes fonctionnels de vers de terre est également modifiée par le labour. En cas de labours répétés et de conditions défavorables (ressources organiques faibles, conditions microclimatiques contraignantes), la richesse spécifique des communautés de macrofaune peut également être réduite. Si l'abondance des organismes de la microfaune et de la mésofaune est moins affectée que celle de la macrofaune par les différentes techniques de travail de sol, les profondes modifications des conditions trophiques et microclimatiques induites par ces interventions modifient fortement la composition des communautés.

Les pesticides

Dans la littérature, les produits phytosanitaires de synthèse sont considérés comme l'un des responsables majeurs du déclin de la biodiversité dans les agro-écosystèmes des pays industralisés.

En règle générale, les effets des produits phytosanitaires sur les arthropodes, et particulièrement sur les auxiliaires et les ravageurs des cultures, dépendent des traits de vie, des paramètres démographiques et du stade de développement au moment de l'application : plus le produit est appliqué sur un stade jeune, plus l'espèce a une démographie lente, plus l'insecte est vulnérable et sa population susceptible de disparaître. Les insecticides peu ou pas toxiques pour certains auxiliaires sont très peu nombreux dans les faits. Les autres pesticides ont un effet moins global sur les communautés d'arthropodes, mais peuvent affecter certains groupes taxonomiques ou fonctionnels (les molluscicides, par exemple, sur les carabes prédateurs de mollusques). L'ensemble des effets directs et indirects des produits phytosanitaires sur les arthropodes peut être indirectement apprécié par le résultat d'un arrêt de leur utilisation sur tout ou partie des parcelles agricoles ou des exploitations.

Les insecticides peuvent être plus toxiques que les herbicides pour la faune du sol et particulièrement pour les vers de terre et arthropodes du sol. Les fongicides sont

4

Effets des variétés cultivées transgéniques (OGM)

Les effets des OGM sur la biodiversité sont spécifiques aux variétés cultivées et aux gènes introduits. Il s'agit essentiellement de variétés résistantes à un herbicide non sélectif, ou rendues tolérantes à un insecte ravageur. Dans le cas de la résistance à un herbicide, les effets indirects constatés résultent d'un désherbage plus complet, également susceptible de toucher les espaces de bordure. Il peut s'ensuivre une diminution des populations dépendant des adventices comme ressources trophiques et la sélection de populations d'adventices résistants à la molécule utilisée.

D'autres effets liés à la modification des pratiques culturales rendues possibles par les variétés transgéniques (semis direct, simplification des rotations) devraient être pris en compte pour une évaluation complète de leur impact. Le cas des variétés productrices de toxines Bt leur conférant la tolérance à certains insectes ravageurs a fait l'objet de nombreuses études d'écotoxicologie. Leur interprétation reste l'objet de controverse. Enfin, les possibilités de transfert de gènes vers d'autres espèces dépendent de l'espèce transgénique utilisée et de sa capacité d'hybridation avec des espèces sauvages.

encore plus toxiques. L'impact des herbicides sur les réseaux trophiques du sol est généralement de nature indirecte (réduction de la végétation et de la matière organique au sol). Certains ont cependant des effets directs sur la mésofaune et les vers de terre. L'application de différents pesticides a souvent un effet négatif sur la faune des sols, pourtant non-cible de ces pratiques.

Les effets sur les vertébrés sont surtout connus pour les oiseaux et les amphibiens. Ils peuvent être directs, en relation avec une utilisation importante de produits, ou indirects, parfois même à la suite d'une utilisation de doses faibles.

L'usage des herbicides a induit une réduction importante du nombre d'espèces de plantes et de la biomasse, dans les parcelles cultivées mais aussi sur les bordures. L'utilisation systématique des mêmes molécules herbicides a provoqué la quasi-disparition d'un certain nombre d'espèces strictement messicoles, d'une part, et le développement, chez quelques espèces, de populations résistantes aux molécules utilisées, d'autre part. Ces phénomènes risquent de s'accentuer avec la mise en place de cultures d'organismes génétiquement modifiés (*encadré 4*) résistantes à un herbicide total. Le développement probable de cultures transgéniques Bt à niveau d'expression élevé de toxicité risque d'avoir les mêmes effets d'apparition de résistance sur les populations d'insectes ravageurs visés. À noter qu'une partie de la diversité des plantes peut être retrouvée dans le cadre d'une gestion intégrée des populations de mauvaises herbes.

Les pesticides peuvent également provoquer au sein des communautés microbiennes l'émergence de populations, notamment bactériennes, susceptibles de les dégrader, avec pour conséquences une augmentation des doses ou des fréquences d'application, donc des effets délétères sur la faune et la flore.

La fertilisation

À l'échelle de la parcelle, la fertilisation des cultures se traduit par des effets généralement et globalement positifs sur l'abondance et la croissance des organismes vivants dans le sol et la végétation, à condition de ne pas atteindre des seuils de toxicité. En revanche, les effets sur la richesse spécifique des plantes et des insectes sont globalement négatifs. L'accroissement des apports de fertilisants se traduit principalement à deux niveaux : sur les communautés d'organismes du sol, directement touchées par l'évolution physico-chimique de l'environnement édaphique et dont la richesse spécifique et la composition sont très affectées par la fertilisation, mais également sur la biodiversité des organismes liés au statut nutritionnel des plantes, avec une modification des chaînes trophiques.

Globalement, l'augmentation de la fertilisation permise par les engrais de synthèse a eu pour conséquence une homogénéisation des milieux du point de vue de la disponibilité en ressource, ce qui a entraîné la disparition des espèces adaptées aux milieux pauvres en nutriments (phénomène bien documenté pour les plantes messicoles) et le remplacement d'espèces spécialistes par des espèces généralistes (oiseaux). La fertilisation minérale azotée apparaît donc comme un des principaux facteurs responsables de la baisse de la richesse spécifique dans les parcelles ainsi que dans les bordures adjacentes. La fertilisation organique semble avoir des effets plus nuancés, en particulier sur les communautés microbiennes.

À noter qu'au-delà de ces effets à l'échelle de la parcelle agricole l'accroissement de la fertilisation a des impacts avérés sur les écosystèmes aquatiques continentaux et côtiers (eutrophisation résultant de la lixiviation des minéraux, azote et phosphore en particulier), et sur l'ensemble des écosystèmes terrestres et aquatiques en raison de la volatilisation qui accroît les dépôts de minéraux (d'azote en particulier) d'origine atmosphérique.

Les rotations

S'il semble souvent admis que les rotations culturales induisent de plus fortes densités et diversités d'organismes du sol que les cultures continues, les expériences ne le démontrent que dans le cas où une culture pluriannuelle est introduite dans la rotation. Dans les autres cas, le résultat contraire est plutôt obtenu. Toutefois, les rotations quelles qu'elles soient, en perturbant le cycle de développement de pathogènes, ravageurs et adventices spécifiques à certaines cultures, sont favorables au contrôle de ces bioagresseurs. Elles peuvent donc permettre une utilisation plus réduite des pesticides, avec des effets sur la biodiversité.

La maîtrise de l'eau

La maîtrise de l'eau au niveau parcellaire, par drainage ou par irrigation, a des effets variables sur la biodiversité. Le drainage a un effet négatif sur les groupes inféodés aux zones humides dont la forte régression est un problème majeur pour la conservation de la biodiversité. L'irrigation est globalement favorable à la faune du sol mais conduit à une diminution de la diversité végétale.

Finalement, l'ensemble de ces pratiques agricoles conduit globalement à des niveaux de diversité à l'échelle de la parcelle cultivée (diversité alpha) faibles, ce qui est cohérent avec la démarche de forte pression anthropique visant à favoriser l'espèce cultivée.

Prairies permanentes

Les prairies permanentes, caractérisées par un couvert végétal plurispécifique pérenne, ou au moins pluriannuel, ne reçoivent généralement pas de pesticides (il existe des cas d'emploi d'herbicides sélectifs contre des espèces indésirables). Les principales interventions sont les prélèvements de biomasse et, pour une part croissante des prairies, la fertilisation. Si la catégorie des prairies permanentes couvre une gamme large de situations, depuis des prairies fortement fertilisées et intensément exploitées, jusqu'à des parcours ou des estives pâturées à faible chargement animal par hectare, ces surfaces présentent une biodiversité bien supérieure à celle des parcelles cultivées et sont souvent considérées comme des espaces semi-naturels. Les facteurs majeurs influençant leur biodiversité sont les modes de pâturage et les pratiques de fauche et de fertilisation.

Pâturage : intensité et types d'herbivores

D'une manière générale, une forte intensité de pâturage tend à avoir un effet négatif marqué sur la richesse spécifique des différents types d'organismes : végétaux, arthropodes, petits mammifères et faune du sol. Toutefois, la richesse en oiseaux peut être plus élevée dans les prairies les plus pâturées, même si l'abondance de chaque espèce est plus faible. Des niveaux modérés de pâturage conduisent à une augmentation de la richesse spécifique des plantes et de l'abondance de certains organismes du sol. Pour les plantes, la richesse spécifique tend à diminuer lorsque la pression de pâturage est particulièrement faible, notamment dans des situations de productivité élevée des prairies (plus de 2 t/ha) (*figure 4 A*).

À noter le fait que le nombre et la diversité fonctionnelle de certains organismes du sol (vers de terre, certains nématodes, amibes, champignons mycorhizogènes...) sont positivement reliés à la richesse spécifique des végétaux. En conséquence, des niveaux modérés de pâturage augmentent *in fine* la richesse spécifique de nombreux groupes d'organismes.

Les impacts de différentes espèces d'herbivores sur la richesse des communautés végétales montrent que des effets positifs peuvent résulter d'un pâturage plurispécifique lorsque les herbivores ont des régimes alimentaires complémentaires et que la pression de pâturage reste à un niveau modéré. Le nombre limité de types de milieux ayant fait l'objet d'expérimentations ne permet cependant pas de définir jusqu'où le pâturage mixte peut augmenter la variabilité de structure et de composition des couverts végétaux.

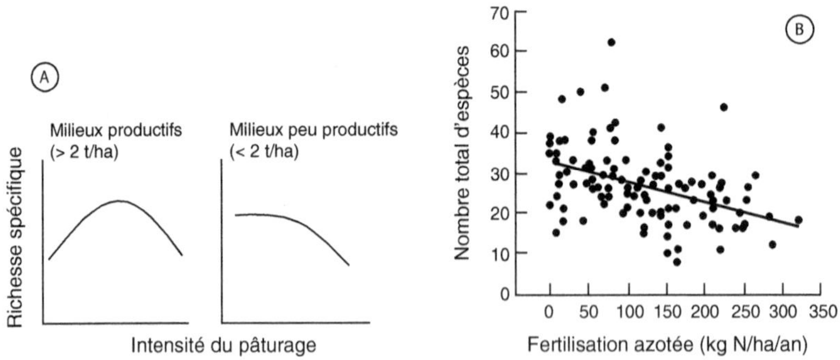

Figure 4. Influence de la fertilisation et de l'intensification du pâturage sur la diversité de la flore prairiale.

A. Schéma synthétisant les résultats d'une compilation bibliographique portant sur 39 études analysant les effets de l'intensité du pâturage sur la richesse spécifique végétale dans des prairies productives et peu productives (adapté de Cingolani *et al.*, 2005).

B. Impact de la fertilisation azotée sur la richesse spécifique des végétaux pour 117 prairies permanentes allemandes (Klimek *et al.*, 2007).

En termes fonctionnels, une augmentation de la pression de pâturage sélectionne des plantes à durée de vie relativement courte, de petite stature, et qui présentent des capacités d'acquisition des ressources (photosynthèse, absorption des éléments minéraux) élevées. Les modifications de structure du couvert végétal induisent des changements de types d'espèces d'oiseaux qui utilisent les prairies. Enfin, la diversité fonctionnelle de la microfaune du sol tend à diminuer dans les conditions de fort pâturage.

Fertilisation et fauche

Les effets de la fertilisation apparaissent comparables pour les différents types d'organismes : hormis dans les situations caractérisées par une faiblesse de disponibilité en éléments minéraux, une augmentation de la fertilité, si elle conduit à une production de biomasse et une abondance des organismes plus élevée, tend à diminuer la richesse spécifique de nombreux groupes : plantes, microarthropodes, bactéries du sol (*figure 4 B*).

La composition fonctionnelle des communautés est également fortement modifiée : la fertilisation favorise les espèces de grande taille, dont les tissus sont plus riches en éléments minéraux et dont les capacités de croissance et de prélèvement des éléments minéraux sont plus élevées.

D'une manière générale, les prairies de fauche sont plus riches en espèces végétales que les prairies pâturées, ce qui a probablement pour conséquence une richesse plus élevée d'autres organismes.

Les changements de structure du couvert végétal induits par la fauche, le pâturage ou la fertilisation affectent en particulier la disponibilité des sites de reproduction des oiseaux et l'efficacité d'approvisionnement des jeunes et des adultes, induisant des changements dans la composition des communautés aviaires. À noter qu'une synchronisation des dates de fauche sur une période restreinte et précoce est souvent défavorable à la biodiversité.

Autres facteurs

D'autres facteurs peuvent avoir un impact sur différentes composantes de la biodiversité dans les prairies. C'est le cas, par exemple, des produits sanitaires utilisés pour lutter contre les parasites internes et externes des herbivores domestiques. Une partie des produits ingérés (des antihelminthiques pour la plupart) est excrétée dans les déjections des animaux traités et ont un fort impact négatif, notamment sur les insectes (coléoptères coprophages en particulier). Les effets sur les populations de vers de terre, de chiroptères et d'oiseaux s'alimentant sur les coprophages mériteraient des études plus détaillées.

Enfin, les contacts entre herbivores domestiques et faune sauvage peuvent être source de propagation de certaines maladies, d'ailleurs plus souvent des troupeaux vers la faune sauvage qu'en sens inverse.

Cultures pérennes

Du fait de la permanence de leur plante-hôte, de nombreux bioagresseurs restent présents dans les parcelles de cultures pérennes ligneuses et leur contrôle demande l'utilisation répétée de produits phytosanitaires, qui constituent donc le principal facteur affectant la biodiversité.

Les vergers de pommiers, par exemple, sont l'objet d'une trentaine d'applications de pesticides par an et sont traités pendant une période longue, de 6 à 8 mois (du débourrement à la récolte). On observe un effet direct (mortalité, baisse de fécondité), plus ou moins important selon les produits utilisés, sur les organismes cibles (arthropodes ravageurs) ainsi que sur d'autres espèces présentes dans le verger (autres arthropodes, oiseaux, petits mammifères...). Il existe également un effet indirect pour ces mêmes groupes par suppression de biomasse et de ressources (adventices, proies) et altération des chaînes trophiques. Les pratiques phytosanitaires et leur impact sur la diversité entomologique sont documentés en verger pour certains groupes d'arthropodes (araignées), mais plus rarement pour l'entomofaune globale.

Alors que l'effet des traitements est indiscutablement significatif pour certains groupes (araignées chassant à l'affût) ou pour certaines fractions de la communauté (arthropodes de la surface du sol, parasitoïdes liés aux mineuses), la diversité entomologique globale de la frondaison, de manière surprenante, n'est souvent que peu affectée par des traitements récurrents avec des insecticides à large spectre par rapport à une protection avec des méthodes alternatives. Plusieurs hypothèses pourraient expliquer ce constat : une résilience du système verger qui voit sa diversité entomologique se reconstituer rapidement, une recolonisation rapide du fait de la petite taille des vergers et/ou d'un effet local/régional prépondérant, des différences de réponse entre groupes, peu traduites par les indices synthétiques de diversité utilisés.

Toutefois, l'abondance des arthropodes du verger est très significativement et négativement touchée. La structure des communautés est aussi modifiée, avec une altération de celle des auxiliaires sous protection intensive. La protection du verger nuit donc fortement à la diversité entomologique fonctionnelle à même de contribuer à la régulation naturelle de certains ravageurs du pommier.

Le verger constitue un milieu pérenne complexe dont la diversité végétale est principalement due à la création d'aménagements végétaux au sein de la parcelle (couvert végétal) ou en bordure (haies). La présence de plusieurs strates exploitables par les communautés biologiques (aspect spatial) et leur maintien (aspect temporel) est une situation potentiellement propice au maintien de réseaux trophiques et à la diversité animale. Toutefois, les effets sur les interactions entre strates sont peu abordés et contradictoires. De plus, les pratiques culturales et en particulier la protection phytosanitaire ne permettent pas, sauf exception, de préserver un équilibre naturel au sein de ce milieu, notamment en rapport avec la non-sélectivité des matières actives utilisées et de fortes variations de biomasse altérant les réseaux trophiques.

Jachères

Dans le cadre de la Politique agricole commune (PAC), le gel de certaines terres agricoles a été rendu obligatoire en 1992. Il demeure encore possible aujourd'hui, de façon facultative, de mettre certaines parcelles en jachère. Contrairement à des friches, les jachères PAC sont entretenues : des réglementations définissent les types de couvert (spontané ou semé) autorisés et imposent de limiter la production de semences d'adventices (broyage obligatoire des jachères spontanées).

La flore adventice qui s'exprime dans les jachères correspond aux espèces dont les semences étaient contenues dans le stock de graines du sol. Ce sont donc les espèces habituellement rencontrées sur la parcelle et, dans un premier temps, aucune biodiversité végétale nouvelle (messicoles rares par exemple) n'est à attendre de la mise en jachère. En revanche, les moindres pressions exercées peuvent permettre l'expression d'espèces peu fréquentes. Du fait du non-travail du sol, les espèces annuelles sont remplacées rapidement par des espèces bisannuelles ou pérennes.

Ces jachères spontanées peuvent offrir des ressources intéressantes aux arthropodes (pollen, nectar, phytophages proies ou hôtes alternatifs pour les auxiliaires zoophages). Leur gestion par destruction mécanique ne doit alors pas intervenir au moment de leur plus forte attractivité pour ces derniers.

Des « jachères environnement et faune sauvage » peuvent être implantées, avec des mélanges plus ou moins diversifiés (de céréales, légumineuses, sarrasin...). Leur richesse faunistique dépend de la nature et de la complexité botanique des couverts. Des « jachères fleuries », semées de mélanges d'espèces d'intérêt esthétique ou entomologique, sont apparues plus récemment. Plus attractives pour l'entomofaune, notamment pour les espèces floricoles comme l'abeille domestique dont elles peuvent soutenir les populations dans certaines régions, elles font l'objet de plus en plus de critiques : les espèces ou variétés ornementales semées (cosmos, zinias...) ne profiteraient pas à tous les taxons de pollinisateurs et certaines pourraient s'avérer envahissantes.

Lorsqu'elles ne sont pas fauchées (ce qui est contraire aux exigences pour l'octroi de primes), les jachères présentent pour les ongulés plus d'avantages que les parcelles cultivées, avec des ressources alimentaires parfois moins appétentes, mais plus disponibles tout au long de l'année. Comme toutes les parcelles non cultivées (préférées notamment par le chevreuil), leur valeur de refuge est exploitée par les animaux. Elles peuvent permettre de réduire les dégâts sur les cultures.

Abandon des pratiques agricoles

La déprise agricole est un phénomène qui concerne la France depuis plusieurs décennies et qui est lié à divers mécanismes (terres peu exploitables, intensification, exode rural...). La forte progression de la surface forestière (+ 3,9 % entre 1993 et 2003) constitue l'une des manifestations les plus visibles de ce phénomène, très accentué dans certaines régions.

Les effets sur la biodiversité de l'abandon de parcelles auparavant exploitées dépendent de leur état initial :
– dans le cas des parcelles cultivées (céréales, vignes, vergers) caractérisées par un milieu initial pauvre en espèces, la richesse spécifique augmente lors des premières années suivant l'abandon pour pratiquement tous les groupes d'organismes, y compris les microorganismes (*figure 5 A*). Dans ce cas, on observe un enrichissement en espèces des surfaces abandonnées, dont la vitesse dépend du paysage dans lequel ces surfaces sont insérées (*figure 5 B*) ;
– dans le cas des prairies permanentes, plus riches en espèces, l'abandon mène systématiquement à une diminution de la richesse spécifique, au moins pour les végétaux. Les effets sur les autres groupes d'organismes ne semblent pas être aussi marqués.

Quelle que soit la situation initiale, lorsque les temps d'abandon s'allongent, la richesse spécifique tend à baisser. Cette diminution s'accentue quand les espèces ligneuses s'installent, et on observe alors une banalisation des espèces chez de nombreux groupes d'organismes (oiseaux en particulier).

En termes fonctionnels, l'abandon conduit à un remplacement d'espèces végétales à durée de vie courte, de petite stature, dispersées par le vent et à capacités d'acquisition des ressources élevées, par des espèces présentant des caractéristiques inverses et plutôt dispersées par les animaux (oiseaux dans les stades forestiers). Chez les vers de terre, les endogés et les anéciques dominent les stades herbacés, alors que la proportion d'espèces épigées augmente avec l'installation des végétaux ligneux.

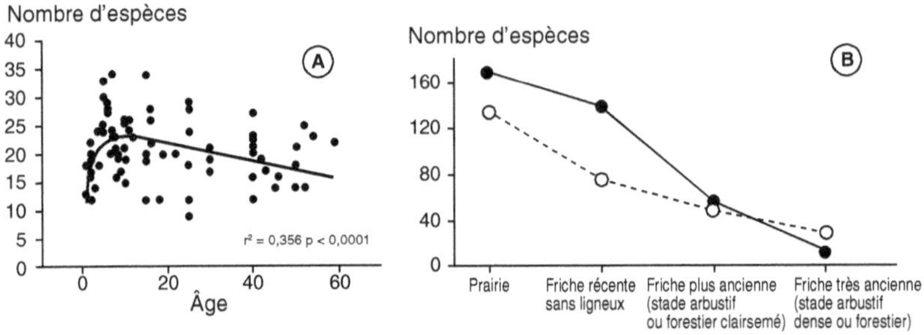

Figure 5. Effets sur la biodiversité de l'abandon de l'usage agricole.
A. Relation entre richesse spécifique végétale et temps d'abandon dans le cas de parcelles anciennement en vigne ou en vergers dans le sud-est de l'Espagne (Bonet & Pausas, 2004).
B. Relation entre richesse spécifique végétale et temps d'abandon dans le cas de pelouses calcaires anciennement pâturées par des moutons (modifié d'après Bakker & Berendse, 1999). La ligne pleine indique la richesse spécifique de la végétation en place, les tirets la richesse pour la banque de graines.

Quels patrons généraux de réponse de la biodiversité ?

Si peu d'études se réfèrent à une théorie écologique pour évaluer la portée de leurs résultats, il est apparu lors de l'expertise que le modèle de Huston permet de rendre compte des effets de nombre de pratiques agricoles sur la diversité biologique. La diversité plus forte dans les prairies de fauche que dans les prairies pâturées peut ainsi s'interpréter comme la conséquence d'un régime élevé de perturbations dans des situations productives (*figure 6, b ou c*). Notons cependant qu'une information précise sur le niveau de fertilité figure rarement dans les études publiées. L'impact sur la biodiversité de l'intensité du pâturage en interaction avec le niveau de production des prairies, tel qu'il est rapporté dans la littérature, correspond aux prédictions *a* (faible niveau production) et *b* (fort niveau de production) de ce modèle. L'impact de la fertilisation des prairies correspond à la courbe unimodale *e*. Quant aux situations d'abandon, elles correspondent aux prédictions présentées en *b* ou à une combinaison de *a* et *b*.

Le modèle de l'équilibre dynamique ne semble pas pouvoir s'appliquer dans le cas des grandes cultures, qui présentent des combinaisons de facteurs très particuliers. Elles associent en effet des régimes de perturbation élevés à certains moments du cycle de développement des organismes, une forte productivité *et* des pratiques dont l'objectif est d'éradiquer les organismes susceptibles de diminuer le rendement de l'espèce cultivée. Cette combinaison de facteurs exigerait une extension du modèle sur un axe (il pourrait s'agir d'un indice de sélectivité) qui n'est actuellement pas pris en compte au plan conceptuel.

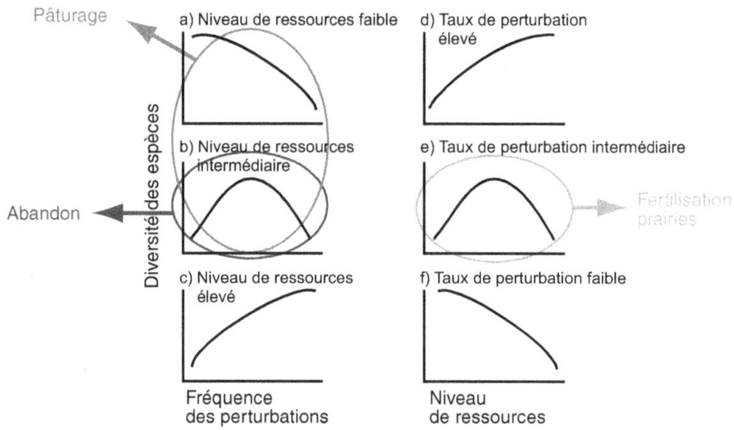

Figure 6. Prédictions du modèle de l'équilibre dynamique de Huston et effets à l'échelle parcellaire.

Effets des modifications de la complexité des paysages

Historiquement, le développement de l'agriculture en Europe s'est accompagné d'importantes transformations des paysages et de destructions d'habitats naturels. Plus précisément, le changement d'utilisation des terres et la modification des pratiques agricoles vers une plus forte intensification, depuis les années 50, ont entraîné une forte modification de la structuration des paysages, laquelle peut affecter la biodiversité (*figure 7 A*). Cette modification de structure se traduit principalement par une réduction de l'hétérogénéité ou de la complexité du paysage, accentuée par les effets des politiques agricoles successives (*figure 7 B*). Parallèlement, l'abandon ou la déprise agricole dans les zones marginales conduisent à une homogénéisation des couverts qui peut aussi affecter la biodiversité.

Même si elle est beaucoup utilisée dans ce champ de recherche, l'hétérogénéité, ou la complexité du paysage, est souvent mal définie. Peu de travaux explicitent ce que recouvre cette notion. En général, elle intègre la quantité d'éléments semi-naturels dans le paysage, parfois le niveau de fragmentation ou de connectivité entre habitats particuliers. La taille moyenne du parcellaire et la diversité des productions sont en revanche rarement explicitées et prises en compte.

Les pourcentages d'éléments semi-naturels dans les paysages agricoles français sont très variables. Dans les zones de grandes cultures, ils peuvent représenter moins de 10 % de la superficie agricole, alors que dans certaines zones de production herbagère, ils peuvent représenter plus de la moitié du territoire. Le pourcentage de la superficie totale agricole occupée par des éléments semi-naturels est inférieur à 20 % (valeur considérée comme critique par les écologues) dans une cinquantaine de départements français, tandis que dans ces mêmes départements la surface cumulée utilisée par l'agriculture, à savoir un peu plus de 19 millions d'hectares, correspond à environ 65 % de la superficie agricole totale du pays (*figure 8*).

Par exemple, en France, les paysages de bocage du Massif armoricain ou de la région Centre sont des paysages complexes, avec 31 % d'éléments semi-naturels pour la commune de Trans-la-Forêt située au nord de l'Ille-et-Vilaine, alors que les plaines céréalières ou de grande culture de la Beauce, de la Brie, de la Champagne ou du Lauragais sont des paysages simplifiés où les éléments semi-naturels sont peu représentés. Les zones de déprise agricole ou de parcours, dans le Massif central par exemple, sont dominées par les éléments semi-naturels mais ont une structure

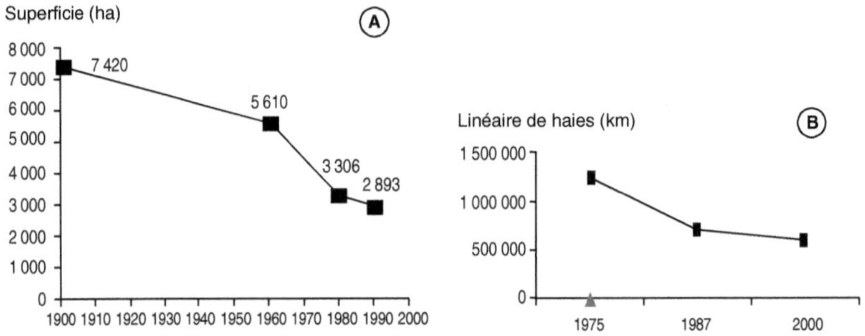

Figure 7. Réduction des espaces semi-naturels dans les paysages agricoles.
A. Diminution des surfaces de prairies calcaires entre 1900 et 2000 dans la région administrative de Bade-Wurtemberg en Allemagne (d'après Poschold *et al.*, 2005).
B. Réduction des linéaires de haies en France entre les années 1975 et 2000 (données IFN de l'étude de Solagro).

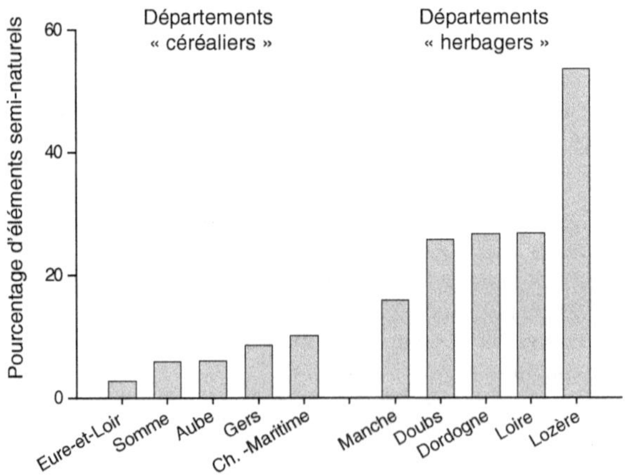

Figure 8. Variabilité du pourcentage d'éléments semi-naturels dans les paysages agricoles.
Pourcentage d'éléments semi-naturels (bosquets, haies, landes, prairies peu productives dont alpages) dans quelques départements français, exprimés en pourcentage de la surface agricole du département (données pour l'année 2006). Pour les cinq départements « céréaliers », la surface en céréales représente plus de la moitié de la surface agricole. Pour les cinq départements « herbagers », la surface toujours en herbe représente plus de la moitié de la surface agricole (Agreste, ministère de l'Agriculture et de la Pêche).

du paysage moins complexe que les bocages, car un type d'occupation du sol, déprise ou prairie permanente, est largement majoritaire.

Effets de l'hétérogénéité du paysage

L'hétérogénéité des paysages agricoles a globalement un effet positif sur la biodiversité. Elle augmente la richesse spécifique de la majorité des groupes animaux et des plantes et concourt à l'augmentation de l'abondance de la plupart d'entre eux. Les transformations récentes des paysages dans les régions d'agriculture intensive, en favorisant les espaces ouverts souvent aux dépens des éléments semi-naturels, ont entraîné une baisse de la biodiversité.

Concernant le paysage, les éléments peu représentés et les zones non agricoles jouent un rôle prédominant de refuge et d'habitat pour de nombreuses espèces et permettent ainsi l'augmentation de la biodiversité. L'importance des couverts prairiaux dans la composition du paysage, et notamment des prairies peu productives, est un facteur favorable à la biodiversité, que ce soit pour les oiseaux, les vers de terre ou la microfaune du sol par exemple.

Cependant les paramètres de l'hétérogénéité responsables de ces réponses varient selon les groupes taxonomiques et/ou fonctionnels. L'échelle de réponse des organismes varie en fonction de leur mobilité, de la taille de leur domaine vital et de leur capacité de dispersion. Les effets de la structure du paysage sont globalement plus prononcés sur les arthropodes épigés et les vertébrés que sur les plantes, la faune du sol et les microorganismes. Quels que soient les groupes considérés, les espèces spécialistes sont plus sensibles à une baisse d'hétérogénéité que les espèces généralistes. D'un point de vue fonctionnel, l'hétérogénéité du paysage favorise les insectes auxiliaires et limite les insectes ravageurs. L'homogénéisation du paysage conduit en fait à une banalisation des communautés par diminution des espèces rares et augmentation des espèces communes. Cette dynamique dépend de l'histoire du paysage et en particulier de la vitesse des changements.

Il est important de noter que toutes ces conclusions sont à moduler en fonction de la qualité des éléments du paysage, et donc des différentes pratiques associées à la gestion des parcelles cultivées et des prairies. En particulier, l'interaction avec les pratiques agricoles est très importante pour définir la qualité des habitats, et la pérennité des pratiques extensives doit être assurée pour avoir une action positive sur la biodiversité. Il est cependant souvent difficile de parfaitement dissocier les effets de l'hétérogénéité du paysage et du niveau d'intensification.

Les éléments non productifs inclus dans les parcelles ou les jouxtant jouent un rôle clé pour la biodiversité dans les paysages agricoles en tant qu'habitat, corridor pour les mouvements, et/ou refuge saisonnier pour de nombreuses espèces. Ils augmentent la diversité végétale et la diversité des insectes auxiliaires. Leur rôle a été moins étudié pour la faune du sol, mais il semblerait qu'ils soient des refuges pour certaines espèces comme des collemboles et des vers de terre. Les bords de champs jouent un rôle particulièrement important dans la dynamique de population de nombreux auxiliaires et participent à maintenir l'abondance et la richesse spécifique de ces espèces.

L'effet sur la biodiversité des éléments non productifs associés aux parcelles dépend de leur nature (qui peut aller d'une simple bande enherbée à un ensemble complexe haie-fossé-talus), mais aussi de leur gestion, de la gestion et des pratiques agricoles dans la parcelle adjacente, et de la structure du paysage.

L'hétérogénéité du paysage joue enfin un rôle sur l'évolution de la biodiversité sur les parcelles après diminution de la pression anthropique (mise en jachère par exemple) : la vitesse à laquelle cette évolution se produit et le niveau de diversité spécifique atteint dépendent de l'environnement paysager de la parcelle, la présence d'une structure paysagère complexe comprenant notamment d'autres jachères jouant un rôle bénéfique. Ainsi, les parcelles en jachères apparaissent nettement comme des éléments du paysage favorables au développement et au maintien d'une biodiversité importante dans les agro-écosystèmes, tant pour des espèces banales que pour d'autres plus rares, pour des espèces neutres vis-à-vis de l'agriculture et pour les auxiliaires des cultures. Elles auraient un effet positif sur l'ensemble des vertébrés et leur impact serait plus important dans les régions moins intensifiées.

Effets de la fragmentation

La fragmentation des habitats semi-naturels, qui se traduit par une baisse du nombre total d'habitats effectivement « favorables », par la diminution de la taille des « taches » et par l'accroissement de leur isolement, a un effet globalement négatif sur la biodiversité. Cette fragmentation entraîne une diminution de la richesse spécifique de la plupart des groupes taxonomiques, même pour certaines espèces peu mobiles comme les collemboles ou les microarthropodes du sol, et le déclin des populations végétales isolées.

De même que pour l'hétérogénéité, la réponse des différents groupes à la fragmentation du paysage dépend de leur échelle de perception. Ainsi, les communautés d'abeilles et certaines espèces de syrphes sont plus sensibles à la diminution et à la fragmentation des habitats que d'autres groupes d'insectes. En règle générale, les espèces spécialistes sont plus sensibles à la fragmentation que les espèces généralistes. Ces effets dépendent aussi de la dynamique et de l'histoire du paysage : les espèces spécialistes sont favorisées par des paysages relativement stables et menacées dans des paysages très dynamiques.

La composition du paysage et la fragmentation doivent être appréhendées conjointement mais leur rôle relatif est variable selon les cas. Dans les études qui hiérarchisent les effets des paramètres spatiaux caractérisant l'hétérogénéité du paysage, la configuration spatiale a souvent un pouvoir explicatif moindre que la composition en types d'éléments. Pour les organismes spécialistes d'habitats particuliers notamment, la caractéristique majeure pour la survie des populations est le taux d'habitats favorables dans le paysage ; le niveau de fragmentation de ces habitats joue moins. Ce second facteur peut toutefois devenir déterminant lorsque la part de milieux favorables se réduit et passe en dessous d'un certain seuil : l'espèce devient alors sensible à leur fragmentation et à leur connectivité.

Dans de nombreux espaces agricoles et pour de nombreuses espèces, le pourcentage d'habitats favorables risque d'être bien inférieur à la valeur seuil minimal qui permettrait la viabilité des populations indépendamment des aspects de connectivité. En pratique, du point de vue de la gestion des paysages agricoles au regard de la biodiversité, c'est donc à la fois en termes de maintien ou augmentation de la fraction d'éléments non productifs *et* en termes de localisation/connectivité de ces éléments qu'il faut souvent raisonner.

Des perceptions différentes selon les espèces

Les groupes taxonomiques ont des échelles de réponses variables à l'hétérogénéité du paysage, notamment en fonction de leur capacité de déplacement et de leur besoin en types de milieux différents. En règle générale, l'hétérogénéité du paysage est un facteur important pour expliquer la richesse en espèces pour les groupes « mobiles », l'effet étant plus fort dans les parcelles cultivées que dans les prairies permanentes.

Cette variabilité des réponses observées peut en partie être comprise en utilisant une classification des espèces en fonction de leur place dans les chaînes trophiques et de leur degré de spécialisation (*figure 9*). Les plantes répondent principalement à des changements à échelle fine, de l'ordre du mètre à quelques dizaines de mètres, les herbivores répondent en majorité à des modifications opérant à échelle intermédiaire, de l'ordre de la centaine de mètres, par exemple pour les insectes herbivores, et les prédateurs répondent à des échelles variables selon leur degré de spécialisation. Parmi ces derniers, les espèces spécialistes sont plus sensibles aux échelles fines, en relation avec la distribution spatio-temporelle de leur ressource, et les généralistes aux échelles larges pouvant aller jusqu'à plusieurs kilomètres : c'est par exemple le cas des rapaces.

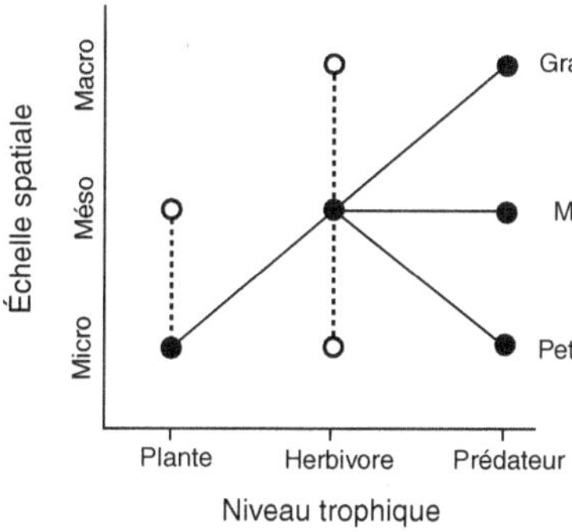

Figure 9. Échelles spatiales de réponses caractéristiques des organismes de différents groupes trophiques en fonction de leur degré de spécialisation (d'après Tscharntke *et al.*, 2005).
Les cercles pleins représentent des réponses très fortement probables, les cercles vides des réponses possibles mais peu fréquentes.

Cette distinction par niveau trophique est intéressante pour raisonner la gestion des composantes de la biodiversité dans les systèmes agricoles : les organismes participant à la production sont soit des plantes, soit des herbivores. Ils peuvent donc être gérés principalement à des échelles fines ou intermédiaires. Les prédateurs qui répondent aux modifications du paysage sur toute une gamme d'échelles différentes ne sont qu'indirectement liés à la production agricole, en tant qu'auxiliaires ou déprédateurs.

Entre hétérogénéité du paysage et intensification

Hétérogénéité du paysage, pratiques agricoles et modes de production agissent simultanément sur la biodiversité, parfois en synergie, parfois en opposition, l'effet de l'un pouvant limiter les effets potentiels de l'autre. Évaluer la part relative de ces facteurs sur l'état et la dynamique de la biodiversité dans les paysages agricoles n'est pas aisé, en raison du niveau d'autocorrélation souvent observé entre eux, notamment. Il existe ainsi dans la majorité des cas une relation forte entre l'intensification de l'agriculture conventionnelle et l'homogénéisation du paysage, à savoir l'agrandissement des parcelles et la fragmentation des éléments semi-naturels. Les effets sur la biodiversité dus à l'hétérogénéité du paysage et ceux dus à l'intensification des pratiques ont parfois pu être hiérarchisés par des analyses statistiques *ad hoc*.

Effets respectifs de ces deux facteurs

En Europe, les facteurs opérant à l'échelle du paysage ont plus d'importance pour expliquer l'état de la biodiversité que les facteurs locaux. Cela est particulièrement vrai pour l'intensité d'usage des systèmes de production ainsi que pour l'hétérogénéité du paysage (composition en éléments semi-naturels et diversité des cultures) mais aussi, dans une moindre mesure, pour la connectivité.

Une grande étude, portant sur 25 paysages répartis dans sept pays européens dont la France, montre que la richesse spécifique au niveau du paysage des plantes vasculaires, des oiseaux et de cinq groupes d'arthropodes (coléoptères carabiques, Apoïdés, punaises, araignées et syrphes) augmente avec la proportion d'éléments semi-naturels. Les effets de l'intensification sont souvent négatifs, mais les variables clés expliquant les modifications de richesse spécifique diffèrent selon les groupes (*encadré 5*). En bref :

- La richesse des oiseaux est corrélée positivement au pourcentage d'éléments semi-naturels et négativement au niveau de fertilisation (quantité moyenne d'azote appliquée par hectare cultivé).
- La richesse des plantes herbacées augmente avec le pourcentage d'éléments semi-naturels et diminue avec le pourcentage de surface en cultures fortement fertilisées dans le paysage (> 150 kg N/ha/an).
- La richesse de tous les groupes d'arthropodes augmente avec le pourcentage d'éléments semi-naturels, bien que marginalement pour les abeilles et les bourdons, et augmente avec la diversité des cultures (nombre moyen de cultures par exploitation), bien que marginalement pour les araignées. La diversité des habitats (nombre moyen d'habitats semi-naturels) a pour sa part une influence positive sur la richesse de certains groupes comme les Apoïdés, négative sur la richesse de groupes comme les punaises ou les carabes, et une faible influence sur la richesse des araignées.

Dans ce type d'études, les variables caractérisant plus finement le paysage (nombre, taille et densité des patchs semi-naturels, indices de fragmentation) ne semblent pas avoir un rôle majeur sur la diversité spécifique de ces grands groupes taxonomiques. La connectivité influence en revanche d'autres caractéristiques telles que la répartition en classe de taille corporelle et en guildes (ensembles d'organismes utilisant une même ressource trophique).

La composition en espèces des communautés de coléoptères carabiques, Apoïdés, punaises, araignées et syrphes dans ces paysages européens dépend un peu plus du niveau d'intensification que de l'hétérogénéité du paysage liée aux éléments semi-naturels, les caractéristiques des habitats locaux (composition et diversité) jouant moins. L'effet intensification est plus lié au pourcentage de surface en cultures fortement fertilisées et à une baisse de diversité des cultures qu'au niveau moyen de fertilisation et à la fréquence moyenne d'application de pesticides sur les surfaces

5

Une étude européenne : liens entre richesse spécifique et pratiques agricoles intensives.

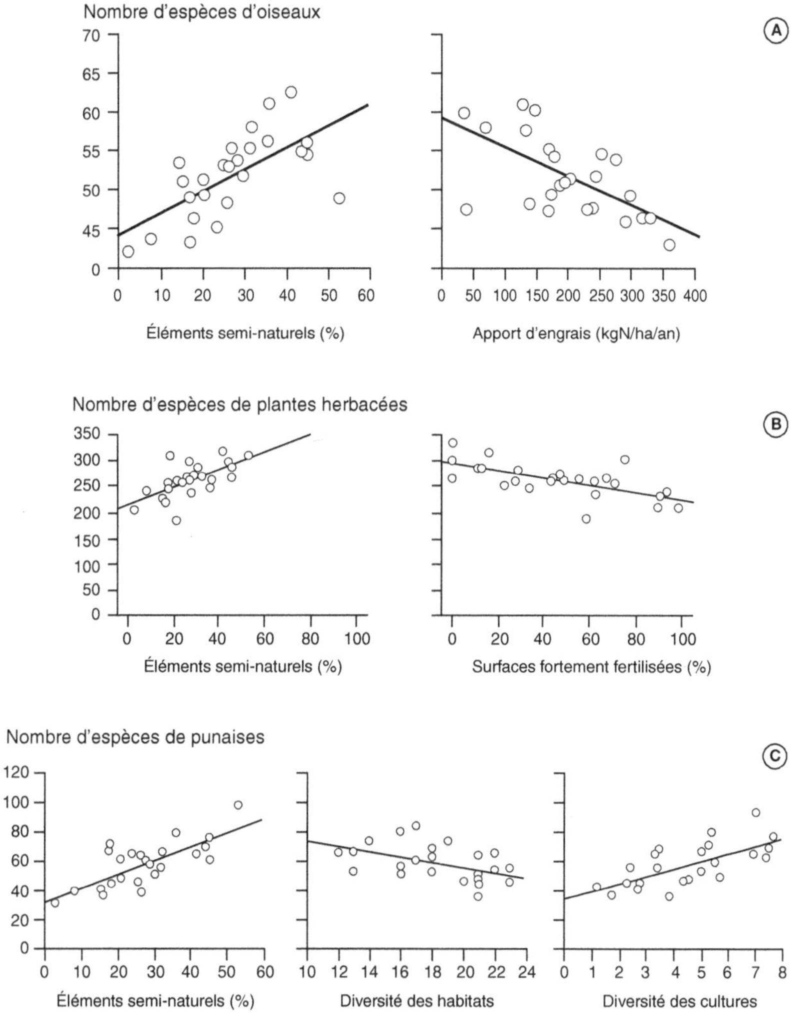

A. Oiseaux : effets majeurs du pourcentage d'éléments semi-naturels et du niveau de fertilisation. B. Herbacées : effets des pourcentages d'éléments semi-naturels et de surface en cultures fortement fertilisées. C. Arthropodes : effets du pourcentage d'éléments semi-naturels, de la diversité des cultures et de celle des habitats semi-naturels.

Synthèse des résultats obtenus dans 25 paysages de 16 km^2 localisés dans 7 pays européens : France, Belgique, Hollande, Allemagne, Suisse, République tchèque et Estonie (d'après Billeter *et al.*, 2008). Des effets souvent positifs de l'hétérogénéité du paysage sur la richesse spécifique de divers groupes d'organismes, des effets négatifs du niveau d'intensification des systèmes agricoles : observations pour une large gamme de paysages européens.

cultivées, sauf pour les syrphidés. L'effet paysage se décompose, schématiquement, en deux : pour moitié en termes de configuration spatiale, à savoir ici de connectivité entre les éléments semi-naturels, et pour moitié en paramètres de composition (nature et diversité des éléments).

Pour les plantes, la richesse des espèces natives, pérennes, clonales et de grande valeur patrimoniale est particulièrement favorisée par la présence d'habitats semi-naturels et un mode de production peu intensif.

Intensification de l'agriculture et simplification du paysage ont des effets opposés sur les insectes auxiliaires et les insectes ravageurs. Les premiers sont favorisés par des paysages complexes et une agriculture peu intensive, alors que les seconds sont favorisés par une agriculture intensive dans des paysages très homogènes. Pour les papillons, l'effet du paysage est très fort et masque celui du mode de production.

Finalement, l'intensification de l'agriculture conventionnelle a des effets négatifs sur la biodiversité, les facteurs clés pouvant varier selon les groupes taxinomiques considérés et les pratiques incluses dans les modes de production. *A contrario*, l'hétérogénéité du paysage et en particulier l'importance des éléments semi-naturels ont un effet positif sur de nombreux groupes taxinomiques.

Parmi ces éléments semi-naturels, les bords de champs (bandes herbeuses ou haies arborées) jouent un rôle clé dans les agro-écosystèmes en tant qu'habitat, refuge saisonnier ou corridor pour de nombreuses espèces. Il peut y avoir différenciation génétique entre les populations du bord de champ et celle de la parcelle, comme pour le puceron des épis (*Sitobion avenae*) en réponse à la différence de stabilité des habitats cultivés et semi-naturels. L'étude des flux migratoires entre milieux cultivés et semi-naturels a mis en évidence des transferts importants d'une culture à une autre au sein du compartiment cultivé. De plus, elle confirme le rôle limité des graminées sauvages dans la production de migrants colonisant les céréales.

Pour les vergers, environnements local et paysager, pratiques culturales et aménagements (ou structure) du verger interfèrent largement. Seules quelques études récentes ont quantifié l'importance de ces différents facteurs : dans des vergers de pommiers du sud-est de la France, l'environnement local des vergers et les traitements phytosanitaires peuvent expliquer la composition des communautés d'oiseaux comparables (environ 25 %), supérieur à celui de l'environnement paysager (environ 15 %). En vergers de poirier, l'ensemble des variables étudiées (pratiques et environnement proche) explique près de 30 % de la variabilité totale du peuplement d'arthropodes. Les pratiques seules expliquent 12 % de cette variabilité, mais l'environnement proche (les haies) seulement 2 %.

Effets de l'agriculture biologique

Certaines études ont évalué les effets respectifs de l'hétérogénéité du paysage et des modes de production agricole en comparant les impacts de l'agriculture biologique et de l'agriculture conventionnelle dans des paysages plus ou moins complexes. Le passage d'un mode de production conventionnel à un mode de production biologique a souvent un effet globalement positif pour la biodiversité. La richesse des plantes, des microorganismes du sol, des vertébrés et des arthropodes augmente, l'abondance des invertébrés prédateurs augmente elle aussi, alors que les réponses de la faune du sol sont soit positives, soit nulles (*figure 10*).

Cette réponse globale peut être modulée en fonction de l'hétérogénéité du paysage qui peut masquer l'effet du mode de production pour les espèces mobiles comme les coléoptères carabiques ou les papillons. Ainsi, la richesse spécifique des carabiques dans une parcelle de blé est tout d'abord dépendante de la structure du paysage et augmente avec le taux de zones enherbées (zones d'hibernation des reproducteurs de printemps), quel que soit le système de production (biologique ou conventionnel). Pour les papillons, qui dépendent peu des cultures, l'hétérogénéité du paysage augmente la diversité spécifique et a un effet à toutes les échelles sur la composition des communautés. Cet effet est supérieur à celui des modes de production, conventionnel ou biologique. Pour les plantes, on peut identifier un seuil de complexité du paysage en deçà duquel le mode de production biologique permet d'augmenter la biodiversité et au-delà duquel il n'a que peu d'effets.

La production biologique comme l'hétérogénéité du paysage augmentent la diversité spécifique des Apoïdés. Pour les araignées, la structure du paysage agit sur la richesse spécifique alors que les modes de production ont un impact sur l'abondance : l'agriculture biologique a l'impact le plus favorable en particulier sur les araignées, prédateurs favorisant ainsi le contrôle des ennemis des cultures. Pour la faune du sol, l'effet bénéfique de l'agriculture biologique s'exprime sur la parcelle cultivée mais aussi sur les bordures et les haies voisines.

Le passage à des pratiques d'agriculture biologique ne permet pas toujours la recolonisation des milieux par les espèces rares. Un accompagnement des pratiques non chimiques par une structuration du paysage (création de haies, de zones réservoir) apparaît indispensable à une restauration d'espèces à valeur patrimoniale.

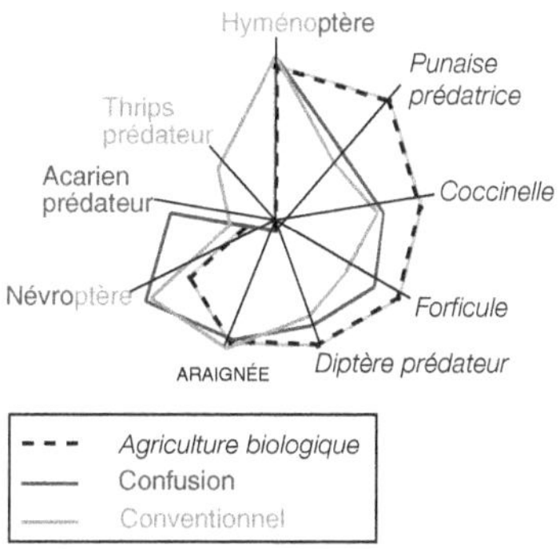

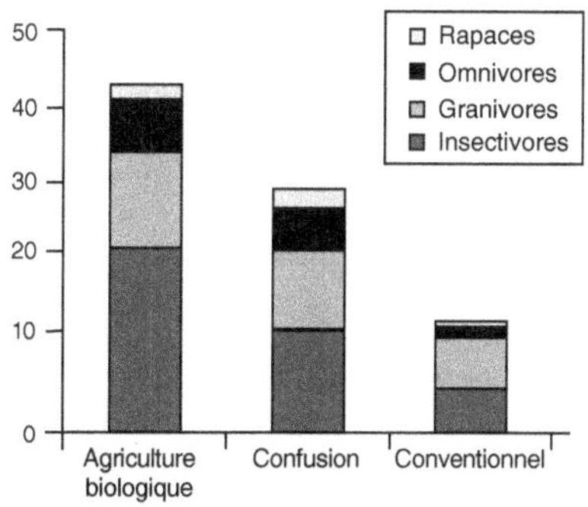

Figure 10. Impacts sur la biodiversité des vergers de pommiers de différents modes de production.

Cortèges d'auxiliaires du pommier (à gauche). Abondance des oiseaux par groupe fonctionnel (à droite).

Comparaison de l'état des communautés d'auxiliaires du pommier et d'oiseaux observées durant 4 ans dans des vergers de pommier proches d'Avignon et de Valence.

Les observations sont réalisées soit en agriculture biologique (AB), soit en protection contre le carpocapse exclusivement au moyen d'insecticides chimiques (conventionnel), soit en intégrant la méthode de confusion sexuelle contre le carpocapse des pommes (confusion). Arthropodes auxiliaires : graphe construit d'après les données présentées par Simon *et al.* (2007). Oiseaux : d'après Bouvier (2004). En arboriculture, une minimisation des impacts sur la biodiversité est souvent obtenue par une restriction du recours aux pesticides et notamment par l'agriculture biologique.

Pour résumer, le passage à l'agriculture biologique aura peu d'effets sur la biodiversité dans les paysages simples et très intensifiés, par manque de populations sources. En revanche, dans les paysages où il reste encore quelques habitats semi-naturels et des populations sources, le passage à l'agriculture biologique aura un effet particulièrement positif. Enfin, dans les paysages complexes où parcelles cultivées plutôt de petite taille et éléments semi-naturels sont mêlés, l'agriculture biologique aura peu d'effets dans la mesure où la biodiversité est élevée sur l'ensemble du territoire.

Prise en compte des caractéristiques fonctionnelles des organismes

La majorité des études a analysé les effets de l'agriculture par grands groupes taxonomiques en se focalisant sur leur richesse spécifique ou leur composition en espèces. Or les perceptions de l'hétérogénéité du paysage et l'inféodation aux parcelles cultivées des organismes diffèrent selon les espèces. Une vision plus fonctionnelle de la biodiversité peut être adoptée pour comprendre les effets relatifs de l'intensification des pratiques agricoles et de l'hétérogénéité du paysage, en prenant notamment en compte la mobilité et le degré de spécialisation trophique.

Pour les espèces sessiles ou peu mobiles, la biodiversité est déterminée essentiellement par les conditions de milieu dépendant des pratiques au niveau parcellaire. La diversité de ces espèces sera faible en cas d'intensification pour les systèmes de culture annuelle ou pérenne, surtout dans les paysages simplifiés. Elle pourra être favorisée par des modes de production biologique ou intégrée et sera plus élevée pour les systèmes extensifs d'élevage à base d'herbe. Elle se situera dans l'entre-deux pour les systèmes de polyculture-élevage. On peut malgré tout émettre l'hypothèse selon laquelle une augmentation de la connectivité au niveau des paysages agricoles pourrait favoriser certaines espèces en augmentant la taille de leur habitat.

Pour les espèces mobiles, la structure du paysage joue un rôle majeur qui peut compenser en quasi-totalité ou pour partie les effets négatifs de certaines pratiques (*figure 11*). Cet effet est surtout marqué pour les systèmes à base de cultures annuelles ou pérennes. Certains travaux suggèrent qu'il existe un seuil de composition (rapport entre éléments semi-naturels et parcelles cultivées) et de connectivité du paysage en deçà duquel l'influence des pratiques sur la diversité spécifique est dominante, alors qu'au-delà le rôle de compensation du niveau paysage s'exprime. Pour les systèmes d'élevage à base d'herbe, il apparaît que, même pour les espèces mobiles, la gestion de la fauche et du pâturage est un élément clé de la réponse de la biodiversité.

Les espèces les plus affectées par les modifications d'hétérogénéité du paysage sont donc les espèces mobiles, spécialistes et les espèces dont l'échelle de perception est voisine de celle du grain du paysage (par exemple des organismes dont le rayon d'action est de l'ordre de grandeur de la taille du parcellaire). Pour ces espèces mobiles, la structure du paysage peut compenser en partie les effets négatifs des pratiques, alors que pour des espèces peu mobiles telles que les plantes, il existe un seuil d'hétérogénéité du paysage en deçà duquel les modifications de système de production sont nécessaires pour favoriser la biodiversité.

Finalement, la richesse spécifique apparaît comme un paramètre intéressant mais très partiel pour évaluer les effets de l'agriculture sur la biodiversité. De fait, ces deniers se traduisent avant tout par des modifications de composition des communautés, avec remplacement d'espèces en fonction de leurs traits fonctionnels. Ainsi, les espèces

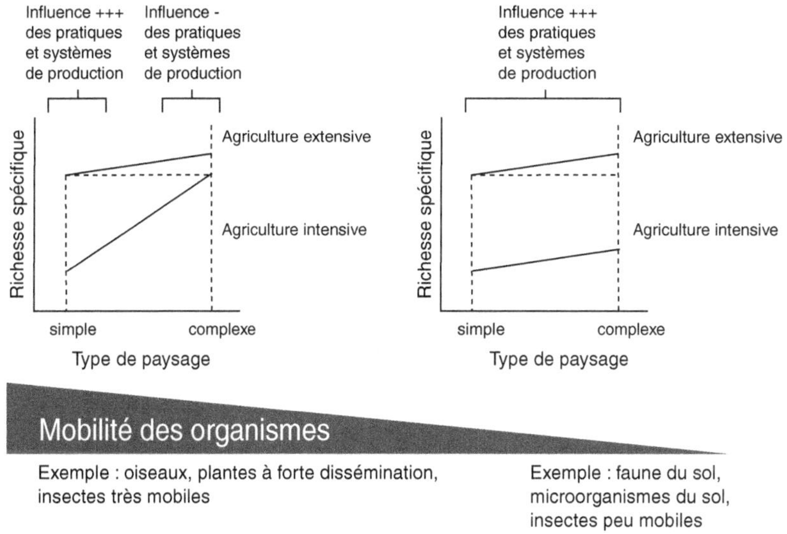

Figure 11. Mobilité des organismes et effets de l'hétérogénéité du paysage et de l'intensification de l'agriculture.
Schématisation des effets de la complexité du paysage et du niveau d'intensification de l'agriculture sur la richesse spécifique à l'échelle du paysage, en fonction de la mobilité effective des organismes (modifié d'après Roschewitz *et al.*, 2005).
Pour les organismes mobiles, la complexité du paysage peut compenser les effets négatifs du niveau d'intensification ; cette compensation intervient peu pour les organismes sédentaires.

d'oiseaux spécialistes répondent négativement aux traitements pesticides et sont alors remplacées par des espèces généralistes, qui y répondent positivement !

Une évaluation globale est-elle possible ?

Évaluer l'effet global de l'agriculture sur la biodiversité suppose de disposer d'indicateurs permettant de caractériser et de quantifier cette biodiversité. Des travaux sont menés sur cette question, au plan national comme européen.

Des indicateurs directs et indirects

Les analyses qui précèdent montrent qu'il importe d'analyser les effets de l'agriculture sur la biodiversité en considérant l'état des communautés biologiques dans toutes leurs dimensions : non seulement en termes de richesse spécifique ou d'abondance des espèces spécialistes, mais aussi en termes de biomasse et de nombre d'individus d'une large gamme d'espèces ainsi que de niveau trophique.

La recherche d'indicateurs de la qualité de l'environnement (notamment de la biodiversité), des paysages agricoles européens et des effets des politiques agro-environnementales constitue actuellement un champ d'investigation particulièrement actif. Un premier groupe d'indicateurs a été développé au niveau national pour l'évaluation des impacts environnementaux de l'agriculture (évaluation des cycles de vie) et pour le diagnostic agro-environnemental des exploitations. Il s'agit d'indicateurs dits « indirects » et construits à partir d'informations portant sur les pratiques agricoles. Un réseau de mesures de la qualité des sols (RMQS) a également été mis en place, ainsi qu'une base de données sur les environnements pédoclimatiques et les usages des sol (DonSol). Celle-ci est associée aux bases de données en cours de constitution sur la diversité biologique et microbiologique. Au plan européen, l'utilisation de grandes bases de données peut fournir des indicateurs indirects reliant l'utilisation des intrants et la diversité des usages des terres pour les modes de production biologique ou à bas niveau d'intrants.

Les indicateurs indirects doivent cependant être utilisés avec précaution. En effet, la variabilité et la complexité des processus écologiques régissant la dynamique des diverses composantes de la biodiversité dans les paysages agricoles peuvent, dans ce type d'approche, entraîner une omission de facteurs mal connus et/ou non mesurés. En raison de la variabilité de l'intensification de l'agriculture et de la diversité des conditions environnementales en Europe, on ne peut accorder qu'un degré de confiance limité aux relations entre agriculture et biodiversité qui pourraient être établies à cette échelle. De plus, les impacts des pratiques agricoles étant souvent mal connus, il est difficile de déterminer la nature exacte des données à recueillir. Il est donc important de définir des indicateurs directs de l'état actuel de la biodiversité.

Actuellement, les espèces indicatrices les plus communément utilisées comme indicateurs directs sont les plantes vasculaires, les oiseaux et les papillons. Mais définir les organismes cibles est loin d'être trivial : ainsi, alors que quelques travaux ont montré que certains groupes peuvent servir d'indicateurs de la richesse biologique globale dans des conditions précises, la plupart des études montrent en fait des relations très faibles entre la richesse taxinomique d'un groupe et celle des autres groupes.

Une autre façon d'aborder les indicateurs de biodiversité est de les classer en fonction des trois objectifs principaux de maintien et d'augmentation de la biodiversité dans le contexte agricole : des indicateurs de protection de la nature (conservation des espèces rares ou menacées), des indicateurs de résilience de l'agro-écosystème et les indicateurs liés à la protection des végétaux (contrôle biologique des ravageurs par les prédateurs et parasitoïdes). On peut citer une quatrième catégorie d'indicateurs, liés à la fertilité du sol. Les trois premières classes peuvent être assimilées à trois fonctions principales, soit respectivement les fonctions patrimoniale, écologique et agronomique. Quoi qu'il en soit, la nature complexe des relations entre biodiversité et agriculture, déjà soulignée dans le cadre de la structuration du champ de recherche, se ressent logiquement dans les difficultés à proposer des indicateurs (très divers pour appréhender ces relations).

Exemple : l'indicateur européen « Oiseaux communs »

Cet indicateur – l'un des douze indicateurs de développement durable de l'Union européenne – examine les variations d'abondance des oiseaux nichant dans les écosystèmes terrestres (*figure 12*). Il est renseigné par des observatoires nationaux, qui réalisent un suivi annuel « multiespèces/multisites » (de l'abondance des oiseaux nicheurs (10 000 points en France). En s'intéressant aux espèces spécialistes des habitats, cet indicateur évalue les variations de la diversité spécifique, de la variabilité génétique de ces espèces (en considérant qu'elle est fonction des effectifs)

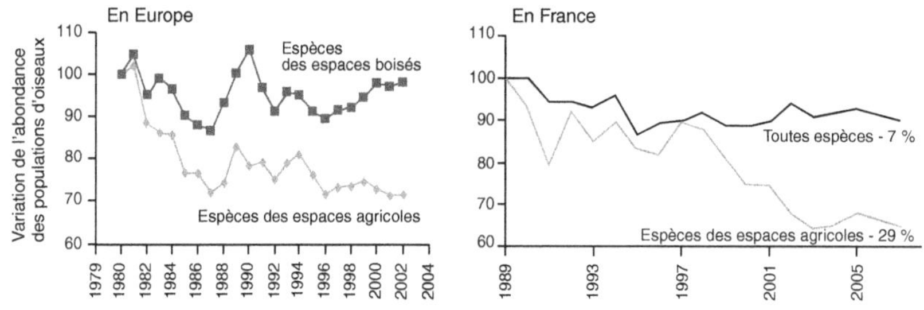

Figure 12. Évolution des populations d'oiseaux des milieux agricoles en Europe et en France. Variation des populations d'oiseaux de différents habitats en Europe de 1980 à 2002. On constate un déclin important pour les espaces agricoles (Royal Society for the protection of birds–European bird cencus council–Bird Life International).
Variation des populations d'oiseaux en France de 1989 à 2006 pour l'ensemble des espèces et les espèces agricoles. On constate là aussi un déclin important pour les espèces agricoles.

et de la diversité des écosystèmes (en estimant les différences de composition spécifique entre habitats différents). C'est un bon indicateur patrimonial : il permet d'avoir une idée de la variation du patrimoine « oiseaux ». Il est également un indicateur de fonctionnement des écosystèmes, car ce groupe est au sommet d'un réseau trophique et dépend donc du bon fonctionnement de l'ensemble du réseau.

Ces données montrent, en Europe comme en France, un déclin des populations dans les espaces agricoles plus important que dans les autres habitats, de l'ordre de 29 % en France pour la période 1970-2000 (même chiffre sur la période 1989-2006, ce qui témoigne de la poursuite du processus). Lorsque l'on compare les pays européens, le déclin calculé entre 1975 et 2000 apparaît d'autant plus important que la productivité agricole, évaluée par les rendements céréaliers en 1993, est élevée. Le Danemark constituerait une exception, avec une hausse des rendements agricoles et le maintien des populations d'oiseaux grâce à une politique de réduction des intrants, pesticides et fertilisants.

Ce type d'indicateurs suggère très fortement que l'intensification de notre agriculture durant les dernières décennies, et plus généralement en Europe, s'est traduite par une régression progressive des habitats pour les oiseaux dans les espaces agricoles et/ou une dégradation notable de la qualité de ces habitats, avec une réduction de la disponibilité en ressources en général. Dans le premier cas, il peut s'agir, par exemple, du retournement de prairies permanentes ou de la diminution des haies. Dans le deuxième cas, on peut en particulier mettre en avant les pratiques agricoles se traduisant par une diminution des proies (micromammifères, insectes...). L'interprétation de ces évolutions aux échelles temporelles fines (sur quelques années) est plus difficile, notamment du fait du manque de données pouvant permettre d'analyser ces évolutions (données sur les populations d'insectes, les adventices...) ainsi que les délais de réponse éventuels.

Au Royaume-Uni, des analyses ont été réalisées sur les 20 espèces des milieux agricoles qui servent d'indicateurs de qualité en vironnementale pour le gouvernement. Elles ont exploré les relations entre ces espèces et un grand nombre de paramètres environnementaux, dans le cadre du *Countryside survey* qui suit l'évolution des paysages et des espèces tous les 10 ans depuis près de 40 ans. Les espèces qui n'ont pas diminué depuis 1970 sont celles qui sont associées aux prairies intensifiées ou aux paysages comportant beaucoup de bois et/ou de zones bâties. Les espèces qui ont décliné très fortement sont souvent celles qui sont associées aux paysages dominés par la culture.

De tels indicateurs permettent donc de mettre en lumière des tendances « lourdes » de modification de biodiversité jusqu'à l'échelle nationale. Ils nécessitent des systèmes d'observation de la biodiversité ainsi que des déterminants clés de cette biodiversité, qu'il est important de développer.

Par ailleurs, ce type d'indicateurs, couplé à d'autres informations, peut également être utilisé pour réaliser des analyses rétrospectives et prospectives, ou pour construire des scénarios d'évolution de la biodiversité dans les espaces agricoles. En Grande-Bretagne, les données produites par l'observatoire des populations d'oiseaux, combinées à celles d'un dispositif supplémentaire de suivi de l'effet des mesures agri-environnementales (MAE) et de la culture des OGM, ont permis d'établir des scénarios concernant l'effet que pourrait avoir, dans le pays, la généralisation de chacune de ces pratiques. Par rapport au scénario de référence, qui évalue la perte à – 15 % en 2020, ces scénarios montrent que des MAE ralentiraient le déclin des oiseaux sans l'enrayer (il resterait un peu au-dessus de – 10 %) et que l'utilisation d'OGM résistants aux herbicides l'aggraverait légèrement (le déclin atteindrait alors – 18 %).

Des indicateurs de la pression sur la biodiversité

L'expertise a souligné l'importance de l'intensification des pratiques et en particulier de la fertilisation sur la diminution de la biodiversité, d'une part, et l'importance de la complexité/diversité du paysage et en particulier de la présence de prairies extensives pour le maintien de la biodiversité, d'autre part. Des cartes de la distribution spatiale des surplus d'azote, indicateur notamment d'intensification des pratiques, ou de la variation de la diversité des cultures (prenant en compte les prairies permanentes) permettent d'identifier les zones du territoire national les plus concernées par ces facteurs défavorables pour la biodiversité (*figures C et D,* planche 2) Ensemble, ces deux cartes dessinent un arc couvrant toute la partie ouest de la France, le Nord et le Nord-Est, où l'intensification des pratiques s'est accompagnée depuis 30 ans d'une homogénéisation des usages du sol et d'une diminution des prairies. Ces régions sont donc particulièrement sensibles et prioritaires au regard des actions à mener pour la biodiversité. Le Centre et le Sud-Est sont en revanche moins intensifiés et les éléments semi-naturels plus présents. Dans ces régions, l'enjeu est de conserver la biodiversité en place.

Conclusion

De tous ces résultats, on peut conclure que l'intensification de l'agriculture, et son corollaire de dynamique des paysages agricoles de l'ouest de l'Europe vers une simplification des paysages, sont des facteurs majeurs de perte et plus encore de profonde modification de la biodiversité, particulièrement depuis quelques décennies. Les connaissances disponibles dans la littérature montrent que la capacité d'accueil des paysages pour les différentes espèces dépend à la fois de leur structure spatiale et de la qualité de chacun des éléments. Celle-ci est déterminée, pour la mosaïque agricole, par l'ensemble des pratiques mises en œuvre par les agriculteurs.

La complexité des paysages, représentée dans les paysages agricoles par le rapport entre éléments cultivés et semi-naturels et leurs arrangements spatiaux, favorise au contraire globalement la biodiversité, de même que le choix de systèmes agricoles peu intensifiés.

C'est pourquoi, nature des éléments agricoles et semi-naturels du paysage, importance relative de leur surface au niveau du paysage, arrangement spatial et connectivité des éléments, mode de gestion des éléments agricoles *et* semi-naturels sont autant de facteurs à prendre en compte dans le cadre d'actions visant à promouvoir la biodiversité. Une attention particulière doit être portée sur les pratiques et la connectivité des milieux semi-naturels.

Identification des marges de manœuvre

Il n'est pas de « gestions » des espaces agricoles favorables à la biodiversité sans objectifs pour la biodiversité. Pour autant, il existe de grandes options globalement positives pour la biodiversité à l'échelle des paysages agricoles, et des marges de manœuvre sur lesquelles travailler peuvent être identifiées pour les principaux types de situations agricoles (*encadré 6*).

Des objectifs nécessaires

Étant donné la diversité des réponses des organismes aux pratiques et caractéristiques des paysages agricoles, la gestion des paysages agricoles pour préserver la biodiversité ne peut donc se faire sans expliciter des objectifs clairs pour la biodiversité (espèces ou groupes d'espèces cibles...). Seule une telle explicitation permet de définir les pratiques et les aspects clés du paysage favorables aux espèces ciblées.

Objectifs de gestion/conservation ⇨ Caractéristiques écologiques des espèces cibles et type de complexité du paysage favorable ⇨ Gestion favorable au type de complexité souhaitée

Les orientations de gestion des paysages agricoles diffèrent selon les objectifs de biodiversité recherchés.

Un même aménagement du paysage peut être favorable à une espèce et défavorable à une autre. Par exemple *Abax parallelepipedus*, un coléoptère carabique forestier, a besoin d'un réseau connecté de haies à végétation dense pour que ses populations se maintiennent dans les paysages agricoles. Ces mêmes haies sont des barrières pour le papillon *bellargus* (*Lysandra bellargus*) et isolent les populations dans les parcelles agricoles.

Des évolutions favorables

Même si elles ne peuvent garantir un effet positif sur des organismes particuliers, certaines évolutions et modifications des paysages agricoles et des systèmes de production apparaissent toutefois globalement favorables à la biodiversité dans des paysages agricoles comme ceux de la France métropolitaine.

Pour aider à préciser ces évolutions favorables, nous avons, à partir des éléments de connaissance dispersés dans la littérature, bâti un modèle conceptuel reliant

6 Une trame verte et bleue pour la biodiversité

Parmi les mesures proposées à l'issue du Grenelle de l'environnement figure la réalisation d'une trame verte et bleue au niveau national pour la biodiversité. Cette proposition est fondée sur l'hypothèse selon laquelle une connectivité écologique est nécessaire pour maintenir un bon niveau de biodiversité. La trame verte devrait notamment permettre aux espèces sauvages de circuler moins difficilement sur le territoire. En outre, le changement climatique nécessitera de nouvelles possibilités de migration pour que les espèces puissent trouver de nouveaux habitats adaptés à leurs besoins. D'une manière générale, et pour un pays où l'agriculture est très présente comme la France, un réseau écologique agricole jouerait un rôle clé dans la mise en place d'un réseau écologique national.

Les connaissances scientifiques disponibles montrent clairement que la complexité du paysage est un élément déterminant de la biodiversité dans les espaces agricoles. Elles tendent donc à légitimer une telle proposition de trame verte. En particulier, les éléments semi-naturels (bois, landes, friches mais aussi haies, chemins, bandes enherbées) assurent les fonctions d'habitat, de refuge, de corridor pour de nombreuses espèces animales et végétales. Leur présence permet le maintien d'espèces, sinon elles disparaîtraient des zones d'agriculture intensive. L'effet de ces éléments semi-naturels dépend de la surface qu'ils occupent et de leur « qualité », qui est liée à leur taille, leur forme, la façon dont ils sont gérés. L'ensemble de ces éléments forme un réseau plus ou moins continu dans l'espace cultivé, et leur connectivité est l'un des facteurs favorisant la biodiversité via la dynamique des métapopulations et des métacommunautés, et par la survie des espèces qui utilisent plusieurs habitats au cours de leur cycle de vie. Un tel réseau contribue à l'existence d'une « trame verte » à l'échelle du paysage. L'exemple le plus parlant est celui du bocage où les haies sont, ou étaient, interconnectées. Même si leur effet sur certaines espèces patrimoniales peut être faible, comparé à celui de parcelles de taille moyenne à grande, leur rôle pour maintenir des composantes de la biodiversité ordinaire est fondamental.

Cependant, les connaissances actuelles et leurs lacunes conduisent aussi à nuancer l'analyse :

- Les différentes espèces réagissant de façons contrastées au type de complexité des paysages, les besoins en réseaux écologiques vont différer selon les objectifs explicités en termes de biodiversité, notamment les espèces visées. Les critères pour identifier/créer/gérer les trames vertes devront donc être spécifiés selon les besoins des espèces. Des espèces cibles peuvent, par exemple, être définies pour différentes régions, le type de trame verte à promouvoir et les mesures ad hoc à prendre visant alors ces espèces.
- Une trame verte qui favoriserait la biodiversité en facilitant le déplacement des organismes peut aussi augmenter la dispersion d'espèces pathogènes ou invasives, ou encore avoir des effets négatifs sur certains aspects de la biodiversité comme la diversification liée aux adaptations locales.
- Si la complexité du paysage est importante pour la biodiversité, la qualité des habitats, y compris des zones cultivées, l'est également. La mise en place d'une trame verte aux échelles locale et nationale ne peut donc dispenser de raisonner aussi le type de gestion des surfaces agricoles en fonction des objectifs de biodiversité poursuivis. Il ne faut donc pas seulement une trame verte de qualité, mais également des habitats de qualité en quantité suffisante afin de maintenir la biodiversité, ce qui suppose de chercher à maintenir des éléments non linéaires tels que les prairies sèches par exemple. Si l'on veut effectivement changer la réalité sur le terrain, on devra donc aussi envisager de changer la gestion, voire l'utilisation de certaines parcelles, ce qui pose le problème de l'acceptabilité de tels changements pour leurs propriétaires ou exploitants.

Compte tenu de l'état des connaissances, la mise en avant de la trame verte est dans une certaine mesure un exemple de proposition de solution pour réagir face à un problème important (nécessaire protection de la biodiversité) avant que les connaissances scientifiques soient disponibles pour pleinement l'évaluer.

Il faut noter ici que les moyens qui seraient nécessaires aux scientifiques pour aborder ces questions clés font cruellement défaut, notamment pour mettre en œuvre des suivis lourds visant à étudier l'influence sur la biodiversité des caractéristiques du paysage à des échelles spatiales emboîtées, sur des sites d'étude de grande envergure pouvant accueillir des expérimentations. Ces moyens sont pourtant indispensables pour développer des outils utiles aux gestionnaires.

Il faudrait notamment caractériser le fonctionnement en méta-population ou méta-communautés de composantes de la biodiversité jugées importantes et identifier des habitats sources et des puits pour ces composantes à l'échelle du paysage/territoire. Il faudrait également évaluer les risques éventuels associés à la mise en place d'une stratégie de type trame verte.

Cette nouvelle politique publique de trame verte nationale devrait fortement s'appuyer sur des politiques agricoles, par exemple l'éco-conditionnalité dans le cadre de laquelle la France a choisi une mesure de mise en place de bandes enherbées le long des cours d'eau dans les exploitations ayant une production en culture céréalières et oléagineuse moyenne à forte. Les mesures agro-environnementales qui intègrent la gestion des bords de champ (fossés, talus, haies) renforcent aussi la qualité de la trame verte. L'activité agricole permet donc la création et la gestion d'éléments linéaires au niveau parcellaire et il sera important d'intégrer ces éléments de connectivité biologique locale aux niveaux régional puis national pour faire émerger une trame verte nationale. Pour cela il sera nécessaire de coupler mesures agricoles, mesures urbanistiques et mesures environnementales.

les paramètres spatiaux des paysages agricoles et la biodiversité en fonction de l'intensification des pratiques agricoles (*figure E*, planche 3).

Ce modèle conceptuel souligne la non-linéarité de la réponse de la biodiversité à la fraction d'éléments semi-naturels présents dans le paysage et l'existence de valeurs seuils en dessous desquelles le risque d'extinction de nombreuses espèces est accru. En deçà de ces valeurs, une augmentation de la connectivité peut pallier les effets négatifs de la fragmentation sur la biodiversité.

Il faut compléter cette vision en soulignant d'abord que le contexte de la gestion de la biodiversité dans les paysages agricoles change rapidement, passant d'objectifs de conservation de la nature au maintien et au développement de services écologiques (voir chapitre 2). Les espaces considérés changent, et il ne peut plus être question seulement de préserver des habitats hors agriculture. C'est pourtant là que le manque de travaux de recherche est le plus flagrant. De plus, la prise en compte de l'intensification des pratiques concerne maintenant aussi bien les pratiques de production que celles liées à la gestion des éléments semi-naturels. L'augmentation générale des herbicides dans les deux cas, y compris pour l'entretien d'éléments semi-naturels, est un problème majeur pour la biodiversité. Enfin, la biodiversité n'est qu'un aspect de la gestion des paysages. La qualité de l'eau (dont la dégradation est souvent liée à une perte de biodiversité) ainsi que la qualité esthétique et culturelle des paysages sont aussi des aspects importants de la multifonctionnalité des paysages.

Quelles orientations pour la gestion des paysages agricoles peut alors faire émerger ce type de connaissance scientifique ?

- Tout d'abord, dans les paysages agricoles homogènes, ces résultats soulignent la nécessité d'augmenter l'importance surfacique des éléments semi-naturels : en les intégrant dans le contexte agronomique et culturel local et en accompagnant la restructuration du paysage par des modes de gestion adaptés. Ils mettent également en lumière la nécessité de désintensifier les pratiques sur une partie des paysages.
- Dans les paysages agricoles complexes, ces résultats montrent qu'il faut veiller à rester en deçà d'un seuil d'homogénéisation et à maintenir l'intensification dans des limites où l'effet de l'hétérogénéité du paysage peut au moins partiellement contrebalancer l'effet négatif de cette intensification.
- Enfin, dans les paysages dominés par des éléments semi-naturels, le fait de limiter l'intensification des pratiques et d'éviter l'abandon est le point le plus important.

Des marges de manœuvre

De même, partant de l'ensemble des connaissances disponibles dans la littérature, nous avons essayé *a posteriori* de caractériser les grands types de situations agricoles françaises en termes d'effets sur la biodiversité *via* le niveau d'intensification et le type d'hétérogénéité du paysage. Le but n'est pas de hiérarchiser de façon quantitative et précise les situations agricoles dans ce contexte (les informations qui permettraient de le faire manquent), mais bien d'identifier les marges de manœuvre à rechercher pour les grands types de situations agricoles.

De façon simpliste, nous avons schématisé les effets sur la biodiversité des niveaux d'intensification et de complexité du paysage pour les grands types de situations agricoles françaises : élevage à base d'herbe, polyculture-élevage, cultures annuelles, vignes et arboriculture (*figure F*, planche 3). Compte tenu des connaissances disponibles, il est apparu nécessaire de raisonner, là encore de façon simpliste, suivant un gradient de mobilité effective des organismes.

Pour les espèces sessiles ou peu mobiles, la biodiversité est essentiellement déterminée par les conditions de milieu, qui dépendent des pratiques au niveau parcellaire. La diversité de ces espèces sera faible en cas d'intensification pour les systèmes de culture annuelle ou pérenne, et cela quelle que soit la structure, simple ou complexe, du paysage. La diversité de ces espèces sera favorisée par des modes de production biologique ou intégrée. Elle sera plus élevée pour les systèmes extensifs d'élevage à base d'herbe, et intermédiaire pour les systèmes de polyculture-élevage. On peut malgré tout émettre l'hypothèse selon laquelle une augmentation de la connectivité au niveau des paysages agricoles, par renforcement en particulier de la trame verte, pourrait favoriser certaines espèces en augmentant la taille de leur habitat.

Pour les espèces mobiles, la structure du paysage joue un rôle majeur qui peut compenser en quasi-totalité ou pour partie les effets négatifs de certaines pratiques. Cet effet est surtout marqué pour les systèmes à base de cultures annuelles ou pérennes. On peut penser qu'il y a un seuil de composition (rapport éléments semi-naturels/parcelles cultivées) et de connectivité du paysage au-delà duquel l'influence des pratiques est dominante, alors qu'en deçà le rôle de compensation du niveau paysage s'exprime, mais aucune étude ne permet d'étayer cette hypothèse. Pour les systèmes d'élevage à base d'herbe, il apparaît que, même pour les espèces mobiles, la gestion de la fauche et du pâturage sont les éléments clés de la réponse de la biodiversité.

Cette analyse globale, proposée sur la base des éléments épars disponibles dans la littérature mais non encore parfaitement étayée par des études solides, permet de comprendre pourquoi il est souhaitable, dans une optique de préservation de la biodiversité, de proposer à la fois des modes d'aménagement et de gestion de l'espace et des pratiques soucieuses de l'environnement. Plus encore, une telle analyse fournit un cadre pour pondérer les rôles respectifs des modes d'aménagement et de gestion de l'espace et du niveau d'intensification en fonction des organismes ciblés et des situations agricoles (voir chapitre 3). Il est évident qu'il s'agit ici d'une analyse grossière. Elle devra être complétée par des connaissances plus précises adaptées aux spécificités des territoires et aux caractéristiques des composantes de la biodiversité ciblées.

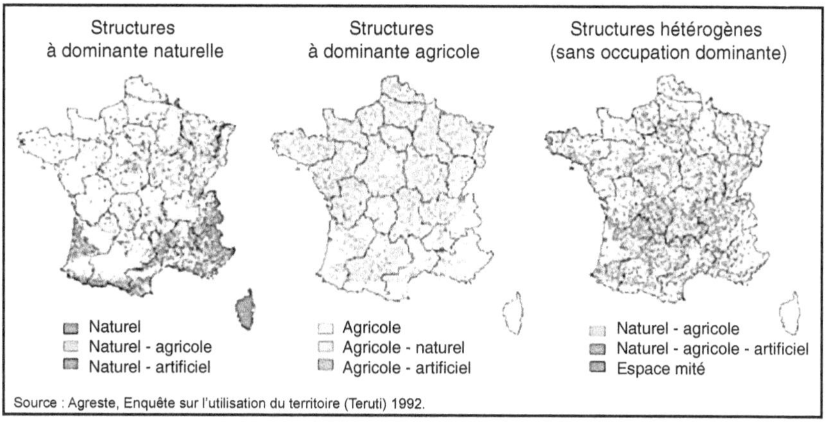

Figure A. Répartition spatiale des espaces à dominante naturelle (forêts plantées incluses), agricole et sans dominante (Agreste, 2001).

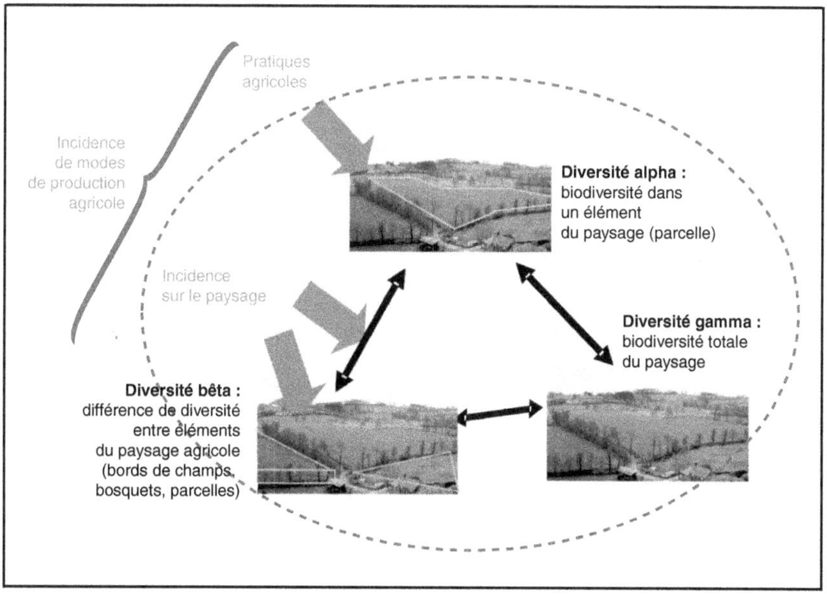

Figure B. Activités agricoles et échelles de biodiversité.

L'agriculture exerce une influence sur la biodiversité par un réseau complexe de mécanismes agissant de l'échelle locale (parcelle ou intra-parcelle) aux échelles larges du paysage, de la grande région ou plus. Évaluer et comprendre les effets de l'agriculture sur la biodiversité implique donc de prendre en compte, et si possible de hiérarchiser, ces mécanismes.

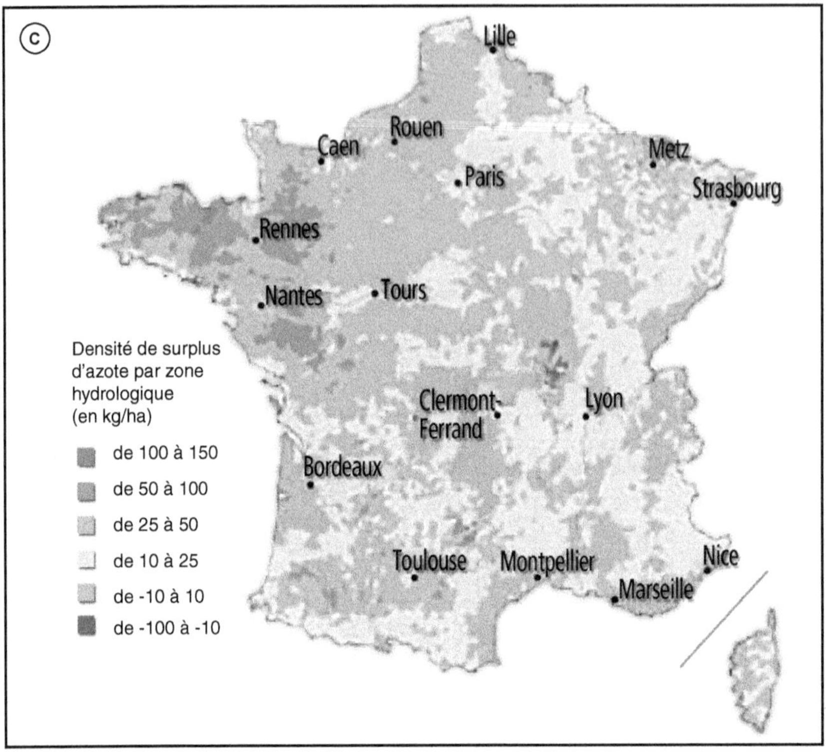

Indices d'intensification des pratiques et de diversité des cultures à l'échelle du territoire national.

C. Répartition spatiale de la densité de surplus d'azote.

D. Évolution temporelle de l'indicateur de diversité des cultures par commune sur le territoire national (d'après Pointereau et Bisault, Solagro, 2007). Cet indicateur intègre la spécialisation des cultures et la présence de prairies. De 1970 à 2000, il passe en moyenne nationale de 8,0 à 7,0.

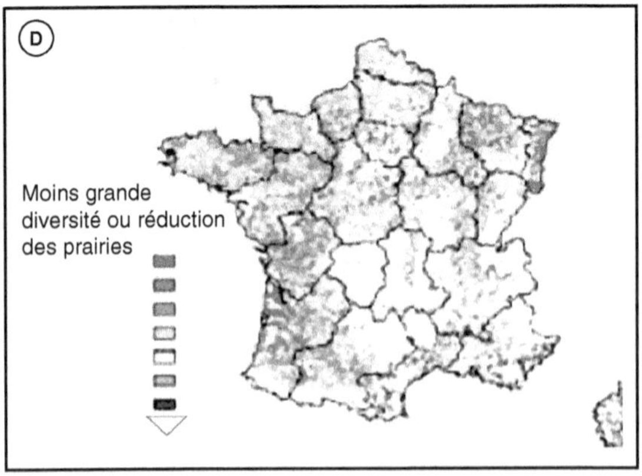

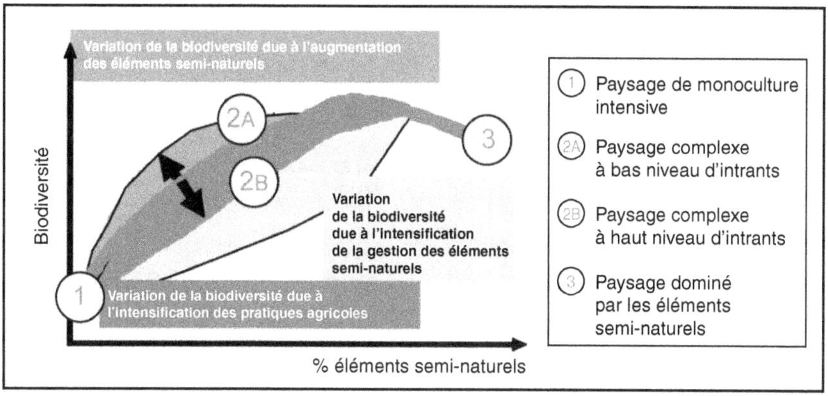

Figure E. Biodiversité et paramètres spatiaux des paysages agricoles en fonction de l'intensification des pratiques (proposition de modèle conceptuel).

Schématisation des rôles du pourcentage d'éléments semi-naturels dans le paysage, souvent très lié à l'intensification des pratiques agricoles, de l'intensification de la gestion de ces éléments semi-naturels, et de la connectivité de ces éléments sur la biodiversité. Ce schéma est une synthèse conceptuelle de résultats de nombreux travaux. Deux difficultés sont rencontrées pour construire un tel modèle à partir de la littérature : la définition de la biodiversité, qui n'est pas réduite au nombre d'espèces mais prend aussi en compte les abondances relatives des organismes, et la corrélation fréquente entre intensification de l'agriculture et structure du paysage.

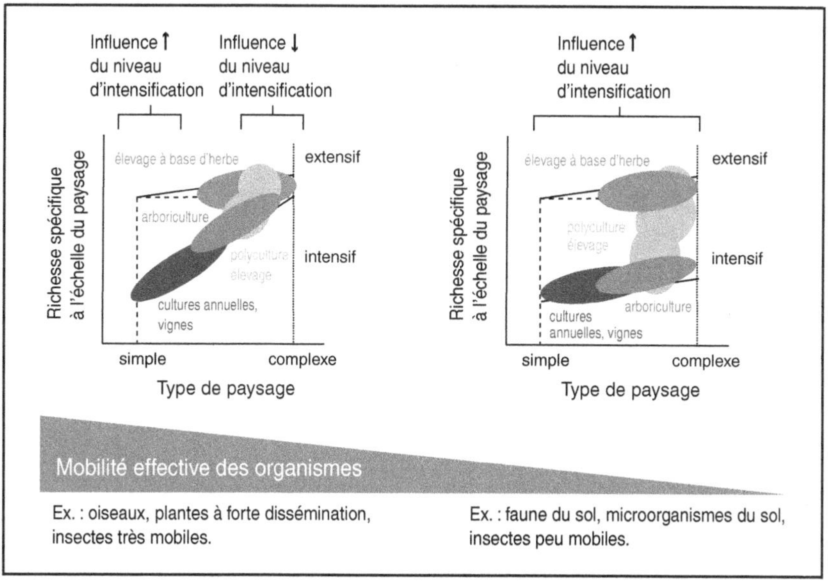

Figure F. Effets de la complexité du paysage et du niveau d'intensification de l'agriculture sur la richesse spécifique à l'échelle du paysage : position des grands types de situations agricoles françaises.

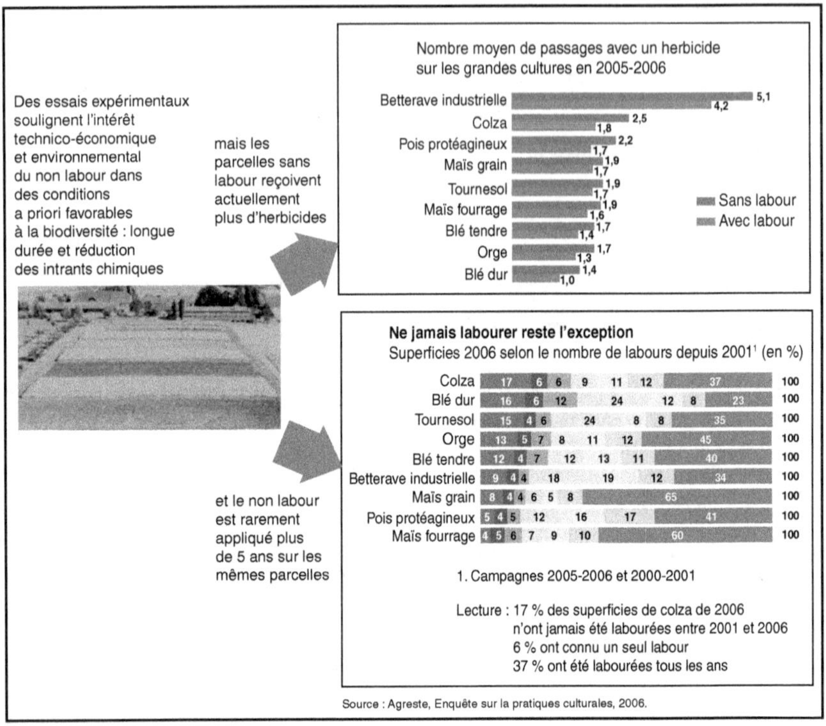

Figure G. Effets positifs du non-labour sous conditions.

La littérature montre qu'un plus faible travail du sol appliqué sur le long terme (typiquement de l'ordre de 10 ans) peut être favorable à la biodiversité, notamment du sol (voir chapitre 1). Mais, bien que la faisabilité technico-économique sur le long terme d'un plus faible travail du sol associé à une réduction des intrants soit démontrée dans le cadre d'essais expérimentaux, l'adoption de pratiques de non-labour en France s'accompagne souvent d'une plus forte utilisation d'herbicides, et elle est rarement appliquée plus de 4 ans sur une même parcelle : ces deux facteurs sont susceptibles de réduire fortement les effets positifs espérés de l'utilisation du non-labour sur la biodiversité.

Conclusions

Compte tenu de son emprise importante par sa surface en France métropolitaine, l'agriculture est une activité modulant de façon importante la biodiversité, du local au national. Les relations agriculture-biodiversité constituent donc un enjeu majeur par rapport à l'objectif visant à freiner la perte de biodiversité, un objectif auquel la France a souscrit dans le cadre de la Convention sur la diversité biologique (CDB). Comprendre ces relations est également nécessaire pour mieux raisonner la réforme de la PAC, ou l'importance à accorder au volet agriculture de la stratégie nationale pour la biodiversité. L'agriculture apparaît clairement comme un domaine important pour rechercher des marges de manœuvre qui permettraient de préserver, voire de restaurer la biodiversité (voir chapitre 3).

Quelques conclusions principales peuvent être tirées des études scientifiques conduites sur les effets de l'agriculture sur la biodiversité :

- À l'échelle de la parcelle, toute intensification forte des pratiques (fertilisation, pesticides, pâturage, travail du sol...) conduit à un effet négatif sur la biodiversité : réduction de la richesse spécifique et banalisation des espèces présentes, pour une large gamme de groupes d'organismes, et modification profonde des caractéristiques fonctionnelles des espèces. À l'inverse, un niveau de gestion modéré peut favoriser la biodiversité dans les agro-écosystèmes (par exemple fertilisation modérée de prairies pauvres en nutriments, pâturage modéré de prairies semi-permanentes sur sols riches, simplification du travail du sol).
- À l'échelle du paysage, les effets de l'agriculture sur la biodiversité sont avant tout liés au niveau d'intensification de l'agriculture et au niveau d'homogénéisation du paysage généré : pour le second aspect, la proportion d'éléments semi-naturels (incluant notamment les éléments boisés, les prairies non intensives, les bords de champ et les haies) présents dans le paysage, et dans une moindre mesure la qualité des habitats locaux et la connectivité, apparaît comme un facteur importants pour la biodiversité.
- Pour les paysages agricoles complexes comportant une forte proportion d'éléments semi-naturels, il peut y avoir « compensation » des effets négatifs de l'intensification sur la biodiversité par l'hétérogénéité du paysage. Cependant, pour environ 65 % de la superficie du territoire français utilisée par l'agriculture, le niveau d'hétérogénéité est en dessous des valeurs qui rendraient la biodiversité peu sensible à l'intensification. Dans ces paysages, et vu les contraintes existant sur la production agricole, il semble nécessaire de rechercher des marges de manœuvre à la fois sur le niveau d'intensification des systèmes agricoles et sur le niveau de simplification du paysage, au regard d'objectifs en termes de biodiversité bien explicités.
- Si l'homogénéisation des paysages n'est pas trop forte et n'a pas entraîné une réduction du *pool* régional d'espèces, le processus de modification de la biodiversité apparaît souvent réversible, ce qui ouvre la voie à des mesures de restauration.
- Les « taxons indicateurs », très utiles pour mettre en lumière des tendances lourdes des effets de l'agriculture sur la diversité de groupes ciblés, ne doivent pas être utilisés pour inférer des évolutions aux échelles spatiales larges de la biodiversité en général. Des indicateurs de pression représentant le niveau d'intensification et le niveau de simplification du paysage sont utiles.
- L'essentiel de ces conclusions résulte de comparaisons « instantanées », effectuées entre des systèmes gérés de façons différentes. Le facteur temps (vitesse des

changements de biodiversité, importance de l'histoire de la gestion des parcelles ou des paysages...) n'est généralement pas pris en compte.

Les connaissances scientifiques concernant les effets de l'agriculture sur la biodiversité permettent de proposer des pistes pour préserver et/ou restaurer la biodiversité en fonction des systèmes de production et des contextes régionaux. Exemples :

- Dans le bocage breton où la mosaïque paysagère est complexe, il est important de maintenir la qualité des éléments semi-naturels et en particulier des bords de champs (talus/haies) qui sont soumis à une forte pression pour leur entretien. Il convient aussi de rétablir leur connectivité lorsque les arasements de haies ont été trop importants.
- Dans les plaines céréalières telles que les régions céréalières de la Beauce, de la Brie, de la Champagne ou du Lauragais, la mise en place de nouveaux éléments semi-naturels (zones enherbées pérennes, haies, arbres, bosquets, mares...), connectés à ceux qui sont en place, doit s'accompagner de la réduction des pratiques intensives (pesticides, fertilisation, labour...).
- Dans les zones d'élevage intensif dominées par la prairie, comme dans certaines parties du Jura, l'introduction de parcelles cultivées permet de rompre l'homogénéité et ainsi de limiter les impacts d'espèces déprédatrices comme le campagnol terrestre.
- Dans les zones de moyenne montagne du sud et du centre de la France, la déprise agricole peut conduire à une perte de biodiversité qui ne sera enrayée que par le maintien d'une gestion « agricole » d'une partie du territoire.

De façon plus large, cette expertise permet aussi de souligner la façon dont les scientifiques sont impliqués et tendent à formuler des questions dans le champ de recherche « effet de l'agriculture sur la biodiversité » :

- Globalement, une communauté scientifique assez importante travaille sur ce sujet, relevant essentiellement de l'écologie générale, de l'agro-écologie et, dans une moindre mesure, de l'écologie du paysage. Cette communauté traduit généralement la problématique « effet de l'agriculture sur la biodiversité » par des questions comme : « comprendre la dynamique des espèces et des communautés, plus rarement de la diversité génétique, dans des systèmes sous contraintes anthropiques ». Et ce parfois avec des visées ultimes concernant la conservation, souvent en utilisant les systèmes agricoles comme systèmes modèles intéressants car « manipulés » et ainsi intéressants pour certains types d'études écologiques.
- Dans les deux cas, la posture des scientifiques est très généralement d'aborder les questions « à côté de l'agriculture ». La place majeure qu'occupe par définition l'homme dans les agrosystèmes devrait logiquement faire émerger un champ de recherche considérant pleinement ces systèmes comme des socio-écosystèmes (*socio-ecological systems*). Mais il n'en est rien : dans la grande majorité des études, les pratiques à la parcelle ou la structure des paysages sont vues comme des facteurs extérieurs aux systèmes étudiés et utilisés comme variables de forçage en entrée des modèles. Le nombre d'études traduisant la problématique « effet de l'agriculture sur la biodiversité » par des questions comme : « quel est le lien de causalité entre facteurs socio-économiques et biodiversité via l'action des acteurs agricoles et non agricoles ? » est très faible.
- Pire, la communauté scientifique est aujourd'hui très difficilement mobilisable dans cette optique, une partie des compétences, telles que celles requises pour l'étude de l'économie à l'échelle de l'exploitation par exemple, nécessaires pour aborder ces questions de façon interdisciplinaire, a plutôt eu tendance à disparaître en France ces dernières années.

L'enjeu pour la recherche française dans ce domaine est donc double : celui d'une reformulation de questions *et* d'une (ré)acquisition de compétences. Évaluer et comprendre les effets de l'agriculture sur la biodiversité impliquera à l'avenir d'améliorer les connaissances sur les effets des modes de production, des pratiques agricoles et des paysages tels qu'ils sont, ces effets agissant en tant que causes proximales sur la biodiversité. Il faudra également améliorer les connaissances relatives aux effets des contraintes techniques, économiques et sociologiques qui déterminent la mise en œuvre des activités de production et d'aménagement des paysages (voir chapitre 3) et qui agissent donc en tant que causes distales puissantes sur la biodiversité. Il est indispensable de développer des recherches interdisciplinaires articulant la vision agro-écologique avec une approche du problème intégrant pleinement les aspects socio-économiques, juridiques et techniques, depuis le niveau de l'exploitation agricole jusqu'au niveau des systèmes de marché. La recherche pourra alors faire progresser notre connaissance des effets de l'agriculture sur la biodiversité et, *in fine*, évaluer les points de blocage à prendre en compte pour réconcilier les objectifs de production et les objectifs de préservation de la biodiversité, que ce soit par des méthodes réglementaires, incitatives ou participatives (voir chapitre 4).

2 Biodiversité des espaces agricoles et services écologiques rendus par cette biodiversité

Après le chapitre, consacré aux effets positifs et négatifs de l'agriculture sur la biodiversité, et avant le chapitre 3 celui qui examinera les marges de manœuvre sur lesquelles jouer pour mieux intégrer objectifs de production et objectifs de biodiversité, le présent chapitre analyse les bénéfices et les dommages générés par la biodiversité pour l'agriculture.

D'une façon générale, l'expertise conduite dans le cadre du Millennium Ecosystem Assessment avait pour enjeu de mettre en avant les valeurs de la biodiversité pour le bien-être des sociétés, et par là même les coûts de sa perte, constatée et projetée. Au-delà d'un état des lieux de la biodiversité globale, cette expertise internationale a surtout permis de mettre en œuvre et de diffuser le concept de service écosystémique. Elle a également fourni une méthodologie générique pour quantifier les conséquences des changements de biodiversité sur les écosystèmes et sur différentes composantes du bien-être humain.

Ce travail du Millennium Ecosystem Assessment (MA) a stimulé les travaux de recherche sur les services écologiques, produisant à la fois des développements méthodologiques, des études de cas sur des systèmes ou services particuliers (la production primaire ou la pollinisation, par exemple), des recherches sur les mécanismes impliqués dans les relations entre biodiversité et services écologiques, ou sur les évaluations socio-économiques de ces services. Quelques articles de synthèse exhaustifs ont établi un état des lieux des connaissances disponibles, en particulier dans le cas des agro-écosystèmes (avec notamment plusieurs synthèses parues en 2007).

Trois questions structurent ce champ :
1) Dans quelle mesure la préservation de la biodiversité contribue-t-elle directement à la production et au revenu agricole ?
2) La préservation de la biodiversité est-elle bénéfique sur le long terme, notamment *via* sa capacité à stabiliser les rendements et à assurer la durabilité des agro-écosystèmes ?
3) À quelle(s) échelle(s) spatiale(s) la biodiversité des agro-écosystèmes est-elle particulièrement bénéfique, de la parcelle à l'exploitation et au paysage ou à la région ?

Services des agro-écosystèmes, fonctions écologiques et composantes de la biodiversité

La notion de service écologique

La classification des services

Le MA a proposé une classification des services écologiques en quatre grandes catégories : services d'approvisionnement, de régulation, culturels et de support (*figure 1*).

Cette typologie, qui sert de cadre pour comparer les études individuelles, a été critiquée récemment pour le flou de ses définitions des services de régulation et de support. On retiendra ici une classification plus opérationnelle, en trois catégories, qui distingue :
1) Les services « intrants », qui contribuent à la fourniture de ressources et au maintien des supports physico-chimiques de la production agricole, et qui assurent la régulation des interactions biotiques, positives ou négatives : maintien de la structure ou de la fertilité des sols, pollinisation, protection de la santé des animaux domestiques, par exemple.
2) Les services de production contribuant au revenu agricole : ils concernent la production végétale et la production animale, dont les niveaux mais aussi la stabilité dans le temps et la qualité des produits sont considérés.
3) Les services produits hors revenu agricole direct, qui incluent le contrôle de la qualité des eaux, la séquestration du carbone ou la valeur esthétique des paysages, notamment.

Les effets de la biodiversité sur les fonctions écologiques contribuant à chacun de ces services peuvent être positifs – ces bénéfices constituent des services

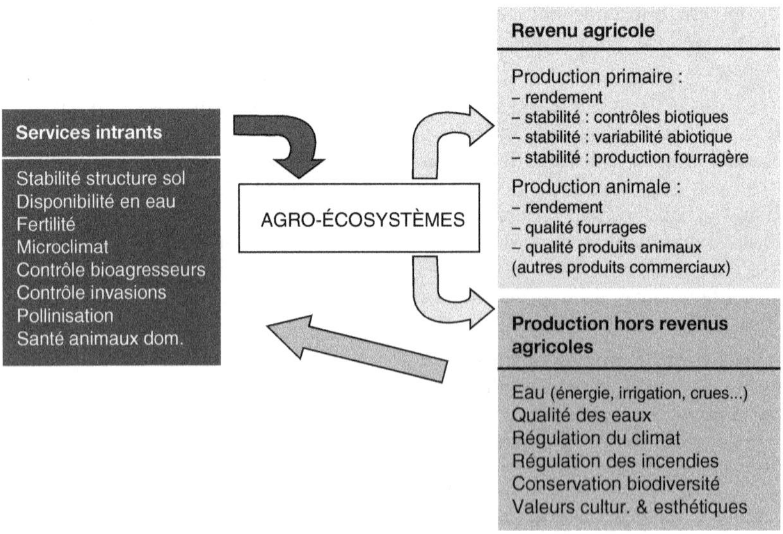

Figure 1. Schéma conceptuel de l'organisation des services des agro-écosystèmes adopté pour ce chapitre (modifié d'après Zhang *et al.*, 2007).

à proprement parler –, ou négatifs – il s'agit alors de dommages à la production agricole et/ou à la société (*dis-services* dans la terminologie du MA).

Le *tableau 1* présente la liste des services agro-écosystémiques pris en compte ici, et les fonctions écologiques qui contribuent à leur fourniture.

Services des écosystèmes, fonctions écologiques et groupes d'organismes

Les services écosystémiques reposent sur des fonctions écologiques, elles-mêmes assurées par l'activité biologique de certains groupes d'organismes ou par l'effet de structures du paysage. Une des difficultés de l'analyse des relations entre biodiversité et services écologiques résulte de la confusion, fréquente dans la bibliographie, entre services et fonctions écologiques. Alors que les fonctions sont les objets usuels d'études en agronomie et en écologie, les services tels que présentés par exemple dans la nomenclature du MA sont définis par la demande de la société et sont souvent basés sur un ensemble de fonctions écologiques.

La démarche d'analyse adoptée pour cette expertise consiste, pour chaque service pertinent pour les agro-écosystèmes, à examiner les fonctions écologiques clés dont le service dépend, puis à évaluer la façon dont ces fonctions dépendent à leur tour de différentes composantes de la biodiversité (*figure 2*).

Dans le cas du service de maintien de la fertilité des sols (qui conditionne l'alimentation hydrique et minérale des plantes) par exemple, les fonctions analysées seront notamment la décomposition et la minéralisation de la matière organique du sol, et *in fine* la fourniture d'éléments minéraux aux plantes ; les organismes impliqués sont les plantes elles-mêmes, et une majorité des organismes du sol (micro-, méso- et macrofaune, microorganismes, y compris ceux de la rhizosphère qui améliorent l'accès des racines aux ressources…).

Les composantes de la biodiversité prises en compte sont les différents groupes d'organismes potentiellement impliqués dans la fonction. Pour chacun des groupes, on prend en compte la diversité quantitative (richesse spécifique, nombre de groupes fonctionnels…), la structure des communautés (abondances relatives de différentes espèces…), les traits fonctionnels (notamment ceux des espèces dominantes, variabilité des traits fonctionnels dans la communauté), la complexité trophique, la structure spatiale…

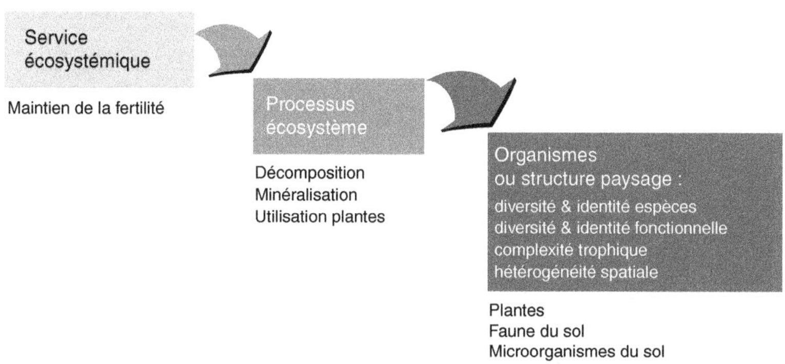

Figure 2. La démarche d'analyse adoptée pour l'expertise, reliant services, fonctions et composantes de la biodiversité.

Tableau 1. Les services des agro-écosystèmes dont la fourniture est affectée par la biodiversité et les fonctions et propriétés écosystémiques qui sous-tendent ces services.

	Services	Fonctions / propriétés de l'écosystème
Services intrants	Stabilité structurale du sol (contrôle de l'érosion, résistance à la compaction)	Structuration des sols : porosité, agrégation Stabilisation par les racines Matières organiques (MO) du sol
	Disponibilité en eau pour la production primaire	Cycle eau
	Fertilité des sols	Dynamique de la MO : minéralisation, décomposition Dynamique des éléments nutritifs : transformations élémentaires, solubilisation
	Régulation du microclimat	Variations journalières et saisonnières de température, hygrométrie ; brise-vent
	Pollinisation	Transfert et dispersion du pollen
	Contrôle des bioagresseurs	Habitats et ressources pour les auxiliaires Prédation, parasitisme, pathogénicité
	Contrôle des invasions biologiques	Résistance aux invasions
	Santé des animaux domestiques	Résistance des animaux aux maladies et parasites Limitation de la toxicité alimentaire Limitation des allergies
Services produits contribuant au revenu agricole	Production végétale (alimentaire, fibres, énergie…)	Production primaire : rendement Production primaire : stabilité des rendements malgré les variations de l'environnement (climat, bioagresseurs…)
	Production animale	Qualité des fourrages (azote, fibres, molécules particulières) Motivation alimentaire Production secondaire (produits laitiers et carnés) Qualités organoleptiques des produits animaux
Services produits hors revenu agricole direct	Disponibilité en eau (potable, irrigation, hydroélectricité, industrie…)	Évapotranspiration Interception des précipitations Flux latéraux d'eau Capacité de rétention en eau du sol
	Purification de l'eau	Cycles N et P : piégeage/lessivage/transformations (par ex. dénitrification) Biodégradation et/ou séquestration des xénobiotiques (pesticides notamment) Rétention des pathogènes
	Régulation du climat global et régional	Séquestration C (sol et végétation) Émissions de gaz à effet de serre Propriétés de surface (albédo, rugosité…)
	Mitigation des incendies	Inflammabilité Connectivité spatiale
	Conservation de la diversité ordinaire et patrimoniale	Habitat et ressources Migration, allogamie, interactions biotiques Habitats Hétérogénéité spatio-temporelle
	Valeur esthétique, touristique et spirituelle	Patrons spatiaux Biodiversité quantitative ou qualitative

Outils conceptuels et méthodologiques

Les hypothèses liant biodiversité et services des écosystèmes

Les principales hypothèses concernant les relations entre diversité et intensité des services écologiques sont qu'une plus grande biodiversité peut permettre un niveau plus élevé de fonctionnement des écosystèmes et/ou une meilleure stabilité temporelle du niveau de ce fonctionnement. Ces hypothèses reposent sur la complémentarité fonctionnelle entre espèces, groupes d'organismes ou génotypes, dont les différences fonctionnelles permettraient une meilleure exploitation des ressources disponibles et/ou une adaptation aux fluctuations de l'environnement grâce à des réactions différentes aux perturbations.

Les mécanismes qui sous-tendent les relations entre la biodiversité (en particulier la richesse spécifique), le fonctionnement et la stabilité des écosystèmes ont fait l'objet de très vives controverses scientifiques. Les débats portaient notamment sur l'intérêt réel de la diversité en soi. Certains estiment que le principal effet d'une richesse spécifique élevée serait de nature statistique : cette richesse augmenterait la probabilité de présence de quelques « bonnes » espèces, particulièrement efficientes ou résistantes à une perturbation, et assurant la majeure partie du service considéré. À cet argument a été opposé celui de la méconnaissance des fonctions des différentes espèces, qui peuvent se révéler dans des conditions particulières. Les études récentes cherchent à déterminer dans quelles conditions des effets de complémentarité entre espèces se manifestent, et à identifier les mécanismes fonctionnels de la complémentarité ou des effets d'espèces particulières.

Finalement, il est important de souligner que :

- Les effets de la biodiversité sur le fonctionnement des agro-écosystèmes et les services rendus dans et par ces systèmes résultent de mécanismes multiples, jouant souvent de concert, ou successivement dans le temps (par exemple, les effets de complémentarité entre espèces et de la présence d'espèces particulières ne sont pas exclusifs).
- Les questions portant sur le degré de dépendance du fonctionnement des agro-écosystèmes vis-à-vis de la biodiversité amènent à donner un poids particulier à la diversité fonctionnelle (identité et complémentarité fonctionnelles).
- La redondance fonctionnelle, qui est « l'inverse » de la complémentarité, est supposée assurer un rôle majeur dans le fonctionnement des agro-écosystèmes : soumis à des perturbations naturelles ou anthropiques, les taxons ou génotypes les mieux adaptés au sein de chaque groupe fonctionnel se maintiennent, et assureraient ainsi une meilleure stabilité temporelle du fonctionnement des agro-écosystèmes.

Les études disponibles

Certaines études cherchent à mettre en relation des variations de biodiversité et des variations concomitantes de niveaux de service en comparant des agro-écosystèmes réels, différant par une variable clé (leurs niveaux de fertilisation, par exemple). L'interprétation de telles corrélations est toujours problématique, pour deux raisons. Tout d'abord, il est difficile de distinguer le rôle des changements de la biodiversité sur les niveaux de service de l'influence de la gestion (fertilisation par exemple). Plus encore, en situations réelles, la condition d'observations « toutes choses égales par ailleurs » est difficile à remplir : excepté lorsque les expérimentations ont eu pour but de manipuler modes de gestion et biodiversité, la comparaison sur le terrain d'agro-écosystèmes présentant un historique de gestion et des niveaux de biodiversité différents peut être faussée dès que les parcelles entrant dans l'étude diffèrent pour d'autres conditions telles que leur sol (ce qui est généralement le cas). L'expertise a par conséquent évité autant que possible l'utilisation de ce type d'études.

L'expertise a donc privilégié les études expérimentales, qui « manipulent » la biodiversité dans des agro-écosystèmes *ad hoc* pour évaluer son rôle dans des fonctions et propriétés écosystémiques *a priori* importantes pour la fourniture de services. La démarche consiste à construire des systèmes dont on fait varier expérimentalement le niveau de biodiversité. Les études les plus nombreuses manipulent la diversité des plantes : elles utilisent des séries de « prairies » créées en semant des mélanges d'espèces assemblées en nombre croissant ; un important désherbage manuel est souvent nécessaire pour maintenir la composition de ces peuplements. Ces dispositifs sont, dans la majorité des études utilisés, pour évaluer l'importance des diverses composantes de la diversité végétale sur la production primaire, et plus rarement la fertilité du sol, ou le contrôle des invasions biologiques.

Dans une logique comparable, l'efficacité du contrôle des ravageurs par les auxiliaires ou l'efficience de la pollinisation sont souvent évaluées en réduisant sélectivement (par des dispositifs de cages d'exclusion) la diversité des prédateurs ou des pollinisateurs. D'autres études, enfin, manipulent la diversité de groupes d'organismes du sol (richesse spécifique de la macrofaune ou de la mésofaune, complexité des réseaux trophiques dans le sol, diversité microbienne...) pour évaluer son rôle dans la fertilité du sol ou dans les fonctions qui sous-tendent ce service ; ces expériences sont souvent réalisées au laboratoire, dans des « microcosmes » de sol avec ou sans végétation provenant de prairie ou de culture.

Cette approche expérimentale est difficile à mettre en œuvre pour traiter les services en conditions agricoles réelles, et en particulier le rendement des cultures, la valeur agronomique des pâturages ou la pollinisation à l'échelle d'un territoire agricole. Les études expérimentales des effets de la diversité des paysages sont quant à elles quasiment impossibles, et seules des observations de contrastes entre paysages de différents niveaux de complexité, ou les effets d'aménagements particuliers (bandes enherbées, haies...) permettent de déduire les relations entre diversité des paysages et fonctions sous-tendant les services écologiques. Ici la modélisation est donc aussi l'outil privilégié.

La bibliographie rapportant des études expérimentales, qui constitue le cœur des sources disponibles, est relativement abondante. Cependant, ces études fournissent peu de connaissances utilisables par les décideurs pour, notamment, identifier les marges de manœuvre qui permettraient de mieux intégrer objectifs de production agricole et objectifs pour la biodiversité : la plupart des travaux restent très académiques et déconnectés de préoccupations agronomiques. La façon dont s'est construit le champ de recherche traitant du rôle de la biodiversité pour les services agro-écosystémiques, au niveau international comme en France, explique cette situation.

Une intégration de l'écologie et de l'agronomie en émergence

Schématiquement, le développement des recherches sur les rôles de la biodiversité pour la fourniture de services agro-écosystémiques a connu trois grandes phases.

Initialement, le rôle de la diversité des organismes, notamment celle des plantes cultivées ou associées, pour certains services – surtout le rendement –, a été étudié par des agronomes. À l'époque, le terme de service n'était bien sûr pas employé. De nombreuses études et synthèses ont ainsi été publiées sur le sujet, dans les années 60 à 80 notamment, mais elles concernaient principalement les milieux tropicaux (et des systèmes particuliers tels que l'agroforesterie en milieu tempéré). Dans les pays du Nord, l'agronomie s'intéressait surtout à la compréhension des flux de matière et d'énergie – pour répondre notamment aux problèmes de pollution des eaux ou d'irrigation, par exemple – que posaient les systèmes intensifiés. Ces travaux intégraient peu les interactions biotiques, puisque le développement des pesticides devait permettre de s'affranchir des « contraintes biotiques » (ravageurs, adventices…).

À l'inverse, devant l'émergence des problèmes posés par les modifications de biodiversité sur la planète, l'écologie, qui s'intéressait depuis des décennies aux interactions biotiques (compétition, mutualisme…), a développé, à partir des années 90, une importante activité de recherche sur les possibles rôles fonctionnels de cette biodiversité. De fait, les études ont souvent été menées dans des agro-écosystèmes, puisqu'elles utilisaient notamment des prairies semées et gérées extensivement comme modèle d'écosystèmes. Cependant, cette communauté scientifique ne s'intéressait pas au réalisme agronomique des modèles étudiés, et se référait peu aux études agronomiques antérieures. L'enjeu principal étant de mettre en lumière et hiérarchiser les mécanismes écologiques sous-tendant les relations entre biodiversité et fonctionnement des écosystèmes, les rôles de la biodiversité n'étaient guère envisagés en termes de services pour l'homme. Les systèmes modèles créés ici pour étudier des mécanismes manipulent souvent des nombres d'espèces bien inférieurs à ceux présents dans les écosystèmes réels, ce qui limite les possibilités d'extrapolation des résultats. Ce n'est que très récemment qu'on a pris conscience que l'intérêt de ce type d'études – pour répondre à des questions qui se posent dans des (agro-)écosystèmes réels – dépendait de la prise en compte de facteurs jusque-là ignorés (type de gestion du système, contexte paysager, modalités de manipulation de la biodiversité…).

La bibliographie récente suggère que nous sommes aujourd'hui à un tournant. Les écologues reconnaissent ne plus pouvoir ignorer la réalité agronomique des systèmes étudiés, et les agronomes reconnaissént les enjeux de travaux expérimentaux pour quantifier la contribution de l'agrobiodiversité aux services écosystémiques. Cette évolution se manifeste actuellement dans plusieurs programmes de recherche qui comportent la création de sites pilotes pour quantifier les bénéfices d'une biodiversité plus élevée au sein des parcelles cultivées et du paysage, la prise en compte de la diversité des cultures et plantes de couverture comme variable de biodiversité, ou l'étude des interactions entre effets de la biodiversité et effets de la gestion des prairies… Le réalisme agronomique de ces expérimentations reste cependant faible.

Cet historique permet de comprendre la structure du corpus actuel de connaissances sur le rôle de la biodiversité sur le niveau des services agro-écosystémiques, et les difficultés à répondre aux attentes de décideurs. Les résultats publiés sont des éléments de réponse rigoureux à des questions scientifiques concernant les relations diversité-fonctionnement et les mécanismes sous-jacents, mais ils sont souvent peu adaptés pour répondre aux questions des acteurs de terrain.

Relations entre biodiversité et services en conditions expérimentales

Cette section synthétise les preuves empiriques des effets ou absence d'effet de la biodiversité sur les services agro-écosystémiques, établies par des études expérimentales analytiques, menées autant que faire se peut « tous autres facteurs égaux par ailleurs ». Bien que certains systèmes étudiés ne correspondent pas aux conditions rencontrées dans les systèmes agronomiques réels, c'est ce type d'études qui a construit les paradigmes existant aujourd'hui quant aux relations entre biodiversité et services. La pertinence et l'applicabilité de ces connaissances pour raisonner une gestion des services dans les systèmes agricoles sont discutées dans la section suivante.

Les services « intrants »

Les services de fourniture de ressources au peuplement végétal

La bibliographie disponible à ce jour ne permet pas de démontrer un effet du niveau de diversité taxinomique ou fonctionnelle quantitative sur la stabilité *structurale des sols*, principalement parce que les études expérimentales sont très peu nombreuses. Les effets documentés concernent la présence et l'abondance de groupes fonctionnels, voire d'espèces, particuliers, que ce soit parmi la faune du sol (lombriciens), les microorganismes (champignons mycorhiziens), ou les végétaux (graminées pérennes de grande taille, par exemple). S'agissant des plantes, il est possible d'identifier les traits fonctionnels favorisant la stabilité du sol, mais un éventuel effet de la diversité fonctionnelle, *via* la complémentarité, resterait à démontrer formellement. La complémentarité fonctionnelle dans le temps est exploitée dans les rotations culturales. Cependant, l'amplitude des effets directs de la gestion agricole sur la structure des sols semble généralement supérieure à celle des effets que pourrait avoir la biodiversité, et ceux de la biodiversité se manifesteront essentiellement pour les pratiques sans labour.

De la même manière, et essentiellement en lien avec les mêmes caractéristiques fonctionnelles des plantes et de la biodiversité du sol, la *disponibilité en eau* au sein des parcelles dépend principalement de la composition fonctionnelle et de la diversité fonctionnelle végétale (dans le temps ou dans la parcelle).

Le maintien de la *fertilité* apparaît comme un service écologique vis-à-vis duquel les effets de la biodiversité sont particulièrement complexes, d'une part parce qu'il est contrôlé par les activités d'un très grand nombre d'organismes (plantes, faune et microorganismes du sol, herbivores domestiques et sauvages) et de leurs interactions, d'autre part parce que les effets de chacun de ces groupes ne sont pas triviaux. Les effets connus sont principalement ceux de la composition ou de la diversité fonctionnelles plutôt que ceux de la diversité spécifique en soi. Ainsi, différentes études montrent un effet de la diversité fonctionnelle végétale, notamment un effet positif de la présence ou de la proportion des légumineuses prairiales sur la disponibilité en azote dans le sol. De la même manière, la diversité des cultures, et notamment l'introduction de légumineuses dans la rotation, a un effet positif sur la fertilité du sol. S'agissant de la biodiversité du sol, quelques études montrent que les communautés microbiennes impliquées dans le maintien de la fertilité des sols présentent de forts niveaux de redondance fonctionnelle, probablement en raison de leurs très forts niveaux de diversité (10^4 à 10^5 taxons bactériens par gramme de sol). La réduction expérimentale de la diversité microbienne d'un sol n'affecte pas en effet sa fertilité (évaluée par la mesure de fonctions telles que la minéralisation et la nitrification) ; ce sont l'abondance ou la biomasse des microorganismes qui semblent constituer le facteur majeur pour la fertilité du sol.

Les services de régulation biotique

La *pollinisation* paraît principalement reposer sur la présence et l'activité de quelques espèces généralistes telles que l'abeille domestique, ce qui réduirait la vulnérabilité du service de pollinisation à l'extinction des ces espèces généralistes. Le nombre limité d'études disponibles suggère cependant que la diversité fonctionnelle des pollinisateurs peut contribuer au maintien de la diversité des communautés de plantes sauvages et améliorer la performance des cultures entomophiles (colza par exemple). L'abondance et la diversité de ces pollinisateurs sont liées à la répartition des éléments semi-naturels (prairies…) dans le paysage (*figure 3*).

Le *contrôle biologique des bioagresseurs* dépend directement de la diversité taxinomique et fonctionnelle des organismes, que ce soit les auxiliaires zoophages, les micro-organismes du sol et des parties aériennes de la plante, ou les plantes (cultivées et adventices). Dans le cas des auxiliaires, leur identité est, elle aussi, essentielle. Le contrôle des phytopathogènes dépend aussi de la diversité fonctionnelle des micro-organismes du sol (*figures 4 et 5*).

Le *contrôle des adventices* est influencé par la diversité mais surtout l'identité des cultures utilisées en rotation ; l'introduction de plantes de couverture durant l'inter-culture a un effet répressif très important sur les populations de mauvaises herbes.

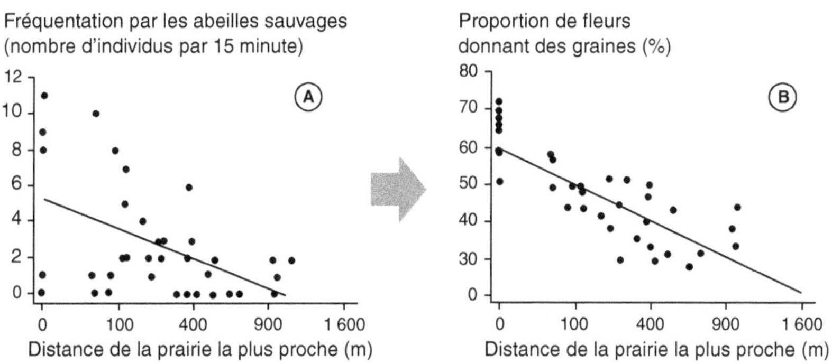

Figure 3. Abondance et diversité des pollinisateurs et éléments semi-naturels des paysages.
A. L'abondance des abeilles sauvages diminue lorsqu'on s'éloigne des milieux semi-naturels (ici des prairies en Allemagne) qui constituent des réservoirs de pollinisateurs (d'après Steffan-Dewenter *et al.*, 1999).
Cette étude montre par ailleurs que la richesse spécifique des abeilles sauvages diminue aussi avec l'augmentation de la distance des plantes à polliniser aux milieux semi-naturels.
B. Cet effet dépressif, sur l'abondance et la diversité des pollinisateurs, de la distance entre les plantes à polliniser (ici *Raphanus sativus*) et les milieux semi-naturels (prairies) se traduit au niveau du service de pollinisation, estimé par le taux de fleurs donnant des fruits (d'après Steffan-Dewenter *et al.*, 1999).

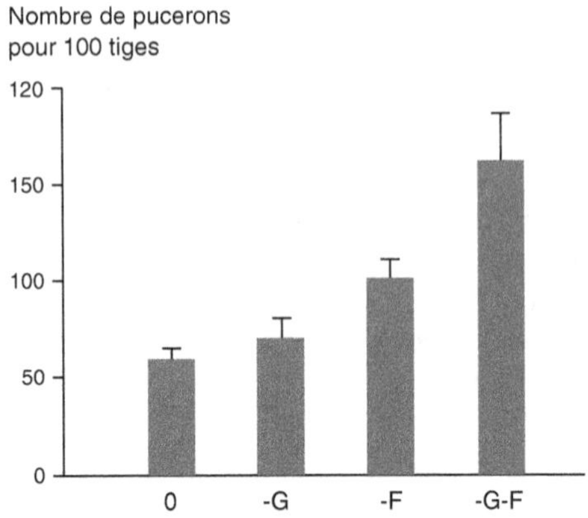

Figure 4. Effet d'une simplification de la diversité des ennemis naturels sur la densité de population des pucerons d'une culture de blé. Une plus forte diversité permet un meilleur contrôle biologique des ravageurs par complémentarité entre groupes. (D'après Schmidt *et al.*, 2003.)
0 : tous les ennemis naturels présents ; -G : sans prédateurs généralistes rampants ; -F : sans prédateurs et parasitoïdes volants ; -G-F : sans prédateurs et parasitoïdes.
Sur 7 études expérimentales menées en zones tempérées (4 en Europe de l'Ouest, 3 aux États-Unis), 6 ont trouvé ce type de relation.

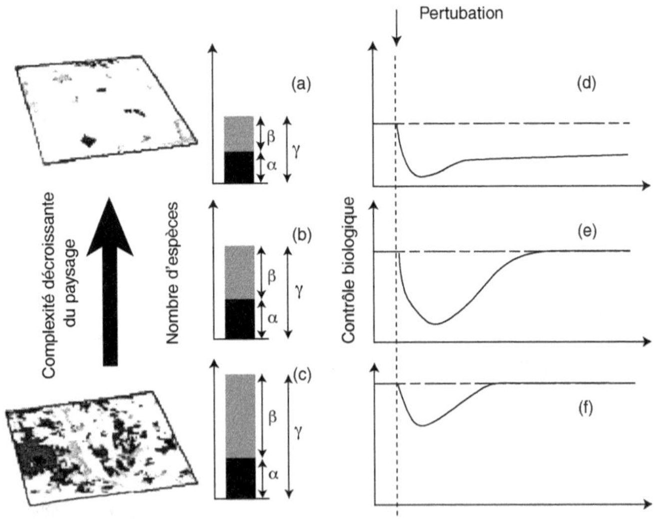

Figure 5. Les connaissances disponibles sur le rôle de la diversité des ennemis naturels pour le service de contrôle biologique ainsi que sur les effets de la complexité du paysage sur la diversité des ennemis naturels (voir chapitre 1) suggèrent fortement qu'à l'échelle des paysages agricoles plus les biodiversités alpha et surtout gamma sont élevées (grâce à la complexité paysagère), plus l'intensité du contrôle biologique est élevée, et meilleure est la résilience de ce service après une perturbation. (D'après Tscharntke *et al.*, 2007.)

De la même manière, le *contrôle des invasions* par des espèces végétales exotiques augmente avec la richesse spécifique des plantes et des arthropodes herbivores. Dans le cas des plantes, la composition et la complémentarité fonctionnelle ont un rôle essentiel. La gestion influence aussi directement les invasions *via* la disponibilité en ressources et les perturbations, et indirectement *via* leurs effets sur les communautés végétales (et d'arthropodes).

Enfin, la diversité spécifique végétale des prairies permanentes semble favoriser la *santé des animaux domestiques* par le fait qu'elle permet le maintien d'espèces bénéfiques particulières (plantes riches en tanins, composés ayant des propriétés antihelminthiques) ; l'effet de la diversité spécifique est donc ici indirect.

Conclusion

Les informations disponibles suggèrent que les services intrants liés à la fourniture de ressources pour la production végétale et animale dans les systèmes agricoles ne dépendent souvent pas du nombre d'espèces en tant que tel, mais plutôt de la diversité fonctionnelle *sensu lato*, c'est-à-dire en général de la présence ou de l'abondance de groupes fonctionnels ou de traits fonctionnels particuliers, et dans certains cas de la complémentarité fonctionnelle entre espèces ou groupes fonctionnels. Il faut souligner que ces services sont très fortement influencés par les effets directs de la gestion agricole ainsi que par ses effets indirects *via* les modifications de la biodiversité (fonctionnelle).

Les services intrants liés à des fonctions de régulation biotique dépendent davantage de la richesse spécifique des organismes impliqués, en particulier les plantes et les arthropodes. Cette diversité a des effets généralement bénéfiques, bien que dans quelques cas particuliers elle puisse causer des dommages. Cependant, il n'existe souvent que peu d'informations sur les aspects fonctionnels qui pourraient soustendre les effets rapportés de la diversité taxonomique.

En outre, la diversité des paysages bénéficie à une vaste gamme de services intrants : stabilité du sol, disponibilité en eau, régulation du microclimat, pollinisation, contrôle des ravageurs par les auxiliaires des cultures, contrôle des invasions biologiques et santé des animaux domestiques. Il s'agit clairement d'une composante clé de la biodiversité pour la fourniture de services intrants.

Services contribuant au revenu agricole direct

Production végétale

Rendement de la production végétale

La question d'un effet positif de la richesse spécifique des prairies sur leur productivité a été l'une des plus débattues (*figure 6*). Des dispositifs expérimentaux ont donc été mis en place pour tester cette hypothèse.

La productivité de prairies semées et gérées extensivement est liée positivement à leur diversité végétale ; cet effet est dû aux propriétés fonctionnelles des espèces et/ou à leur complémentarité plus qu'à la richesse en espèces.

Les données obtenues sur ces assemblages artificiels comportant un nombre croissant d'espèces confirment que la productivité primaire augmente avec le nombre d'espèces semées ; ensuite elle plafonne, à un niveau qui dépend des ressources du milieu

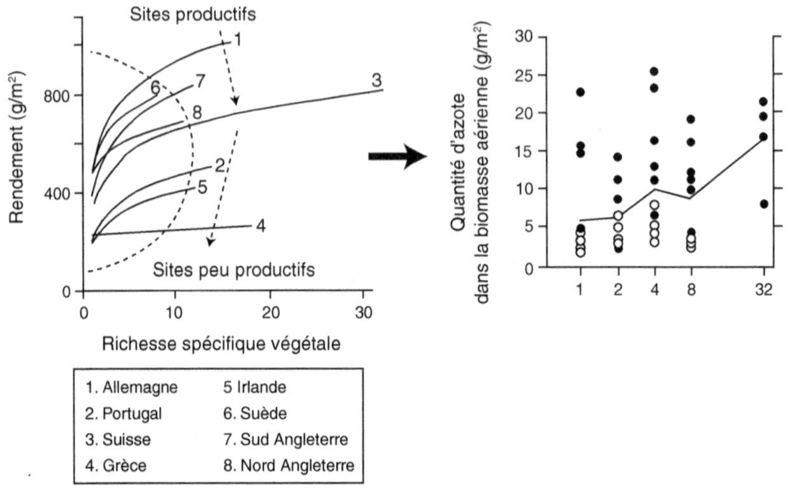

Figure 6. Productivité des prairies extensives et diversité végétale.
A. Relation entre niveau de production annuelle de la prairie et richesse spécifique végétale : schéma synthétisant les relations obtenues sur 8 sites européens de prairie plus ou moins productifs (d'après Schmid *et al.*, 2004).
B. Relation entre la quantité d'azote contenue dans les parties aériennes des végétaux et la richesse en espèces de la prairie : données obtenues sur l'un des 8 sites (en Suisse). Les prairies sans légumineuses (points blancs) présentent des teneurs nettement inférieures à celles des prairies avec légumineuses (points noirs). (D'après Spehn *et al.*, 2002.)

(ce qui explique, dans la figure, le profil très plat de la courbe pour le site grec, localisé dans un milieu naturellement peu productif). Cet effet de la diversité est lié aux propriétés fonctionnelles des espèces ou groupes fonctionnels dominants et/ou à des complémentarités dans leurs manières d'exploiter les ressources (lumière, éléments nutritifs, eau), qui permettent de maximiser cette exploitation. Une part importante de cet effet biodiversité est imputable à la présence de légumineuses (plantes fixatrices d'azote de l'air, qui laissent dans le sol de l'azote assimilable aussi par d'autres espèces) dans les peuplements plus diversifiés.

En grandes cultures, cet effet d'accroissement de la productivité est valorisé dans quelques systèmes de cultures associées, mis en œuvre pour des cultures fourragères ou par l'agroforesterie. Au-delà du nombre d'espèces présentes simultanément sur la parcelle, la diversité des espèces utilisées sur l'ensemble du cycle de rotation peut avoir un effet sur le rendement moyen des cultures, notamment dans les systèmes peu intensifiés, mais cet effet n'est pas systématique. Une expérience américaine récente a ainsi testé l'effet sur les rendements de la diversification des rotations, en conditions non fertilisées et sans pesticides. La réponse particulièrement marquée du rendement du maïs à la diversité de cultures et plantes de couverture en interculture s'explique principalement par la présence de légumineuses dans la rotation. Dans cet essai, la diversification des cultures n'avait cependant peu ou pas d'effet sur les rendements du soja et du blé.

La richesse spécifique de la faune du sol n'a quant à elle que peu d'impact sur la productivité, alors que la présence d'espèces ou de groupes fonctionnels particuliers est importante. Concernant les microorganismes, les données disponibles suggèrent que la diversité taxinomique importe peu, mais que des dimensions fonctionnelles de leur biodiversité, liées en particulier aux relations entretenues avec les racines des plantes, sont bénéfiques.

Stabilité du rendement végétal

Un certain nombre d'organismes (adventices, ravageurs, phytopathogènes, faune sauvage) causent des dommages à la production agricole sur le court terme. L'objectif de l'agriculture est donc de réduire leurs populations par des pratiques de travail du sol ou l'utilisation de pesticides, notamment. Le maintien de diversité végétale au sein des cultures (diversité intra- ou inter-annuelle, des espèces ou des variétés), ou d'éléments semi-naturels au sein du paysage, peut aussi jouer un rôle dans la réduction de ces dommages, et ainsi assurer une plus grande stabilité des rendements sur le long terme.

À l'échelle de la parcelle, on pourrait théoriquement attendre que des cultures plus diverses augmentent la stabilité du rendement face aux variations abiotiques, mais les données expérimentales en communautés prairiales assemblées ne sont pas probantes. La composition fonctionnelle pourrait jouer un rôle plus important que la richesse spécifique dans la stabilité de la production. On ne peut pas prédire le bilan entre les effets directs des changements environnementaux sur le rendement et leurs effets indirects *via* les changements de diversité végétale. En pratique cependant, pour les cultures annuelles et les prairies temporaires, la diversification spécifique ou génétique dans le temps (rotation, plantes de couverture en interculture, cultures intermédiaires) ou au sein d'une même parcelle (cultures associées, mélanges variétaux) permet d'augmenter la stabilité de la production primaire sous l'effet de la diversification des traits fonctionnels. Au niveau du système fourrager, une diversité de types de prairies améliore la robustesse des systèmes d'alimentation des troupeaux face aux fluctuations climatiques.

Conclusion

La diversité des espèces ou des variétés cultivées, utilisée soit dans le temps, soit simultanément au sein d'une parcelle, permet de soutenir des rendements moyens plus élevés sur le long terme, même si elle ne garantit pas des rendements instantanés plus forts. *A contrario*, dans les prairies permanentes et à gestion égale, le rendement instantané est accru par la diversité végétale *via* les propriétés fonctionnelles des espèces ou groupes fonctionnels dominants et/ou à la complémentarité fonctionnelle entre espèces, groupes fonctionnels ou génotypes, mais ceci ne garantit pas une meilleure stabilité à long terme à l'échelle de la parcelle. En revanche, à l'échelle de l'exploitation, la diversité garantit une meilleure flexibilité de la gestion des ressources fourragères, donc *in fine* une meilleure stabilité du rendement fourrager global de l'exploitation.

Production animale

Diversité végétale et ressource alimentaire

L'hypothèse que les prairies permanentes diversifiées présentent une valeur nutritive moins élevée mais plus stable dans le temps que les prairies peu diversifiées n'est validée que partiellement par la bibliographie. La diversité floristique a un effet indirect en garantissant la présence d'espèces contribuant à la valeur nutritive et/ou à sa stabilité (dicotylédones, plantes riches en tanins, par exemple). Les herbivores domestiques choisissent un régime alimentaire diversifié, qui conduit à une augmentation de l'herbe ingérée dans les prairies. Sur des végétations très hétérogènes composées de ligneux et de plantes herbacées, la diversité peut également contribuer à stabiliser l'ingestion des animaux dans le temps, quantitativement et qualitativement.

Diversité végétale des prairies et production animale

Des associations simples d'espèces suggèrent que la diversification des prairies peut améliorer les performances animales, mais ceci n'est pas généralisable à des associations plus complexes. Pour celles-ci, on observe une absence d'effet ou des effets hétérogènes concernant la performance individuelle de croissance ou de production laitière. Toutefois, quelques études montrent que les rendements fourragers supérieurs obtenus à partir d'associations complexes permettent d'atteindre une production laitière par hectare nettement supérieure à celle des associations simples, et ce pour différents contextes climatiques. Au-delà du nombre d'espèces, il apparaît que leur nature et leurs proportions jouent un rôle déterminant sur la production fourragère par unité de surface (*figure 7*).

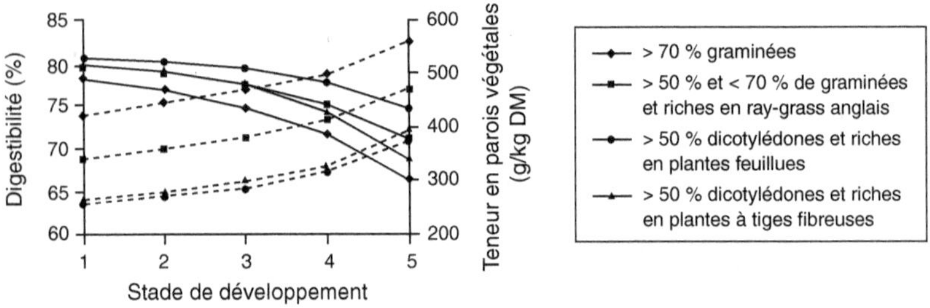

Figure 7. Relations entre qualité des fourrages et diversification de la végétation des prairies. Évolution de la digestibilité (symboles noirs reliés par des lignes pleines) et des teneurs en parois végétales (symboles gris reliés par des tirets) pour 4 types de prairies définis par leur composition botanique (d'après Daccord *et al.*, 2006).

Caractéristiques sensorielles des produits animaux

La richesse spécifique des prairies, et en particulier la richesse et l'abondance des dicotylédones, en favorisant la *présence d'espèces ou de familles particulières*, améliore les caractéristiques sensorielles des fromages. Les effets de la diversité végétale des prairies sur les produits carnés sont peu étudiés et concernent principalement ceux d'espèces indésirables (certaines luzernes), bien que ceux-ci ne soient pas généralisables.

Conclusion

La diversité spécifique des prairies permanentes permet une ingestion plus abondante de fourrage de meilleure qualité, en particulier sur le long terme. Leur production plus abondante, en particulier en conditions climatiques défavorables, augmente la production laitière par hectare et améliore les caractéristiques sensorielles des fromages. L'ensemble de ces effets est lié à la présence ou à l'abondance d'espèces ou groupes d'espèces particuliers plutôt qu'à la richesse spécifique *per se*. Les espèces impliquées différant selon la composante considérée, la richesse spécifique augmente la probabilité de leur présence.

Services hors revenu agricole direct

La diversité spécifique et fonctionnelle végétale ainsi que l'abondance des ligneux et l'hétérogénéité spatiale du paysage participent à la *régulation des crues* mais, en augmentant la consommation hydrique totale de la végétation, elles diminuent la disponibilité moyenne en eau à l'exutoire des bassins versants ou la recharge des nappes.

La biodiversité végétale utilisée de manière concomitante (prairies et cultures diversifiées) ou dans le temps (plantes de couverture en interculture, cultures intermédiaires, rotation culturale) joue un rôle important dans le contrôle de la *qualité des eaux*, en particulier *via* la diversité fonctionnelle *sensu lato*, et en particulier les complémentarités entre légumineuses et graminées. Il n'y a pas de lien fort entre la diversité des communautés bactériennes nitrifiantes ou dénitrifiantes, où le niveau de diversité assure une forte redondance fonctionnelle, et le contrôle des nitrates. À l'échelle du paysage, la pollution par les nitrates est surtout contrôlée par la proportion de prairies permanentes et d'éléments boisés. Enfin, la forte diversité des microorganismes et leur pouvoir évolutif élevé ont un rôle important pour le devenir des xénobiotiques (pesticides en particulier) dans les sols.

La gestion influe directement sur la *séquestration du carbone* par les agro-écosystèmes, mais aussi *via* ses effets sur la diversité végétale et microbienne. Les effets de la richesse spécifique végétale ne peuvent pas être prédits de manière globale du fait de la multiplicité des processus impliqués (dont certains sont encore mal connus) et de leurs éventuels antagonismes. On peut néanmoins attendre un effet important des traits fonctionnels des espèces dominantes. Pour les microorganismes du sol, le rapport champignons/bactéries, plus que la diversité de ces communautés, apparaît comme un indicateur fonctionnel important de la séquestration du carbone organique.

La biodiversité végétale influe sur la *dynamique régionale du climat via* ses effets sur la structure physique des couverts, de l'échelle de la parcelle à l'échelle régionale. Ces effets sont encore mal connus mais de manière générale, ce sont d'une part les propriétés des espèces dominantes qui importent, d'autre part l'hétérogénéité spatiale de l'échelle interparcellaire à l'échelle régionale.

La *mitigation des incendies* est un service parfois important justifiant le maintien d'activités agricoles, notamment pastorales (entretien des pare-feu), en zone méditerranéenne. Il renvoie à deux caractéristiques de la biodiversité végétale : la composition fonctionnelle de la végétation et sa biomasse (qui elle-même est influencée par la biodiversité) qui déterminent l'inflammabilité, et l'hétérogénéité du paysage qui freine la propagation des incendies.

En Europe, le nombre d'*espèces végétales exotiques invasives* des prairies et des cultures ayant un impact significatif sur la biodiversité reste limité. Ces espèces peuvent conjuguer à leurs dommages pour la biodiversité et pour les humains (production agricole, pollen allergisant) un certain nombre de services (valeur esthétique, production de miel, hôte d'auxiliaires des cultures). En revanche, les *insectes zoophages* tels que la coccinelle multicolore chinoise, introduits pour contrôler des ravageurs euxmêmes invasifs, peuvent s'attaquer à d'autres cibles, ressources d'espèces natives, voire directement à ces dernières, avec pour conséquence des statuts démographiques critiques chez certaines espèces d'arthropodes natives.

La biodiversité végétale contribue directement à la *valeur esthétique* des milieux et des paysages, par la variété des formes et des couleurs, que ce soit dans les champs cultivés ou dans les milieux semi-naturels, y compris les prairies. Elle contribue également à la *valeur culturelle* des paysages ruraux, en particulier quand elle est associée à des pratiques de cueillette. Si le rôle esthétique de la biodiversité animale est moindre, son rôle culturel est important. Certaines espèces phares comme les grands ongulés ou les grands prédateurs symbolisent des positionnements souvent opposés sur l'aménagement des territoires ruraux. La perception d'autres espèces, notamment les auxiliaires des cultures, au sens large, est plus unanimement favorable. La diversité des milieux est une composante importante du paysage rural de référence. L'identité de certaines régions, valorisée au travers du *tourisme*, s'appuie fortement sur des spécificités paysagères dans lesquelles la biodiversité est importante. C'est par exemple le cas des paysages de pelouses pastorales des Grands Causses du sud du Massif central, ou des paysages de bocages. La valeur esthétique et sociétale de la biodiversité peut cependant diverger entre les différents acteurs impliqués.

Conclusion

La diversité végétale influe sur la disponibilité en eau et sa régulation, la qualité des eaux, la régulation du climat et la mitigation des incendies principalement *via* les traits fonctionnels des espèces dominantes. L'hétérogénéité spatiale des paysages joue également un rôle important pour les flux impliqués dans ces services.

La diversité végétale des agro-écosystèmes peut favoriser la biodiversité ordinaire (y compris la diversité fonctionnelle des organismes impliqués dans les services intrants) et celle de certaines espèces emblématiques végétales ou animales. Si parmi les espèces végétales exotiques invasives seules quelques-unes causent de réels dommages, les arthropodes zoophages introduits peuvent causer des dommages significatifs aux espèces natives, y compris patrimoniales.

La diversité végétale contribue directement à la valeur esthétique et la diversité animale à une forte valeur culturelle. La diversité des paysages a une valeur culturelle forte, valorisée par le tourisme.

Bilan

Contribution des composantes de la biodiversité aux différents services écosystémiques

L'analyse de la bibliographie disponible concernant les relations entre différentes composantes de la biodiversité et services agro-écosystémiques, laquelle a considéré essentiellement les études expérimentales de manipulation de cette diversité, a mis en évidence quelques conclusions marquantes dans une optique agronomique.

- La majorité des services intrants sont dépendants de la biodiversité de plusieurs groupes d'organismes. Pour les services de fourniture de ressources aux cultures, c'est surtout la diversité fonctionnelle des plantes et des organismes du sol qui importe. En revanche, pour les services résultant de fonctions de régulation biotique, comme le contrôle des bioagresseurs ou celui des invasions biologiques, la diversité taxinomique des organismes apparaît essentielle.

• La diversification des cultures (espèces et variétés), dans le temps comme au sein de la parcelle, ou au niveau du paysage, permet de stabiliser les rendements *via* ses effets sur les ressources et surtout sur les organismes participant aux fonctions de contrôle biotique. L'intensité des effets dépend cependant des pratiques mises en œuvre (fertilisation, pesticides...), et les systèmes de cultures associées sont plus délicats à conduire que ceux basés sur une seule culture (voir chapitre 3).
• Pour des prairies permanentes gérées extensivement (fertilisation organique faible à modérée, fauche et/ou pâturage d'intensité faible à modérée), la diversité des plantes et plus précisément la composition fonctionnelle du couvert végétal ainsi que la présence d'espèces particulières contribuent à augmenter la production de fourrage, sa stabilité au cours du temps, et sa qualité.
• La biodiversité contribue à une gamme de services qui ne concourent pas directement au revenu agricole, et qui concernent souvent des échelles spatiales plus vastes que l'exploitation : la disponibilité en eau et la régulation des crues, la qualité des eaux, la régulation du climat et la réduction des risques d'incendies. Les effets de la biodiversité sur la séquestration du carbone sont complexes et ne peuvent à ce jour être prédits de manière générique.

En outre, l'analyse bibliographique a mis en évidence le rôle primordial de certaines composantes de la biodiversité de l'agro-écosystème :
• Les traits fonctionnels des espèces, notamment végétales, dominantes déterminent la fourniture des services intrants (stabilité structurale des sols, fertilité, contrôle biologique des ravageurs), le rendement des prairies permanentes et leurs bénéfices pour la production animale, et des services à plus large échelle tels que la qualité des eaux, la régulation du climat et la mitigation des incendies. Des effets de complémentarité fonctionnelle, par exemple entre légumineuses et graminées, ou entre espèces de phénologies ou de profondeurs d'enracinement différentes, ont été mis en évidence dans certains cas, mais ils restent à approfondir ou à élucider pour la plupart des services.
• Du fait de leur très grande diversité, les communautés microbiennes du sol présentent de forts niveaux de redondance fonctionnelle, et leur niveau de diversité taxinomique importe peu pour nombre de services. Ce sont la composante fonctionnelle de leur diversité et la présence d'espèces particulières, qui importent, notamment pour le contrôle des phytopathogènes, la mycorhization des plantes cultivées et le devenir des xénobiotiques dans les sols.
• L'hétérogénéité spatiale (composition et structure) des paysages contribue à la stabilité du sol (lutte contre l'érosion), à la régulation des flux d'eau à l'échelle du bassin versant, à la pollinisation et au contrôle des bioagresseurs *via* les effets positifs des éléments boisés et structures linéaires pérennes (haies...) sur les populations d'arthropodes impliquées. Ces éléments fixes du paysage diminuent les réserves d'eau du sol au niveau des parcelles ; mais, participant fortement à l'hétérogénéité des paysages, ils ont des effets bénéfiques pour la plupart des services obtenus hors revenu agricole direct.

Liens fonctionnels entre groupes d'organismes

Il existe des liens fonctionnels essentiels entre les différents groupes d'organismes impliqués soit dans un même service, soit dans des services différents. Ainsi, la diversité végétale influe sur la composition de la communauté microbienne ; en retour, la diversité microbienne facilite l'installation des plantes, améliore leurs performances, et favorise le contrôle des microorganismes phytopathogènes. En revanche, bien que la composition spécifique du couvert végétal influence la pédofaune, la diversité végétale n'a pas d'effet systématique sur la diversité de la pédofaune. Le maintien d'une diversité des communautés d'abeilles sauvages et autres pollinisateurs permet potentiellement celui d'une diversité spécifique et fonctionnelle des plantes à fleurs, et réciproquement. La flore adventice a pour originalité d'être à la fois considérée comme le frein majeur à la mise en place de systèmes de culture respectueux de l'environnement et, dans le même temps, comme un maillon indispensable, en tant que producteur primaire, au développement de la biodiversité dans les agro-écosystèmes. Ainsi, la diversité de la flore, dans les parcelles cultivées comme dans les milieux semi-naturels, contribue au maintien de communautés diverses d'arthropodes zoophages. En retour, ces derniers protègent les plantes d'impacts trop importants des arthropodes phytophages et permettent le maintien de communautés végétales diversifiées. Enfin, la diversité génétique des espèces végétales cultivées pourrait favoriser le maintien de la diversité spécifique des autres espèces, par exemple des adventices ou des messicoles.

Une articulation à faire entre réponses de la biodiversité à l'agriculture et effets de la biodiversité pour les agro-écosystèmes

Selon que l'on s'intéresse aux effets de l'agriculture sur la biodiversité (voir chapitre 1) ou aux effets des changements de biodiversité sur les services écologiques pertinents pour les agro-écosystèmes (voir chapitre 2), la bibliographie porte sur des composantes différentes de la biodiversité : la vision taxinomique est dominante dans le premier corpus, alors que le second donne une importance toute particulière à la diversité fonctionnelle (et à la présence d'espèces particulières). Cette séparation entre les deux approches explique que les informations concernant les changements de diversité fonctionnelle en réponse à différents facteurs de gestion, qui seraient utiles pour raisonner les interactions agriculture-biodiversité, ne commencent à être connues que pour les plantes et quelques groupes microbiens (voir chapitre 1).

Le rôle d'autres composantes de la biodiversité, telles que la distribution spatiale et la complexité des réseaux trophiques, est sans doute sous-évalué par manque d'études sur ce sujet.

En fait, la relation entre la réponse des organismes à une modification de l'environnement (par la gestion agricole notamment) et les effets potentiels de cette réponse sur les services est rarement établie. Pourtant, un cadre d'analyse adéquat existe, à savoir la théorie dite « des filtres écologiques et des traits fonctionnels ». L'idée centrale de cette théorie est que les conditions de milieu « filtrent » les espèces qui pourront effectivement s'installer et se développer dans un endroit donné, et que ces filtres opèrent sur les espèces *via* leurs caractères biologiques, nommés « traits de réponse » (modes de dispersion des graines, vitesse de croissance des plantes). Chaque filtre spécifique (régime de perturbation, fertilisation, interactions entre organismes…) porte sur des traits de réponse particuliers, communs ou non entre filtres. La composition de la communauté d'espèces ainsi sélectionnées par ces interactions entre filtres et traits de réponse aura à son tour un impact sur les fonctions et donc les services à travers la valeur de traits dits « d'effet » portés par les espèces présentes (composition des tissus foliaires, qui influe sur leur digestibilité, sur leur vitesse de décomposition et donc sur le stockage du carbone). Traits d'effet et traits de réponses peuvent se chevaucher, comme dans le cas des traits foliaires pour la réponse des prairies à la gestion et les effets sur le maintien de la fertilité, mais pas toujours : par exemple, la taille des graines est un trait de réponse au pâturage dans certaines situations, mais ce trait n'a pas d'effet sur la productivité des prairies.

Actuellement, les réponses de la composition fonctionnelle à la gestion, par exemple au pâturage, ne sont souvent décrites que pour un nombre réduit de traits de réponse des organismes. Seuls quelques-uns de ces traits sont quantifiés de manière systématique (la taille ou l'architecture des plantes, pour la réponse au pâturage), ce qui ne permet pas de déduire *a priori* les conséquences pour les différents services qui, eux, dépendent souvent de traits dits « d'effets » foliaires ou racinaires. Un enjeu important pour la recherche serait donc d'articuler les études portant sur les effets de l'agriculture sur la biodiversité – en considérant explicitement les traits de réponse pertinents des espèces – avec les études portant sur les rôles de la biodiversité pour les services écologiques, d'intérêt agronomique notamment – en considérant explicitement les traits d'effet des espèces importantes pour ces services.

Enfin, un autre enjeu important pour la recherche serait de poursuivre les efforts d'analyse de la réponse de l'hétérogénéité des paysages à la gestion, et de ses effets sur la biodiversité des organismes assurant des services écologiques de type contrôle biotique, ainsi que sur les processus écologiques dans le paysage essentiels pour les services opérant à large échelle, comme la qualité des eaux ou la régulation des crues.

Intérêt et gestion de la biodiversité pour les services écologiques dans les systèmes agricoles

Pour conclure sur la contribution possible de la biodiversité aux services pour les agro-écosystèmes, il faut examiner dans quelle mesure les conclusions tirées d'approches analytiques expérimentales peuvent être extrapolées, aux conditions de plein champ. Il convient en particulier d'analyser dans quelles conditions de pratiques agricoles les bénéfices de la biodiversité (ou inversement certains dommages causés par exemple par les adventices ou les ravageurs) sont les plus vraisemblables.

Applicabilité à l'agriculture des résultats expérimentaux

L'analyse critique porte à la fois sur les limites et les lacunes des expérimentations elles-mêmes et sur leur applicabilité à l'agriculture, en particulier au travers des interactions avec les effets directs des facteurs de la gestion agricole.

Limites des études expérimentales

Dans les études analysant les relations entre biodiversité et fonctionnement des écosystèmes, les communautés manipulées sont presque toujours constituées d'assemblages aléatoires d'espèces en nombre variable, ce qui ne reflète ni les conditions réelles d'extinction/recolonisation en prairie naturelle par exemple, ni des situations agronomiques. Les approches expérimentales utilisant ces assemblages de plantes, bien que peu réalistes, permettent de mettre en évidence et d'étudier les mécanismes responsables des effets bénéfiques de la biodiversité sur les services intrants (fourniture de ressources, résistance aux invasions), l'efficience de la production ou la qualité des eaux (contrôle des pertes de nitrates). En revanche, leurs résultats s'expriment trop souvent en termes de niveau absolu de production, et pas assez en termes d'efficience d'utilisation des ressources comme les nutriments ou l'eau pour la production, ce qui pourrait être utile pour raisonner l'intérêt de la biodiversité dans les agro-écosystèmes. En outre, les bénéfices souvent supposés importants de la diversité végétale, qui concernent la stabilité de la production, ont en fait été insuffisamment abordés par ces expérimentations. Si ces études ont eu une valeur heuristique et théorique importante, la prise en compte de la structure des communautés (densités, abondances relatives), des facteurs abiotiques comme la fertilisation et les perturbations, et des durées plus longues serait maintenant indispensable pour pouvoir fournir des connaissances scientifiques plus applicables aux situations agricoles. Enfin, les études disponibles portent surtout sur les effets de la diversité végétale sur la production primaire, alors que des travaux sont nécessaires pour aborder les autres fonctions telles que le recyclage des nutriments ou de l'eau.

Les expérimentations sur la *faune du sol* restent aussi trop limitées et ne testent pas des niveaux de diversité pertinents, en particulier pour explorer l'hypothèse de redondance fonctionnelle : le nombre d'espèces manipulées est en effet très faible par rapport à la diversité rencontrée dans les systèmes agricoles.

Les études conduites à ce jour ont mis en évidence le rôle essentiel des *microorganismes* dans le fonctionnement des écosystèmes, mais elles ont également révélé les obstacles méthodologiques et conceptuels qui ont, jusqu'à une date récente, empêché une bonne évaluation de la biodiversité microbienne impliquée dans ce fonctionnement. Les rares manipulations expérimentales de la diversité des microorganismes soulignent le rôle de la diversité fonctionnelle de ceux-ci, notamment pour les fonctions intervenant dans les cycles du carbone et de l'azote. Mais, là encore, le nombre d'espèces manipulées, notamment pour les bactéries, est en général très faible par rapport à la diversité rencontrée dans les sols agricoles, et les études réduisant la diversité de communautés microbiennes natives montrent surtout de forts niveaux de redondance fonctionnelle.

Les études mesurant l'impact de la diversité de communautés assemblées de *pollinisateurs* sur la pollinisation sont récentes et encore très limitées. Des recherches sur des assemblages plus riches en espèces seraient nécessaires pour tester expérimentalement la validité des simples corrélations entre diversité de communautés naturelles de pollinisateurs et niveaux de performances agronomiques mises en évidence par des travaux d'observation. En revanche les conclusions issues des études expérimentales concernant le *contrôle biologique des ravageurs* des cultures peuvent être jugées comme robustes ; des niveaux de diversité spécifique et fonctionnelle plus élevés seraient toutefois nécessaires pour être représentatifs de la diversité observée dans les agro-écosystèmes.

Dans tous les cas, la dynamique de recolonisation par les espèces après extinction dans le contexte du paysage agricole est un point essentiel qui n'est pas pris en compte dans les expérimentations, et les fonctions liées à la stabilité des services écologiques (production primaire, maintien de la fertilité, qualité des eaux) ne sont que très peu étudiées. Enfin, les services fournis par la diversité des paysages ne sont généralement pas accessibles à l'expérimentation, et seule la modélisation permettra sans doute de réellement progresser pour les quantifier.

Biodiversité et modes de gestion agricole

Une des difficultés limitant l'application à l'agriculture des résultats des études expérimentales est due à l'absence d'analyse des interactions entre les effets de la biodiversité sur les services écologiques et les facteurs de gestion agricole. La question se pose en particulier de l'applicabilité des relations observées aux régimes de gestion plus intensifs appliqués à une majorité des surfaces agricoles en climat tempéré. En effet, comme l'ont souligné les débats scientifiques sur la pertinence des études expérimentales conduites sur des « prairies » constituées d'espèces assemblées, les facteurs de gestion, en particulier la fertilisation et le régime de fauche ou de pâturage, peuvent fortement moduler le type de relation existant entre biodiversité et services écologiques dans les agro-écosystèmes. Cette controverse a conduit à la mise en place de dispositifs expérimentaux dédiés à ces questions, dont les premiers résultats devraient être publiés prochainement. Si on ne peut exclure qu'une richesse spécifique élevée ait, sur la productivité des prairies par exemple, des effets d'amplitude similaire à ceux de la fertilisation, il est vraisemblable que les effets de la biodiversité soient d'amplitude significative plutôt dans des situations à faible niveau d'intrants.

Il est désormais nécessaire de passer à des études expérimentales réalisées dans des conditions plus proches des conditions agricoles, pour quantifier et hiérarchiser les rôles respectifs de la biodiversité et des modes de gestion sur le fonctionnement des agro-écosystèmes, et tester quelles sont les conclusions tirées des expérimentations passées qui resteront applicables à des situations agricoles. Seul ce type d'études permettra de mieux évaluer les bénéfices de la biodiversité et l'intérêt de sa préservation (ou sa restauration) selon les services, les systèmes de production et les modes de gestion.

Gestion des services *via* la biodiversité

Malgré les restrictions mentionnées, les études évoquées ci-dessus ont permis de montrer que le principal levier de gestion des services écologiques semble passer par *la gestion de la diversité fonctionnelle*. Pour les plantes, il s'agira principalement d'un pilotage des traits fonctionnels des espèces dominantes, et dans certains cas de la complémentarité fonctionnelle. Cette logique est déjà mise en œuvre par l'agriculture, avec par exemple l'utilisation des légumineuses ou de mélanges d'espèces ou de variétés. Des recherches complémentaires pourront sans doute aider à mieux systématiser l'identification des traits fonctionnels *a priori* pertinents dans un contexte agronomique donné ; la gestion des prairies permanentes, notamment, pourrait en bénéficier. De la même manière, favoriser les services écologiques rendus par la faune du sol demande de piloter l'abondance et la diversité fonctionnelle des différents groupes taxinomiques ou fonctionnels ; à l'échelle de la parcelle, le travail du sol, sa couverture et l'apport de matière organique sont déterminants avant toute gestion de la biodiversité, ainsi que la réduction de l'emploi des pesticides.

Le second levier essentiel de gestion des services écologiques pour les agro-écosystèmes concerne *la gestion de la structure des paysages* qui intervient directement et indirectement dans toute une série de services et offre ainsi un potentiel important d'amélioration des services écologiques.

Un enjeu clé pour les études futures serait de comparer les bénéfices respectifs de la gestion de l'agrobiodiversité à l'échelle parcelle et de la gestion de la diversité écosystémique à l'échelle paysage, notamment pour des services de contrôle biotique. Pour l'instant, certains auteurs en restent à faire l'hypothèse que la diversité écosystémique gérée à l'échelle du paysage (contexte paysager des parcelles) serait globalement plus importante pour de nombreux services que le niveau de l'agrobiodiversité gérée à l'échelle parcelle, mais cela reste à démontrer, ce type d'étude étant particulièrement difficile.

Relations attendues entre gestion agricole, biodiversité et services

Effets des pratiques agricoles

Malgré la distance constatée entre les données concernant les effets de l'agriculture sur les composantes de la biodiversité et celles portant sur le rôle de ces différentes composantes sur les services écologiques, il est possible d'analyser les effets attendus des pratiques agricoles sur les services *via* les modifications de biodiversité induites par la gestion. Certains de ces liens sont démontrés (cas des réponses et des effets des traits fonctionnels végétaux) ; d'autres ont été logiquement déduits des connaissances disponibles, et ils sont à considérer comme des hypothèses de travail pour les recherches futures.

La fertilisation
La fertilisation à forte dose a des effets globalement négatifs sur la fourniture de services écologiques par la biodiversité, d'une part par ses effets directs sur la biodiversité (voir chapitre 1), d'autre part en diminuant les bénéfices potentiels de la biodiversité pour les services. Il en résulte que la valeur des services fournis par la biodiversité sera en général maximisée pour des niveaux de fertilité faibles à intermédiaires.

S'agissant des plantes, par exemple, la fertilisation va surtout favoriser les espèces (ou les variétés) productives : leur présence dans des peuplements plurispécifiques (prairies ou cultures associées) peut, au moins sur le court terme, augmenter la productivité, mais elle tend aussi à réduire la richesse en espèces du couvert, et donc les services qui en bénéficieraient. Dans le cas des organismes du sol, les effets de la fertilisation dépendent de son intensité mais aussi de sa nature, minérale ou organique. Ainsi, la fertilisation minérale, par son effet négatif sur les symbioses bactériennes ou mycorhiziennes, conduit à une réduction des services écologiques de fourniture de ressources, alors que la fertilisation organique, par son effet sur les composantes fonctionnelles de la diversité microbienne, impliquées dans les cycles biogéochimiques, et de la diversité de la faune du sol, favorise les services de maintien de la fertilité, de stabilité des sols, voire de séquestration du carbone.

Les perturbations de la végétation et du sol : fauche, pâturage et labour
Les perturbations du sol et de la végétation d'intensité intermédiaire peuvent favoriser les services écologiques de la biodiversité végétale *via* leurs effets sur la composition fonctionnelle. Elles n'ont en revanche souvent que peu d'impact sur les auxiliaires des cultures, mais peuvent dans certains cas être utilisées comme outil de pilotage de leur diversité, et donc du service de contrôle biologique des ravageurs. Le labour modifie la diversité fonctionnelle de la faune du sol mais, surtout, réduit son abondance (voir chapitre 1), ce qui peut induire une réduction de l'intensité de services tels que la stabilité des sols ou le maintien de la fertilité. Il reste cependant difficile de séparer les effets directs de la perturbation sur le fonctionnement de l'écosystème des effets indirects, liés aux modifications de la diversité spécifique ou fonctionnelle.

La protection chimique des cultures
Réduire la protection chimique des cultures permet d'augmenter les bénéfices de la biodiversité pour les services écologiques, d'une part par un impact moindre sur les organismes acteurs de ces services (auxiliaires des cultures, pollinisateurs...), d'autre part, indirectement, en renforçant les effets bénéfiques de la diversité des adventices (ressources pour les auxiliaires et pollinisateurs).

Par exemple, l'emploi d'herbicides peut conduire à des déséquilibres de la flore adventice, qui augmentent les dommages qu'elle occasionne. Inversement, la réduction du désherbage chimique et une gestion adéquate, y compris du paysage, devraient permettre de rétablir les services écologiques tels que la stabilité du sol, la pollinisation, le contrôle des bioagresseurs, la conservation de la biodiversité, voire la valeur esthétique. Les bénéfices des mélanges variétaux, surtout en termes de contrôle des ravageurs et des maladies fongiques, sont significatifs dans les situations de faible utilisation de pesticides. Les très nombreuses études des effets directs létaux et sublétaux des insecticides et acaricides sur les auxiliaires, mais aussi des effets indirects des herbicides sur ces mêmes organismes, montrent qu'ils s'accompagnent généralement d'une baisse significative du service écologique de contrôle des ravageurs dans les cultures, baisse aggravée par les effets répulsifs des traitements fongicides (odorants) vis-à-vis de très nombreux auxiliaires.

Profils de réponse des services écologiques à l'intensification de la gestion

Ces profils permettent d'aller un peu au-delà du raisonnement très qualitatif exposé dans les paragraphes précédents en proposant, en l'absence d'études de la relation « gestion agricole → service », de décomposer l'enchaînement en deux séquences « gestion agricole → biodiversité → service ». Ces deux relations ne sont pas linéaires (elles peuvent même être croissantes puis décroissantes) et la résultante de ce fait n'est pas triviale.

Le profil de réponse d'un service écologique à une intensification de la gestion agricole peut être approché en croisant le profil de réponse de la biodiversité à l'intensification de la gestion (voir chapitre 1) et le profil de réponse du service écologique à l'augmentation de la biodiversité (voir début du chapitre 2) (*figure 8*).

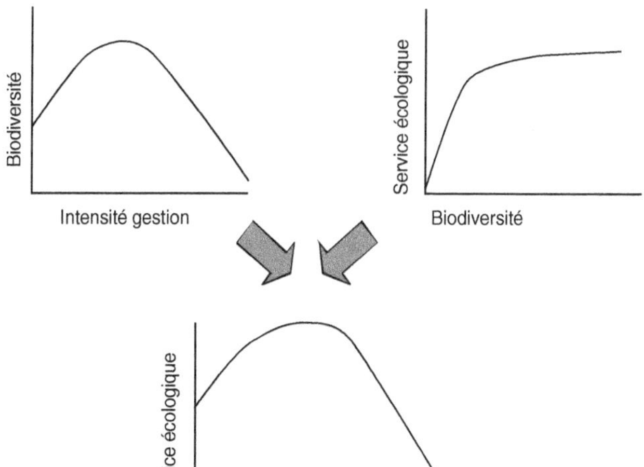

Figure 8. Effets attendus de l'intensité de la gestion sur la fourniture de services écologiques par la biodiversité *via* les effets de la gestion sur les composantes pertinentes de la biodiversité.

La démarche peut être illustrée en reprenant, par exemple :
– parmi les profils de réponse de la biodiversité à un niveau croissant de ressource ou de perturbation répertoriés dans le modèle de Huston (voir chapitre 1), le cas de la courbe « unimodale » (en dos d'âne) – dans lequel la biodiversité sera maximale pour une intensité modérée de gestion ;
– la courbe classique de réponse d'un service (celui de la productivité des prairies, par exemple) à l'augmentation de la biodiversité.

Le croisement de ces deux courbes (en haut) permet d'obtenir une courbe résultante (en bas), qui correspond au profil de réponse du service à l'intensité de gestion.

Ce simple raisonnement graphique, qualitatif, présente un intérêt parce que les profils de réponse sont divers et non linéaires, ce qui rend leurs combinaisons non triviales.

Ce modèle ne prend pas en compte les interactions éventuelles entre intensité de gestion et amplitude des effets de la biodiversité sur les services, qui sont mal connues actuellement. La majorité des études évaluant les rôles de la biodiversité sur les services agro-écosystémiques en manipulant directement cette biodiversité ne sont menées que pour un seul mode de gestion, souvent extensif. La réponse du fonctionnement des agro-écosystèmes et des services écologiques aux variations de biodiversité est pourtant susceptible d'être fortement influencée par les modes de gestion. Connaître l'interaction entre effets de la biodiversité et gestion serait nécessaire pour déterminer les possibilités de mieux intégrer agriculture et biodiversité, mais quasiment aucune étude n'a été conduite en ce sens. Il semble toutefois possible de faire l'hypothèse que différents services écosystémiques peuvent être fournis nettement plus efficacement dans des conditions de gestion extensive, sans toutefois atteindre le niveau de service obtenu, par l'utilisation d'intrants ou les pratiques culturales, en système intensif.

L'étape suivante de l'analyse (voir chapitre 3) consiste bien sûr à déterminer dans quelle mesure les niveaux de divers services écologiques qui peuvent être atteints seraient intéressants ou acceptables pour différents systèmes agricoles, et notamment pour des systèmes extensifiés.

Marges de manœuvre pour la protection et l'utilisation de la biodiversité par l'agriculture

Échelles de gestion de la biodiversité

Les analyses du chapitre 1 ont souligné les vulnérabilités de différents types d'organismes à l'intensité de la gestion et à la simplification des paysages, selon leur mobilité. En étendant le raisonnement, il est possible de proposer des hypothèses sur les effets attendus de ces deux facteurs sur les différents types de services écologiques, en fonction des groupes d'organismes qui les assurent. Ce raisonnement permettra ensuite d'appréhender les bénéfices attendus de la préservation de la biodiversité à l'échelle de la parcelle comparée à celle de l'échelle du paysage.

La grille de lecture déjà utilisée dans le chapitre 1 peut être reprise ici pour analyser les interactions attendues entre gestion et fourniture de services écologiques.

Les deux pistes complémentaires d'amélioration des services écologiques pour les agro-écosystèmes sont :
• *La complexification des structures spatiales*, au sein de systèmes où la conduite est relativement intensive (par exemple les systèmes de grandes cultures annuelles en

paysages très ouverts), des abords de la parcelle au paysage. Une telle évolution peut représenter pour l'agriculteur une charge de travail supplémentaire.

• *La désintensification des systèmes de cultures*, que ce soit par la diminution des pesticides, de la fertilisation minérale ou des travaux du sol, et par l'instauration de rotations longues et diversifiées, et d'associations plurispécifiques ou plurivariétales. Une telle évolution représente pour l'agriculteur une économie d'intrants mais un risque de perte de rendement.

Les bénéfices attendus de ces deux voies diffèrent selon les services considérés.

Les *services intrants dépendant d'interactions biotiques*, tels que la pollinisation et le contrôle des bioagresseurs par leurs ennemis, impliquent des organismes mobiles. Cette biodiversité est sensible aux conditions locales induites par la gestion appliquée à la parcelle, mais aussi à la structure spatiale environnante, de la parcelle au paysage. Il en résulte que ces services seront fortement affectés à la fois par l'intensité de la gestion des parcelles (et ses effets négatifs sur la biodiversité de ces organismes) et par la complexité spatiale du paysage (et ses effets positifs sur la biodiversité de ces organismes). Ils pourront donc être promus par les deux types de modifications de la gestion. Une complexification du paysage bénéficiera en même temps à d'autres services tels que la régulation du microclimat au sein des parcelles, la régulation des crues, la préservation de la biodiversité patrimoniale et ordinaire, la valeur culturelle et esthétique des paysages, et surtout, dans le cas des paysages de grandes cultures annuelles, la qualité des eaux.

Les *services intrants liés à la fourniture de ressources* (stabilité structurale du sol, maintien de sa fertilité, disponibilité en eau pour les cultures) ainsi que le rendement des cultures sont assurés par des organismes peu mobiles (faune et microorganismes du sol). Cette biodiversité étant peu sensible à l'échelle paysage, une complexification des structures spatiales aura peu d'effets sur le niveau de ces services. Ce niveau peut en revanche être amélioré, *a priori*, par une désintensification au sein des parcelles, favorable à la biodiversité végétale et du sol. Toutefois, pour ces services, les bénéfices de la biodiversité au sein de la parcelle ne sont souvent, au-delà d'un certain seuil minimal de représentation des groupes fonctionnels clés, que de faible amplitude en regard des effets directs de la gestion (travail du sol, fertilisation).

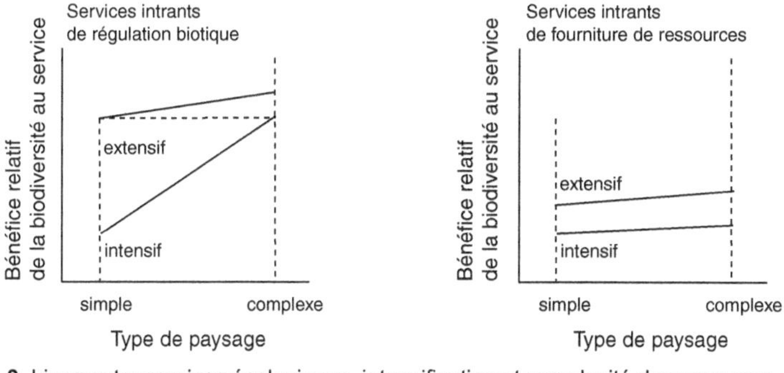

Figure 9. Liens entre services écologiques, intensification et complexité des paysages.
A. Services de régulation biotique, tels que le contrôle des ravageurs.
B. Services de fourniture de ressources, tels que le maintien de la fertilité des sols. Cette schématisation est proposée par les experts en fonction de leur analyse de la littérature.

Bénéfices de la restauration de la biodiversité

L'introduction d'espèces pour la gestion, la restauration de la biodiversité des prairies permanentes, par exemple, et la création d'infrastructures écologiques offrent des possibilités certaines d'augmentation des services écologiques fournis par la biodiversité, même si leur pilotage peut rester délicat. Un des risques majeurs est notamment de favoriser des espèces exotiques ou indésirables.

Par exemple, la *restauration de prairies permanentes* avec des espèces locales augmente les chances de reconstituer les services de production de l'élevage ainsi que la stabilité à moyen terme de la composition et de la production. La restauration de la diversité végétale peut aussi affecter la composition fonctionnelle des microorganismes du sol et ainsi les services tels que le maintien de la fertilité. En revanche, il est actuellement difficile de prédire dans quelle mesure des opérations de restauration de la diversité végétale des jachères et des prairies pourront avoir des répercussions sur les services fournis par la faune du sol, car leurs effets sur sa biodiversité ne sont pas systématiques.

Les possibilités de *restauration des communautés d'auxiliaires* ennemis des ravageurs sont nombreuses, et les pratiques les plus couramment mises en œuvre sont l'installation d'infrastructures écologiques permanentes servant de zones refuges aux auxiliaires pour diverses phases de leur cycle biologique (*encadré 7*). De la même manière, des projets de restauration des populations d'insectes pollinisateurs *via* la mise en place de communautés de plantes entomophiles ainsi que la conservation de milieux semi-naturels comme zones refuges et sites de nidification émergent, mais leur impact réel sur les insectes et *a fortiori* sur le service de pollinisation reste à étudier précisément. Ces projets doivent dans tous les cas s'accompagner d'une diminution d'emploi de pesticides, mesure favorable au maintien de la diversité des peuplements d'insectes auxiliaires et pollinisateurs.

Favoriser la multifonctionnalité des agro-écosystèmes

L'analyse des relations entre composantes de la biodiversité et services écologiques a montré que différentes composantes de la biodiversité peuvent contribuer simultanément à plusieurs services. Par exemple, la richesse spécifique végétale est bénéfique pour l'efficience de la production primaire et, ainsi, pour l'utilisation de l'azote et la qualité des eaux, ce qui permet d'optimiser simultanément ces deux services

7

Des stratégies de contrôle biologique des ravageurs

Les connaissances disponibles sur les auxiliaires des cultures et leurs activités de contrôle des ravageurs doivent permettre de concevoir des agro-écosystèmes minimisant l'emploi de pesticides. Trois types de mécanismes peuvent être mis à profit pour limiter le développement des populations de ravageurs :

– limitation des ravageurs par l'action des auxiliaires prédateurs et parasitoïdes ;

– répression des ravageurs directement par la nature (espèce, variété, mélanges) et/ou l'agencement (densité de semis…) des plantes cultivées ;

– attraction des ravageurs dans des plantes ou des cultures pièges, détruites ensuite.

Ces trois voies d'action peuvent être combinées pour élaborer diverses stratégies de contrôle biologique des ravageurs.

en maintenant un niveau de fertilité modéré. De la même manière, la richesse taxinomique/génétique des mycorhizes favorise à la fois la stabilité du sol, l'efficience de la production primaire (*via* la nutrition minérale des plantes) et sa stabilité *via* ses effets sur l'état sanitaire des plantes. Inversement, une même composante de la biodiversité peut intervenir comme source de bénéfices pour certains services, mais de dommages pour d'autres. C'est le cas pour la diversité des adventices, dont les effets sont, dans certains contextes comme la sécheresse, négatifs pour la disponibilité en eau et donc le rendement des cultures, mais qui peuvent aussi être bénéfiques pour la stabilité du sol, la pollinisation, le contrôle des ravageurs et les valeurs culturelles et esthétiques.

L'obtention d'un état de la biodiversité favorable à la majorité des services dans un système agricole donné renvoie à des phénomènes complexes et peut amener à faire des choix quant aux services et composantes de la biodiversité associées à privilégier, lorsqu'on cherchera à mieux intégrer des objectifs de production agricole, de biodiversité et d'environnement.

Raisonner le choix des objectifs prioritaires (lorsque tous ne sont pas conciliables) et des gestions à mettre en œuvre pour les atteindre nécessite d'examiner un par un les différents services et les biodiversités déterminantes pour chacun, en considérant leurs réponses respectives à une modification de la gestion. Ces profils de réponse peuvent être différents selon les groupes d'organismes et les services. La superposition de ces différentes courbes de réponse permet ensuite d'identifier les gains ou pertes de services qu'induirait un choix de gestion, et donc de discuter les arbitrages entre services. Il s'agit là d'un nouveau champ de recherches prioritaire.

L'exemple des prairies permanentes
La gestion de la biodiversité pour la fourniture simultanée de différents services constitue un enjeu important dans le cas des prairies permanentes, qui sont susceptibles de produire toute une gamme de services : conservation de la biodiversité, production fourragère, qualité des eaux, régulation du climat *via* la séquestration du carbone et la limitation des émissions de gaz à effet de serre… Or tous ces services, et les biodiversités qui les sous-tendent, ne présentent pas les mêmes courbes de réponse à l'intensification de la gestion – qui, pour les prairies, correspond à une augmentation de la fertilisation et de l'intensité de fauche ou de pâturage (*figure 9*). L'enjeu principal de la gestion sera donc la recherche d'un optimum, ou tout au moins d'un compromis entre services.

Interactions avec les changements globaux

Les interactions entre les relations biodiversité-services écologiques et les facteurs de changement global sont très peu connues, et n'ont fait l'objet que de quelques études, essentiellement sur les prairies. Les facteurs tels que l'augmentation de la température, de la fréquence des sécheresses estivales, des précipitations hivernales, de la déposition d'azote ou de la concentration en CO_2 atmosphérique ont des effets directs sur le fonctionnement des écosystèmes (par exemple sur la production primaire ou la décomposition des litières et de la matière organique) ainsi que des effets, pas tous bien connus, sur la biodiversité.

En grande culture, on ne peut conclure nettement sur une plus grande stabilité des rendements face aux impacts du changement climatique lorsque la rotation culturale est plus diversifiée. Cependant, l'analyse des effets de la rotation sur les états du milieu suggère que ceux-ci conduisent à créer un état du milieu cultivé qui lui permette de mieux faire face à des stress biotiques ou abiotiques.

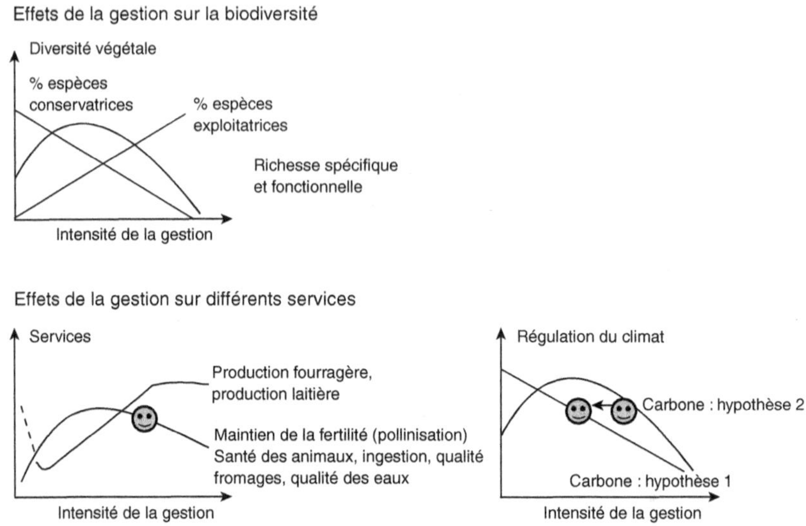

Figure 10. Analyse graphique des compromis entre différents services dépendant de la diversité végétale pour les prairies permanentes.

Le graphique A résume les effets de l'intensité de la gestion sur la diversité végétale.

Le graphique B présente les effets attendus de la combinaison gestion *x* biodiversité sur différents services intrants, en fonction de la gestion, sur la production fourragère et laitière, et sur la qualité des eaux. La production fourragère et laitière est principalement contrôlée par l'intensité de la gestion, alors que pour les autres services une réponse de type unimodal (avec un maximum pour des intensités de gestion intermédiaires) est attendue. Un point de compromis entre services, in fine défini par les acteurs humains, est indiqué par ☺ et correspond à une gestion d'intensité intermédiaire. Une gestion plus intensive correspondra à une perte progressive des services autres que la production. Une extensification entraînera une perte marquée de production pour des gains initialement faibles sur les autres services, puis la perte de ces services pour des gestions très extensives, voire l'abandon.

La prise en compte des demandes (objectifs) de séquestration du carbone complique l'analyse. La relation entre biodiversité végétale et séquestration du carbone étant incertaine, deux hypothèses contrastées (graphique C) sont envisagées. Si les effets de la gestion (*via* le travail du sol et la fertilisation minérale) sont dominants (hypothèse 1), le service de stockage de carbone diminue directement avec l'intensification. Il peut en résulter un déplacement du point de compromis (☺) vers des intensités plus faibles (associées néanmoins à une perte de productivité). Si, en revanche, la biodiversité végétale permet d'augmenter la séquestration du carbone, on attend un effet net positif jusqu'à une intensité intermédiaire de gestion, au-delà de laquelle les effets négatifs de l'intensification sur la biodiversité et sur la séquestration du carbone prennent le pas (hypothèse 2). Sous cette seconde hypothèse, le point de compromis multifonctionnel ne change pas sensiblement en incorporant la demande de participation à la régulation du climat.

Bien entendu, il serait essentiel de tester ce raisonnement avec des études expérimentales rigoureuses quantifiant les différentes fonctions impliquées pour une manipulation de l'intensité de gestion et de la biodiversité. Le bilan économique devrait aussi être quantifié, et dépendra étroitement du financement ou non des services tels que la qualité des eaux et la régulation du climat, ainsi que de la préservation de la biodiversité.

Le mode de production biologique, grâce à l'importance attribuée aux restitutions organiques au sol qui améliorent sa capacité de rétention en eau, apparaîtrait comme étant plus apte à faire face aux épisodes de sécheresse durant lesquels la baisse de rendements serait moins forte qu'en mode conventionnel.

Les données existantes pour les prairies assemblées expérimentalement ne permettent pas de prédire si une diversité plus élevée des communautés végétales permettrait une meilleure stabilité, voire une augmentation (pour la fertilisation en CO_2 et en azote) de la production en réponse aux changements globaux. Les effets nets des différents facteurs seront un compromis entre leurs effets directs sur la productivité (par exemple fertilisation par le CO_2 ou l'azote, diminution par la sécheresse), en interaction avec la gestion, et leurs effets indirects *via* les modifications de biodiversité, en particulier les changements de composition spécifique et fonctionnelle. On ne peut de même prédire si la biodiversité permettra d'augmenter la séquestration du carbone dans les sols puisque celle-ci sera diminuée directement par le réchauffement (augmentation de la respiration des sols) et la sécheresse (baisse de l'activité des plantes et des microorganismes du sol) ; et éventuellement stimulée par la déposition d'azote et l'augmentation du CO_2 atmosphérique (*via* la stimulation de l'activité microbienne des sols).

Les recherches sur les conséquences des changements globaux sur les communautés d'arthropodes phytophages sont peu avancées, et celles concernant les zoophages et le service associé de contrôle des ravageurs presque inexistantes. Si l'évolution probable des paysages agricoles vers davantage d'uniformisation ne laisse que peu de doutes sur la baisse de ce service écologique, les effets des changements de température et de concentration en CO_2 sur les mêmes organismes et le service sont au stade des hypothèses.

Enfin, les impacts des changements globaux sur les invasions biologiques passeront probablement par leurs effets sur la disponibilité des ressources et les régimes de perturbations dans les communautés. Les impacts de ces invasions végétales sur la structure des sols, la fertilité, la disponibilité en eau, ou les régimes d'incendies pourraient être plus importants dans des conditions d'augmentation de l'aridité, en particulier pour les prairies et parcours des régions les plus méridionales.

Conclusions

Avant de poser la question de la faisabilité technico-économique (voir chapitre 3) et de la mise en œuvre possible (voir chapitre 4) d'une démarche cherchant à concilier les objectifs de production agricole et de respect de l'environnement, et notamment de la biodiversité, il est nécessaire de mieux connaître les bénéfices possibles de la biodiversité pour les services écologiques majeurs dans les agro-écosystèmes. Et en particulier, d'évaluer quels niveaux des principaux services cette biodiversité pourrait assurer, de concert avec de nouveaux modes de gestion.

À ce titre, quelques conclusions peuvent être tirées des études scientifiques conduites sur les rôles de la biodiversité pour les services agro-écosystémiques :

• La biodiversité est à la fois un service en soi des agro-écosystèmes au travers de sa valeur intrinsèque et des services culturels qui lui sont associés, la résultante du pilotage d'autres services (production en particulier) et une composante de la réalisation de toute une gamme d'autres services. Ceci rend particulièrement complexe l'analyse des relations entre gestion, biodiversité et services écologiques.

• Les bénéfices écologiques et agronomiques d'une gestion de la biodiversité pour les services intrants liés à la fourniture de ressources (stabilité structurale du sol, maintien de sa fertilité, disponibilité en eau pour les cultures) semblent souvent de faible amplitude en regard des effets directs de la gestion (travail du sol, fertilisation, protection phytosanitaire). Une simple réduction de l'intensité de la gestion directe de ces services (baisse, par exemple, du niveau de l'apport de fertilisants ou de l'utilisation des pesticides) risque d'entraîner à court et même long terme une réduction nette des performances agronomiques des systèmes. L'enjeu est donc ici davantage de modifier les pratiques pour rechercher une plus grande efficacité de l'utilisation des ressources par les cultures et une moindre dépendance aux intrants à moyen et long termes. Ainsi l'utilisation raisonnée de fertilisants organiques (s'ils sont disponibles vu la disparition de l'élevage des régions de grande culture) joue à la fois sur la fertilité et l'activité, voire la biodiversité du sol, puis à moyen et long termes sur la stabilité structurale du sol et la disponibilité en eau. La gestion de la localisation des plantes cultivées dans les parcelles et dans la rotation par rapport à l'implantation des plantes fixatrices d'azote est un autre exemple. Ces orientations impliquent une plus grande technicité des pratiques agricoles à promouvoir (voir chapitre 3).

• Les bénéfices écologiques et agronomiques d'une gestion de la biodiversité pour les services intrants dépendant de processus de régulation biotique (pollinisation, contrôle des bioagresseurs et des invasions) peuvent être significatifs pour les agriculteurs, particulièrement pour les cultures entomophiles et/ou sensibles à des ravageurs (nombreuses grandes cultures, vergers, vigne, cultures semencières comme la luzerne, plantes légumières à graines). Non seulement ces services peuvent réduire les coûts d'intrants, mais ils peuvent dans certains cas éviter de rencontrer des impasses de gestion, que ce soit en matière de lutte chimique (face, par exemple, à l'émergence d'organismes résistants à des pesticides), ou la perte d'organismes clés tels que des pollinisateurs dont les fonctions ne peuvent pas être remplacées par des intrants. Favoriser la biodiversité des organismes responsables de ces services peut passer par la gestion, au sein de la parcelle, de la diversité de certains de leurs organismes supports (par exemple plantes de services ou adventices non pérennes à fleurs), en complément de la promotion, de l'échelle du bord de la parcelle à celle du paysage, des divers éléments semi-naturels non directement productifs mais réservoirs d'organismes pourvoyeurs de ces services.

• La biodiversité de différents organismes est souvent impliquée dans la fourniture d'un service donné (les plantes et les organismes du sol pour le maintien de la fertilité, par exemple). De plus, chaque composante de la biodiversité contribue souvent à toute une gamme de services (c'est le cas, par exemple, de la composition fonctionnelle végétale des prairies ou la diversité des champignons mycorhiziens), parfois aussi, mais plus rarement, à des dommages particuliers (exemple de certaines plantes de service qui favorisent certains ravageurs ou des ennemis naturels des auxiliaires). Il est donc difficile, voire déraisonnable, d'aborder ces différentes composantes de façon isolée les unes des autres pour définir des systèmes de production intégrant au mieux objectifs de production et de biodiversité. Dans certaines situations, la gestion de la biodiversité pour un service particulier peut avoir des effets positifs sur toute une gamme de services, voire sur la biodiversité d'autres organismes eux-mêmes associés à d'autres services. C'est ainsi que dans les prairies permanentes semi-naturelles, des niveaux de gestion intermédiaires permettent à la fois de préserver une biodiversité élevée, d'améliorer la stabilité des performances du système de production à long terme, et d'augmenter la stabilité et la qualité de la production animale. Mais dans d'autres situations, favoriser la biodiversité et/ou certains services aura des coûts pour d'autres services, voire pour la biodiversité.

• Sur la base des connaissances disponibles (voir chapitres 1 et 2), la gestion des éléments non productifs contigus aux parcelles et de la diversité des paysages qui inclut la nature, la quantité et l'agencement des éléments semi-naturels ainsi que la diversité des cultures, semble offrir un bon compromis pour atteindre des objectifs environnementaux tout en maintenant des objectifs de production. En effet, la diversité des paysages contribue non seulement directement à la production de certains services, mais aussi à favoriser la biodiversité des organismes mobiles dont les services intrants de régulation biotique dépendent souvent. Ceci n'exempte néanmoins pas de rechercher au niveau des parcelles à ajuster les pratiques afin de tirer les meilleurs bénéfices possibles de la biodiversité, en particulier au travers de la fertilisation et de la protection chimique raisonnées, de l'utilisation des rotations culturales ou des cultures intercalaires, ou d'une augmentation du nombre de plantes cultivées simultanément (au sein d'une même parcelle ou d'un même territoire) : mélanges de variétés, cultures associées, mise en place de plantes de service, enherbement des vergers et des vignobles (voir chapitre 3).

De façon plus large, cette expertise permet aussi de souligner la façon dont les scientifiques sont impliqués et tendent à formuler des questions dans le champ de recherche « rôles de la biodiversité pour l'agriculture » :

• Globalement, une communauté nombreuse travaille sur les relations biodiversité-fonctionnement-stabilité dans des (agro-)écosystèmes modèles, mais de façon académique : le terme service est ici souvent de façade, car, il ne prend pas en compte le projet humain, et les connaissances acquises sont donc peu directement utilisables pour des acteurs de terrain. À l'inverse, la communauté travaillant sur les rôles de la biodiversité pour les services agro-écosystémiques en milieux tempérés est très restreinte (le cas des travaux sur la lutte biologique faisant exception).

• Il semble toutefois qu'une évolution s'amorce, avec la mise en place de programmes alliant la rigueur des approches expérimentales et le réalisme agronomique.

Dans ce contexte, l'agronomie doit assurer sa mutation en cours : passer d'une vision dominée par les flux de matière et d'énergie à une vision intégrant pleinement les interactions biotiques dans les agro-écosystèmes ; car c'est bien dans l'existence d'intérêts nombreux de la biodiversité pour les services écologiques dans les agro-écosystèmes que semblent se trouver des marges de manœuvre potentiellement importantes pour l'avenir de l'agriculture. Toutefois, les intérêts de la biodiversité pour les services écologiques rendus à l'agriculture devront sans cesse faire l'objet d'évaluations en prise directe avec les contextes économique, social, agronomique et environnemental contemporains, afin de procéder à des réajustements indispensables à une bonne adéquation entre les objectifs généraux de production et les moyens mis en œuvre.

Enfin, un défi pour l'ensemble des acteurs intéressés par les relations agriculture-biodiversité semble d'articuler des actions de recherche, d'ingénierie, et d'agriculture expérimentale grâce à des opérations associant chercheurs, agronomes et agriculteurs.

3 Pratiques agricoles favorables à la biodiversité : approche technico-économique

La protection de la biodiversité ne peut se limiter aux espaces naturels protégés : il faut également la promouvoir dans les paysages agricoles. Les effets délétères d'une trop forte intensification des pratiques culturales et de la simplification des paysages ont été mis en évidence dans le chapitre 1. Il faut donc revenir sur ces tendances lourdes d'évolution, initiées avec la modernisation de l'agriculture au lendemain de la Deuxième Guerre mondiale.

Si certaines composantes de la biodiversité sont susceptibles de créer des dommages à l'agriculture, d'autres peuvent avoir des effets bénéfiques (voir chapitre 2), notamment sur des services de type contrôle biotique. L'enjeu est alors de développer des pratiques et de concevoir des systèmes agricoles plus respectueux de cette diversité biologique, et surtout de faire en sorte que de telles pratiques permettent de mieux la valoriser. Il en est ainsi de la gestion de bordures de champ, réservoir potentiel de prédateurs et parasitoïdes d'un certain nombre de ravageurs, qui pourrait aider à réguler leurs populations. De même, la biodiversité des prairies s'avère être un atout essentiel pour le développement de territoires agricoles situés dans des zones difficiles de moyenne montagne, lorsqu'elle est reconnue dans les cahiers des charges d'une AOC fromagère.

Comment ces évolutions potentielles peuvent-elles s'insérer dans les marges de manœuvre des exploitations, voire dans la conception de nouveaux systèmes de production ? Comment intégrer des modifications de pratiques agricoles favorables à la biodiversité dans la gestion de l'exploitation ? Comment seront-elles acceptées par le monde agricole, eu égard à leurs impacts possibles sur les rendements, sur la régularité du revenu et sur l'organisation du travail ? Ce chapitre traite des relations entre agriculture et biodiversité du point de vue de l'exploitation et de l'agriculteur. Les travaux de recherche sur ces questions étant presque inexistants, l'expertise s'est appuyée sur des publications portant sur les relations agriculture-environnement ou sur les innovations techniques en agriculture.

Gestion du territoire et gestion de la parcelle

L'agriculture agit *via* deux grandes catégories d'interventions : la structuration des paysages, qui détermine leur diversité (à travers notamment la part d'éléments semi-naturels et les relations entre les éléments du paysage), et les pratiques d'usage et de gestion de ces différents éléments, productifs ou non. Dans ce contexte, il est nécessaire de recueillir des informations complémentaires sur trois dimensions essentielles à la prise en compte de la biodiversité dans les systèmes de production : la quantité d'éléments semi-naturels dans le paysage, l'hétérogénéité de la mosaïque des cultures, la conduite des cultures ou la gestion des prairies (figure E, planche 3).

Quantité d'éléments semi-naturels dans le paysage

La surface agricole utile peut en comprendre certains, dont les prairies permanentes, qui occupent une grande superficie en France, mais avec une répartition et un degré de naturalité très variables. Les prairies temporaires ou artificielles ne sont pas incluses dans ces éléments semi-naturels et n'ont souvent pas, à l'inverse des prairies permanentes, un rôle positif pour la biodiversité. Une autre catégorie d'éléments de ce type est constituée des éléments (haies, bandes enherbées, fossés...) qui font partie des aménagements des paysages ruraux depuis le début de l'agriculture sédentaire. Même si leur superficie est réduite, leur organisation en réseau augmente la connectivité, donc la biodiversité. Du fait de la spécialisation des régions en grande culture et de la place moindre des prairies permanentes, voire du pâturage, dans les systèmes d'élevage, ces éléments semi-naturels ont fortement régressé.

Hétérogénéité de la mosaïque des cultures

La nature et la diversité des cultures dépendent du système de production, et leur arrangement spatial du parcellaire, ce qui renvoie à l'histoire foncière. L'agronomie utilise le concept de système de culture, à savoir « l'ensemble des modalités techniques mises en œuvre sur des parcelles traitées de manière identique ». Ce concept a été utilisé principalement à l'échelle parcellaire. Il serait utile de le développer à l'échelle du territoire pour distinguer des territoires et des paysages caractérisés par des usages similaires.

Conduite des cultures ou gestion des prairies

La gestion détermine la variation de la qualité du milieu pour une production donnée, ce qui renvoie au concept d'itinéraire technique, défini comme la suite ordonnée des opérations techniques. Ces itinéraires techniques ont leur cohérence et doivent être considérés globalement : il est rare que l'on puisse changer une seule opération technique. De même, la conduite des éléments semi-naturels influe fortement sur leur qualité d'habitats pour la biodiversité patrimoniale ou la biodiversité de service.

Protection et valorisation de la biodiversité

Ce double objectif est confronté à plusieurs difficultés. La relation paysage-exploitation agricole n'est pas une relation directe : un paysage (au sens d'unité écologique fonctionnelle) correspond le plus souvent à plusieurs exploitations, la taille des exploitations jouant un rôle important. La problématique est ici différente de celle des mesures agri-environnementales contractualisées à la parcelle, lesquelles, n'étant pas conçues pour intégrer le niveau de l'exploitation agricole, ont peu contribué à améliorer la gestion de la biodiversité. Une autre difficulté réside dans le fait qu'en matière de gestion de la biodiversité il faut aller à l'encontre du paradigme dominant. Ce dernier conduisait à penser les innovations en matière agronomique dans un contexte de maîtrise la plus complète possible du milieu physique et chimique pour favoriser la plante cultivée, en éliminant les autres composantes biologiques (artificialisation du milieu, notion chère aux agronomes des années 70). La conception de l'innovation a désormais changé, comme en atteste le rapport de la mission sur les systèmes innovants de l'Inra.

Sur la question du potentiel d'innovation en matière d'intégration de la biodiversité dans les systèmes de production, dans des objectifs à la fois de protection et de valorisation, il existe une littérature abondante utilisant les mots-clés *biodiversity* et *farm management*. Mais cette littérature porte sur des techniques ou des aménagements dont ni la faisabilité au sein des exploitations ni la diversité des exploitations ne sont prises en compte. Or une technique favorable à la biodiversité, et même rentable au niveau de parcelles expérimentales, ne sera pas nécessairement adoptée.

Deux critères principaux différencient les exploitations : la diversité des systèmes de production (grandes cultures, élevage, polyculture, arboriculture...) et la taille des exploitations. Le premier point fait référence à des occupations du sol différentes, le second, à l'emprise des exploitations sur le territoire. La prise en compte de la dimension économique de l'exploitation, qui conditionne également ses marges de manœuvre, est déterminante.

Dans un premier temps seront évoqués les facteurs généraux conditionnant l'adoption d'innovations ou l'existence de marges de manœuvre, puis ces marges de manœuvre par grand type de production (grandes cultures, prairies, arboriculture). Ensuite on abordera la question de la gestion des éléments semi-naturels ou non productifs (jachères). Enfin, on livrera une courte analyse de l'agriculture biologique, en examinant les freins à son adoption. En conclusion, nous indiquerons des perspectives de recherche et de gestion en tenant compte des informations existantes.

Trois groupes de facteurs en interaction

Les synthèses existant dans la littérature montrent que les facteurs d'adoption des innovations pour la protection de l'environnement par les agriculteurs sont nombreux et, de plus, très imbriqués. On peut schématiquement distinguer trois groupes de facteurs : techniques, sociaux et économiques. Un autre point essentiel tient à ce que l'adoption des innovations est grandement facilitée par les dynamiques de groupe : elles sont le plus souvent collectives, et l'action publique peut donner sens aux actions individuelles, en les facilitant. On retrouve là une situation qui a permis la phase d'« intensification » de l'agriculture à partir des années 60 avec, notamment en France, les Centres d'études techniques agricoles (Ceta), les Groupements de développement agricole (GDA), les Coopératives d'utilisation du matériel agricole (Cuma)... et une loi d'orientation agricole. Ces mouvements sont le plus souvent attachés à un territoire.

Les quelques données disponibles sur l'intégration de problématiques « biodiversité » dans les exploitations font aussi ressortir que la biodiversité, dans le cadre de mesures agro-environnementales (MAE), est mieux acceptée si elle s'intègre dans la multifonctionnalité de l'agriculture que si elle constitue un objectif autonome. Enfin, l'adoption de telles mesures à visée « biodiversité » pour quelques parcelles peut conduire progressivement l'exploitant à analyser ses pratiques sur l'ensemble de son exploitation et à les changer pour obtenir des effets positifs.

Facteurs techniques

Les travaux sur le fonctionnement de l'exploitation agricole ont montré que tout changement technique au sens large (opération culturale innovante, mise en place d'une nouvelle rotation, extension des éléments non productifs sur l'exploitation ou encore changement de calendrier de travail) devait, pour être adopté de manière durable, s'intégrer dans le schéma général de fonctionnement de l'exploitation, dans la logique adoptée par l'agriculteur pour produire. Cette logique correspond à la mise en œuvre d'un projet répondant à un certain nombre d'objectifs pour lui et sa famille, et tenant compte d'un ensemble de contraintes et d'atouts : histoire de l'exploitation, main-d'œuvre disponible (familiale et salariée), équipement et bâtiments, milieu exploité (taille de l'exploitation, structure du parcellaire, nature des sols, climat...).

À l'échelle de la parcelle agricole, les freins à l'adoption peuvent donc être liés à la nécessité d'acquérir la maîtrise de la technique (ou de l'ensemble des techniques) favorable à la biodiversité. Il faut également que le changement, même s'il est techniquement maîtrisé, soit compatible avec le fonctionnement de l'exploitation. Les problèmes le plus fréquemment rencontrés sont de trois ordres : l'organisation du travail (les solutions proposées demandent souvent plus de temps de mise en œuvre), le matériel et les bâtiments (remplacer le « tout maïs » par un système fourrager à base d'herbe demande un équipement spécifique) et la modification de la structure spatiale de l'exploitation (installation de haies, taille des parcelles...).

À l'échelle de l'exploitation agricole, l'organisation territoriale des activités agricoles joue un rôle central, eu égard à la dynamique des populations animales et végétales (pour le contrôle des bioagresseurs ou des auxiliaires des cultures), ou, plus globalement, à la biodiversité. L'organisation territoriale des activités agricoles est la manière d'agencer dans l'espace des activités qui concernent les objets spatiaux et leurs interactions : répartition des systèmes de culture, localisation des parcelles, combinaisons d'assolements, localisation des troupeaux, des clôtures, des haies, des points d'eau... Ces objets sont agencés dans des espaces décisionnels multiples et en interaction. Pour agir en faveur de la biodiversité sur la gestion de ces espaces, il faut donc comprendre comment s'y organisent les activités agricoles. Peu de travaux traitent explicitement de ces questions dans le cadre d'adoption de mesures visant une meilleure gestion de la biodiversité ; la plupart porte sur l'adoption de mesures en faveur de la durabilité des systèmes de production, la protection de la biodiversité ne représentant au mieux qu'une partie des objectifs visés.

Les activités agricoles peuvent être classées en deux grandes catégories, en fonction de leur impact sur la biodiversité. La première regroupe les pratiques de conduite des champs et des troupeaux ainsi que les modes de gestion des espaces interstitiels non cultivés (haies, bordures de champs, fossés...). Elles modifient rapidement les états du milieu et peuvent avoir assez vite un impact sur la biodiversité. La seconde catégorie renvoie aux pratiques de configuration du territoire, qui inclut la forme, la taille, la nature des limites de parcelles, le maillage hydrologique (fossés, mares, rus...) et les grandes classes d'utilisation (cultures, vergers, pâturages...). Les conséquences sur la biodiversité de ce second type d'activités sont plus pérennes.

Modification des modes de culture

Ce sont l'intensification de la production agricole, sa spécialisation sur un nombre réduit de cultures et la suppression des espaces « non productifs » qui sont le plus souvent considérées comme les causes principales de la perte de biodiversité dans les espaces ruraux (voir chapitre 1). C'est donc sur ces trois types de causes qu'il faut agir pour renverser la tendance.

La désintensification
Il existe plusieurs définitions de l'intensification, parmi lesquelles on retiendra celle-ci : la notion d'intensification n'a de sens que rapportée à un facteur de production pour simplifier la terre, le travail ou le capital. Un facteur est exploité de façon intensive lorsqu'on combine à une quantité donnée de ce facteur des doses croissantes d'autres facteurs. Cette notion est étroitement liée à celle de productivité d'un facteur. Si ce facteur est relativement rare, la recherche d'un revenu global maximal, par exemple, passe par des choix assurant une productivité élevée de ce facteur. Historiquement, en France et en Europe de l'Ouest, la terre a longtemps constitué le facteur limitant, voire très limitant. Pour accroître la production ou les revenus, on a donc cherché à augmenter la productivité, autrefois par le travail (pour l'essentiel), puis en utilisant des intrants de synthèse et en investissant dans le matériel, les bâtiments..., avec la modernisation de l'agriculture.

D'où la définition courante actuelle : « une agriculture intensive est une agriculture qui utilise davantage de facteurs de production par unité de surface. Plus une agriculture est intensive, plus la production par hectare est élevée. » (Commission de terminologie, 1993.) L'accent est souvent mis sur l'utilisation de deux facteurs de production pour accroître la productivité de la terre : le travail et le capital. Selon les cas, on a alors des agricultures *labor-intensive* (le travail représentant la principale dépense) ou des agricultures *capital-intensive* (employant beaucoup d'intrants et de capital fixe par hectare). En fait, l'approche économique conventionnelle considère quasi exclusivement trois facteurs de production : la terre, le travail, le capital (intrants, matériel, bâtiments). Or d'autres facteurs entrent en ligne de compte. La production d'une terre dépend aussi du savoir et/ou des connaissances (savoirs traditionnels et/ou connaissances scientifiques et techniques), de l'information (concernant notamment l'environnement, et l'état des cultures et des élevages), de l'énergie ou des services des écosystèmes (apports d'eau, action des microorganismes, des auxiliaires, processus d'interactions, de symbioses, de régulation...).

Par définition symétrique de l'agriculture intensive, une agriculture « extensive » utilise de faibles quantités de facteurs de production par hectare, en particulier peu d'intrants, peu de capital fixe et/ou peu de travail. L'extensification est donc un processus d'évolution où l'on cherche à produire moins par hectare, en utilisant moins de facteurs de production. Mais pour que les revenus de l'agriculteur se maintiennent à un niveau suffisant, cela suppose qu'il dispose d'une vaste surface. Par opposition, la « désintensification » est le processus qui consiste à réduire progressivement les intrants et le capital fixe par unité de surface. C'est dans ce cadre que nous nous situons dans ce chapitre : en effet, la surface disponible par exploitation reste limitée en France, et il s'agit bien de mettre en œuvre des solutions permettant de continuer à produire sur des exploitations de surface moyenne. La désintensification envisagée ci-après concerne donc les facteurs « classiques » de production (les systèmes qui en résultent peuvent cependant être très intensifs par rapport aux autres facteurs mentionnés ci-dessus).

La diversification des productions
Celle-ci pose d'abord un problème économique : en diversifiant, on limite l'utilisation des cultures ou des animaux qui dégagent les plus fortes marges brutes. Dans ce cadre, les obstacles techniques relèvent plutôt de la technicité supplémentaire requise, ainsi que d'investissements en équipements plus nombreux du fait de productions plus

variées et des limites relatives à l'organisation du travail (compétition entre ateliers, entre cultures).

La gestion des éléments « non productifs »
La gestion des éléments « non productifs » au sein et au voisinage immédiat de la parcelle agricole (jachères, bandes enherbées, arbres, talus, fossés…) se heurte à différents problèmes techniques. Elle peut prendre du temps aux exploitants qui cherchent à diminuer la charge de travail en employant des techniques très défavorables à la biodiversité comme l'épandage d'herbicides.

Les études analysant ces facteurs techniques portent essentiellement sur leur efficacité technique, c'est-à-dire sur leurs effets en termes de rendement ou d'états du milieu. Peu d'entre elles analysent la capacité des exploitants à adopter des mesures visant à protéger et/ou à mieux utiliser la biodiversité. En outre, la plupart des références acquises sont fondées sur des travaux menés par le développement (expérimentations en station ou chez les agriculteurs eux-mêmes), sans publications dans la littérature scientifique.

Pratiques d'organisation et de gestion du territoire

Les chapitres précédents font ressortir les effets de la structure des paysages sur la biodiversité et l'intérêt en termes de services agro-écosystémiques qui peut en résulter. Ces structures sont fortement liées aux décisions des agriculteurs en matière d'allocation spatiale des usages, celles-ci déterminant à la fois les couverts végétaux et les pratiques de production. De plus, l'entretien des bordures de champ est aussi lié à l'usage des parcelles adjacentes. Il n'existe pas, à notre connaissance, de publications reliant les décisions d'allocation des usages au sein des mosaïques paysagères et les caractéristiques de la biodiversité de ces paysages. Ces travaux sont développés au niveau régional à des résolutions spatiales grossières, aussi bien en Europe qu'en Amérique du Nord. À ces échelles, les pratiques ne peuvent être prises en compte.

À l'échelle de l'exploitation agricole, les logiques d'action concernant la configuration du paysage procèdent de deux niveaux de raisonnement. Le premier concerne la mise en œuvre des techniques : chaque portion de territoire doit permettre leur meilleur déroulement possible. Le cas le plus évident est celui du parcellaire : la taille des parcelles, leur forme, leur regroupement doivent faciliter la mécanisation des opérations culturales. Le second niveau de raisonnement porte sur l'exploitation dans son ensemble, car c'est dans ce cadre que se gèrent complémentarité et compétition entre systèmes de culture. Ainsi, les pâturages seront localisés près des bâtiments d'élevage, les cultures de vente seront éloignées…

Cette répartition n'est pas sans conséquence sur les modes de conduite : par exemple, les parcelles les plus éloignées recevront moins de fumier que les plus proches, ou seront traitées moins souvent. La structure du parcellaire joue un rôle déterminant. Un parcellaire se caractérise par son morcellement (son découpage). Souvent le fruit d'une longue histoire, ce découpage n'est pas forcément un handicap : il permet d'exploiter des milieux différents, de disperser les risques. Cependant, il induit le plus souvent des déplacements qui, avec l'agrandissement de la taille des exploitations et du matériel (de plus en plus difficile à déplacer sur des routes étroites), deviennent un problème majeur. Dans un grand nombre de cas, cette contrainte joue fortement sur les modes de conduite des cultures : les dates, les doses de traitement ne sont plus celles que les agronomes considéreraient comme optimales, mais comme le résultat de l'adaptation aux contraintes d'organisation.

Le développement des « techniques culturales simplifiées », adoptées pour la préparation du tiers des surfaces cultivées en France, trouve son origine principale dans cette recherche d'un gain de temps de la part des agriculteurs. L'assolement, les rotations sont également conçus pour optimiser les déplacements. Enfin, le travail dans les parcelles dépend beaucoup de leur forme : allongées pour les cultures de plein champ, avec des largeurs correspondant si possible à des multiples des largeurs de travail des outils et plutôt carrées (optimisation du rapport surface sur périmètre), pour le pâturage et l'installation de clôtures.

Facteurs économiques

Le coût de l'adoption de changements techniques qui permettraient de mieux concilier objectifs de production et de préservation de la biodiversité est bien évidemment un élément déterminant de leur insertion dans les systèmes de production agricole. La spécialisation des exploitations et l'intensification de l'utilisation des moyens de production répondent à une logique économique clairement identifiée : cette évolution est notamment liée au renchérissement du coût relatif du travail, qui a entraîné l'utilisation des intrants d'origine industrielle, et a conduit à rechercher des économies d'échelle en production céréalière et laitière ou en élevage hors sol. Ce mouvement a par ailleurs été favorisé durant les dernières décennies par un coût relativement bas des énergies fossiles et la non-prise en compte des impacts environnementaux de cette consommation d'énergie et de l'emploi des intrants de synthèse.

Or la plupart des mesures favorisant la biodiversité sont basées sur une évolution allant dans un sens inverse : désintensification de la production, diversification des espèces cultivées, réintroduction des haies... L'évaluation économique est donc plus délicate qu'il n'y paraît, dès lors que l'on s'intéresse à d'autres systèmes que ceux pour lesquels la biodiversité est indirectement étribuée par le marché (cas de certaines productions AOC dont le cahier des charges mentionne explicitement cet aspect).

Les études faisant la part entre la préservation/utilisation de la biodiversité et le maintien de l'efficience économique des systèmes de production sont, là encore, extrêmement rares. Elles portent soit sur des options techniques dont l'objectif premier est la protection de l'environnement (par exemple l'adoption de méthodes de fertilisation raisonnée), soit sur les changements complets de systèmes de production (par exemple la conversion à l'agriculture biologique). Dans les résultats présentés, la mesure de l'effet réel du changement sur la biodiversité ne figure généralement pas, ce qui représente une limitation pour notre étude.

Parmi les contraintes économiques et sociales figurent les filières amont et aval de l'agriculture. Même dans le cas d'une incitation formelle de type contractuel, les agriculteurs sont amenés à adopter des manières de produire qui ne favorisent pas forcément la préservation de la biodiversité. Ainsi, dans certains contrats, les agriculteurs sont tenus de présenter à la livraison des produits exempts de taches, de traces de piqûres d'insectes..., ce qui, *de facto*, les oblige à utiliser un arsenal phytosanitaire complet. Autre exemple : en production céréalière, les producteurs sont tenus de respecter des normes assez strictes concernant la présence de mycotoxines (dont certaines souches sont dangereuses pour la santé), ce qui les pousse à utiliser

Tableau 2. Éléments du système de production influencés par les demandes des industries agroalimentaires (IAA) et de la grande distribution (GD) : quelques exemples.

Facteurs de pilotage par la demande des industries agroalimentaires (IAA) et de la grande distribution (GD)	**Influence sur l'évolution des systèmes agricoles**
Forte croissance des IAA et de la GD traitant une proportion croissante du volume de la production agricole et tirant une part croissante de la valeur ajoutée liée à la transformation et à la commercialisation.	Production de matières premières brutes avec chute de la transformation à la ferme et de la vente directe.
Les IAA et la GD recherchent des matières premières agricoles peu coûteuses : la concurrence sur le marché mondial est vive et se renforce.	Accroissement de la productivité du travail pour réduire les coûts : emploi de races et variétés productives ; accroissement de la taille des exploitations et des ateliers ; standardisation des modes de production. Délocalisation de certaines productions vers des pays où le coût de la main-d'œuvre est plus faible (maraîchage).
En majorité, les IAA demandent des produits standardisés, adaptés à la transformation (le critère d'homogénéité est déterminant) et à la commercialisation (de multiples critères peuvent intervenir sur le calibrage, les normes sanitaires…), et la GD veut des produits ayant une grande aptitude à la conservation.	Les variétés s'uniformisent. Le choix des variétés répondant à la demande est parfois imposé. Cela peut avoir des conséquences sur le reste du système de production (par exemple, impossibilité de choisir des variétés résistantes et donc nécessité de recourir aux pesticides).
Parallèlement se développent des stratégies de différenciation de l'offre aux consommateurs, qui impliquent un accroissement de la contractualisation avec les producteurs.	Adaptation plus fine à diverses demandes pilotées par l'aval, ce qui limite les marges de manœuvre de l'agriculteur.
Le paiement selon divers critères de qualité se généralise, exigence forte de la GD sur la qualité de présentation des produits (absence de taches, de marques…).	Pas de véritable alternative aux traitements phytosanitaires pour atteindre les objectifs de qualité de présentation.

des fongicides (même s'il existe des méthodes alternatives telles que les choix variétaux, le travail du sol, l'adoption de successions longues…).

Ainsi, la filière agroalimentaire, souvent analysée dans le seul sens de la circulation physique des biens de l'amont vers l'aval, exerce aussi dans l'autre sens une pression de l'aval (la distribution, les transformateurs) vers l'amont (les producteurs). Ces derniers se trouvent contraints d'adopter des modes de conduite des cultures imposés par leurs partenaires de l'aval. L'importance de ce facteur dans l'évolution des systèmes de production agricole va croissant : les attentes des consommateurs se font de plus en plus fortes, et cette tendance, internationale, conduit l'agriculture à passer d'un système largement piloté par l'offre à une organisation de plus en plus pilotée par la demande. De fait, l'agriculture est depuis longtemps pilotée en partie par l'aval. Le *tableau 2* présente une liste d'exemple des éléments du système de production influencés par les demandes des industries agroalimentaires (IAA) et de la grande distribution (GD).

Facteurs sociaux

L'histoire personnelle de l'agriculteur, sa sensibilité à l'égard des problématiques environnementales et le poids de son environnement social sont également à prendre en compte pour expliquer le niveau d'acceptabilité de pratiques culturales ou d'aménagement du territoire favorables à la biodiversité.

Il existe une littérature assez abondante sur ce sujet, en particulier en Europe où, depuis la mise en place de la réforme de la PAC de 1992, plusieurs équipes (associant sociologues, anthropologues, psychologues...) ont mené des études pour identifier les freins à l'adoption de mesures agri-environnementales ou à la participation à des programmes collectifs de protection de la nature. Ces travaux font ressortir l'importance du facteur psychologique pour expliquer des réticences qui, contrairement à une idée assez répandue, ne s'expliquent pas seulement par des considérations économiques.

Impact sur le choix des agriculteurs

Ces trois groupes de facteurs interagissent : un agriculteur adoptera une mesure lorsqu'elle ne heurte pas son système de valeurs, si elle peut s'insérer dans le schéma du fonctionnement global de son exploitation et si la viabilité de cette dernière n'est pas remise en cause. Mais le poids de chacun des facteurs dépendra de paramètres externes à l'exploitation elle-même : type de territoire, existence de filières de production, appartenance à une zone d'intérêt écologique, existence de dynamiques sociales (groupements d'agriculteurs, associations...)...

L'adoption de changements techniques se fait la plupart du temps de manière progressive ; il est donc fondamental d'aborder le problème en intégrant la dimension temporelle. L'un des traits caractéristiques importants de cette adoption, quand on l'observe sur une certaine durée, est la capacité des agriculteurs à adapter, à transformer, à détourner, ou encore à ignorer les mesures politiques. On est loin d'une situation binaire, entre adoption et rejet des mesures en faveur de la biodiversité. Plus encore, contrairement aux idées reçues, ces mobilisations imprévues de l'action publique ne vont pas systématiquement dans un sens limitant leur efficacité. Si, trop souvent, la manière dont les agriculteurs revisitent les mesures politiques a en effet pour conséquence une perte de leur efficacité, dans d'autres cas ils peuvent s'en emparer pour aller plus loin que ce qui avait été prévu par l'action publique.

Certains agriculteurs ont, par exemple, revu considérablement l'organisation technique de leur exploitation et intégré la biodiversité comme une dimension forte de leur projet d'exploitation alors que, du point de vue de la contractualisation environnementale, ils ne s'étaient engagés que sur quelques parcelles et souvent pour un montant modique. L'expérience de la mise en œuvre de la MAE « prairies fleuries » en Allemagne (Bade-Wurtemberg) est de ce point de vue intéressante (mise en œuvre depuis 2007 en France dans le Parc naturel régional des Bauges) : l'objectif d'atteindre un seuil minimal de biodiversité des prairies a été le point de départ d'une inversion du regard sur la biodiversité. De contrainte subie, la biodiversité est devenue un enjeu technique, au même titre que la performance laitière d'une vache ou le rendement d'une culture.

Pratiques culturales en systèmes de grande culture

L'adoption de mesures favorables à la biodiversité dans les systèmes de grandes cultures se joue, d'une part au niveau de la conduite des systèmes de culture, d'autre part au travers de l'aménagement des espaces agricoles. Nous traiterons ici essentiellement le premier cas, et marginalement le second (la littérature qui permettrait de l'aborder fait cruellement défaut). Le fait de « compenser » les coûts supposés semble dispenser les chercheurs qui évaluent les politiques d'analyser les effets sur le fonctionnement des exploitations. Les trois types d'actions possibles au niveau de la conduite des systèmes de culture sont la désintensification (y compris la simplification du travail du sol), la diversification des productions et la gestion des éléments « non productifs ».

Désintensification

La désintensification pose des questions d'ordre économique, mais également technique : maintien de la fertilité des sols, maîtrise des populations de bioagresseurs. En grande culture, c'est la mise en place de méthodes de protection intégrée, limitant l'apport de pesticides de synthèse, qui représente le changement technique le plus efficace pour agir en faveur de la biodiversité. La réduction de la fertilisation peut également avoir un impact positif, mais cette solution est surtout pertinente dans le cas des prairies permanentes. En second lieu vient la simplification du travail du sol (ou, plus largement, du mode d'implantation des cultures) qui est globalement favorable à la biodiversité (voir chapitre 1), même si cet effet positif peut être contrecarré par une utilisation accrue de pesticides, ou lorsque le non-labour n'est pratiqué qu'occasionnellement.

Réduction de l'emploi des pesticides : la protection intégrée

En dehors de l'agriculture biologique (traitée à part), les solutions envisageables s'appuient principalement sur les principes de la protection intégrée (PI). L'expertise scientifique collective Inra-Cemagref réalisée en 2005 (*Pesticides, Agriculture, Environnement : réduire l'utilisation des pesticides et en limiter les impacts environnementaux*) a établi un classement relatif de l'importance des bioagresseurs des grandes cultures et de l'efficacité des méthodes de lutte (*tableau 3*).

Il en ressort que les alternatives à la lutte chimique, qui constituent des éléments clés de la protection intégrée, se situent aujourd'hui principalement dans le choix des systèmes de culture. La lutte physique est également un moyen de réduction de l'usage des herbicides. Contre les ravageurs animaux, les méthodes de lutte biologique ou variétale sont en revanche très ponctuelles à ce jour (une culture et un bioagresseur parmi un grand nombre de couples plante-parasite ; voir *tableau 5* en annexe de ce chapitre. Cela limite actuellement les possibilités de réduction de l'usage des pesticides. Les agriculteurs ont en la matière peu de solutions : des progrès scientifiques et techniques sont nécessaires.

Ils disposent à l'inverse d'une assez large gamme de solutions pour la résistance à des champignons pathogènes dans les variétés des plantes de grande culture. Ces résistances ne sont cependant pas toujours disponibles sur tous les cultivars, et d'autres éléments de choix variétal doivent être pris en compte : précocité, qualité, résistance au froid… Du point de vue des acquis scientifiques, plusieurs expérimentations, qui reposent pour la plupart sur des essais menés au champ, montrent la faisabilité technique et la rentabilité de la protection intégrée (voir *tableau 5* en annexe de ce chapitre). Il est toutefois difficile de généraliser ce résultat à toutes les situations.

Au-delà du simple cadre de la protection intégrée, des évaluations technico-économiques d'itinéraires techniques à bas niveau d'intrants ont également été

Tableau 3. Classement relatif de l'importance des bioagresseurs des grandes cultures et de l'efficacité des méthodes de lutte.

Principaux groupes de bioagresseurs	**Importance actuelle des bioagresseurs**	**Efficacité actuelle des méthodes de lutte mises en œuvre**				
		Lutte chimique	Résistance variétale	Lutte biologique	Lutte physique	Système de culture (7)
Champignons pathogènes (*sensu lato*)	++	+++ (1)	++	+ (4)	+	++
Adventices	+++	++ (2)	-	-	++ (6)	+++
Bactéries	+	-	+	-	-	+
Virus, viroïdes et mycoplasmes	+	+ (3)	-	-	-	++
Acariens	+	+	-	-	+	
Insectes	+	++ (1)	-	+ (5)	-	++
Nématodes	+	-	-	-	-	+
Limaces	+	++	-	-	-	+

1. Traitements de semences ou application en culture.
2. Traitements de pré-semis, de pré- ou post-levée.
3. Lutte contre les vecteurs.
4. Lutte contre la sclérotiniose (*Sclerotinia sclerotiorum*) de différentes cultures par un champignon (*Coniothyrium minitans*).
5. Lutte contre la pyrale du maïs (*Ostrinia nubilalis*) par des trichogrammes (*Trichogramma brassicae*).
6. Lutte mécanique contre les mauvaises herbes (faux semis, binage, hersage, sarclage, fauche), lutte thermique.
7. L'effet des successions des cultures est important pour les organismes peu mobiles (champignons telluriques, mauvaises herbes, nématodes...). Le travail du sol permet d'enfouir les résidus porteurs d'inoculum et de gérer le stock semencier de mauvaises herbes. L'itinéraire technique permet d'adapter la réceptivité du couvert à différents bioagresseurs et sa compétitivité face aux mauvaises herbes.

conduites sur la base d'expérimentations chez les agriculteurs. Pour le blé, le réseau d'essais « variétés rustiques et itinéraires à bas niveau d'intrants » teste, sur différentes variétés, les effets d'une conduite intégrée visant un objectif de rendement inférieur à celui de la conduite classique et limitant les intrants (densité de semis réduite, pas d'apport d'azote au tallage, pas de régulateur de croissance et nombre de traitements fongicides réduit). Ces expérimentations, menées dans des contextes géographiques et agronomiques très variés, ont montré que de meilleures marges à l'hectare pouvaient aujourd'hui être obtenues en adoptant des variétés rustiques conduites à coût réduit, tout en maintenant la qualité sous réserve d'un choix variétal judicieux et d'apports plus tardifs d'azote. Ces résultats ont toutefois été établis pour un prix du blé de 100 €/t (*tableau 4*).

Si, techniquement, les voies permettant de réduire l'utilisation de pesticides sont nombreuses (travail du sol, espacements inter-rangs, dates de semis, rotations...), l'adoption par les agriculteurs de ces techniques, dans le cadre de la mise en œuvre de véritables stratégies de protection intégrée, se heurte à des obstacles importants, dont les principaux sont de trois ordres :

Le manque de références techniques

Dans bien des cas, les connaissances font défaut pour déterminer la modalité optimale de telle ou telle technique. Même si cet état de fait évolue avec la multiplication

Tableau 4. Résultats du réseau Chambres d'agriculture, Arvalis-Institut du végétal, Inra en 2003 (9 essais) et 2004 (14 essais).

	2003		2004	
	Marges (€/ha)	Protéines (%)	Marges (€/ha)	Protéines (%)
Apache conduite classique	448	12,0	370	11,2
Apache conduite à coût réduit	473	12,1	413	10,9
Caphorn conduite classique	465	12,4	396	11,3
Caphorn conduite à coût réduit	499	12,3	442	11,0

Hypothèse de prix du blé : 100 €/t, corrigé selon le poids spécifique et la teneur en protéine.
Source : *Perspectives agricoles*, n° 312 ; mai 2005.

des essais, il faut reconnaître que la recherche agronomique a pris beaucoup de retard en matière de grande culture. De même, les seuils de nuisibilité, à partir desquels le taux d'infestation ou le degré de développement de la maladie deviennent économiquement insupportables, sont bien souvent inconnus.

Le temps passé à la lutte intégrée

Les stratégies alternatives à la lutte chimique nécessitent souvent une surveillance du développement des bioagresseurs dans les parcelles et des interventions plus nombreuses, pour la lutte mécanique contre les mauvaises herbes, par exemple. Ce temps supplémentaire peut, à certaines périodes, s'avérer incompatible avec l'organisation du travail sur l'exploitation.

La plus forte dépendance de la réussite de la lutte intégrée vis-à-vis des conditions climatiques

L'efficacité des techniques alternatives, plus que celle des méthodes chimiques conventionnelles, repose beaucoup sur la cinétique de développement des bioagresseurs, elle-même très liée aux conditions climatiques en cours de cycle (voir *tableau 5* en annexe de ce chapitre).

Malgré ces obstacles, il apparaît souvent possible de diminuer significativement l'emploi de pesticides et d'en réduire la dispersion dans l'environnement. En grande culture, l'expertise scientifique collective Inra-Cemagref évoquée précédemment a montré que le raisonnement des traitements phytosanitaires pouvait permettre, en théorie, de réduire l'utilisation des pesticides de manière significative. Des outils d'aide à la décision existent (diffusés par le Service de protection des végétaux, notamment), qui permettent aux agriculteurs de raisonner leurs décisions de traitement. Ces outils sont pour la plupart fondés sur le couplage de modèles biologiques de prévision de l'évolution des maladies ou des populations de ravageurs en fonction des conditions climatiques. Cependant, cette étude souligne que la manière la plus durable de réduire l'utilisation de produits pesticides est de chercher à réduire les risques phytosanitaires de manière prophylactique avant d'évaluer au plus juste la lutte chimique. C'est donc dans un raisonnement complet du système de culture qu'il faut chercher les solutions, en mobilisant l'ensemble des techniques culturales pour lutter contre les bioagresseurs, plutôt que vers une simple diminution de la dose ou du nombre des traitements (*encadré 8*).

L'examen de la bibliographie (voir l'expertise scientifique collective Inra-Cemagref précitée) montre qu'en grande culture les marges de manœuvre se déclinent autour de cinq types d'actions :

Organisation de rotations longues et répartition intelligente des cultures dans le territoire

La mise en place de cette stratégie se heurte cependant aux impératifs économiques : l'agriculteur organise souvent son assolement en fonction des opportunités du marché telles qu'il les perçoit en début de campagne. Pourtant, nombre d'études montrent qu'introduire de la diversité dans la succession des cultures permet d'atteindre des rendements au moins aussi élevés que la conduite en monoculture, toutes choses égales par ailleurs (voir chapitre 2) : on parle d'effet rotation. Cet effet rotation est toutefois extrêmement variable suivant les conditions de milieu, les conditions de culture et les climats, et il est difficilement quantifiable. Il est d'autant plus important que le milieu est pauvre et/ou que le niveau d'apport d'intrants est faible. Les situations dans lesquelles on n'observe pas de différence de rendement correspondent à des systèmes de culture très intensifs, pour lesquels les effets positifs de la rotation sont remplacés par un niveau d'emploi de fertilisants et de produits pesticides élevé.

Utilisation de variétés moins sensibles aux maladies

La difficulté essentielle est de disposer de cultivars adaptés. La création de ce type de cultivars nécessite une sélection réalisée dans ces conditions extensives. Elle met en jeu des critères de sélection différents de ceux utilisés dans les schémas de sélection classiques. Exemple : l'importance de sélectionner, dans le cas des céréales, des variétés à forte capacité compétitrice vis-à-vis des adventices pour permettre une réduction des apports d'herbicides. Il est en effet possible de modifier le développement des adventices par le choix des variétés, comme cela est démontré dans ce cas des cultures céréalières. Concernant la réduction des fongicides et des insecticides, la sélection de résistances aux pathogènes (résistances induites ou non induites par une attaque de pathogène) est une méthode déjà largement mise en œuvre, mais qui peut être encore développée.

De nouvelles avancées dans le domaine de la biologie moléculaire (par exemple avec des marqueurs moléculaires) peuvent être mises à profit pour la sélection de variétés de céréales à forte efficience d'utilisation de l'azote. Une autre voie possible est l'utilisation de variétés anciennes qui, si elles sont largement surpassées (rendement, qualité du grain) par des variétés récentes dans les systèmes de culture intensifs, peuvent donner des résultats intéressants dans des systèmes plus extensifs ou en agriculture biologique. La supériorité des variétés anciennes dans un contexte moins intensif est cependant controversée, et certains essais indiquent que des variétés très récentes peuvent donner des rendements plus élevés, même en culture biologique.

Fixation d'objectifs de rendement moins élevés et mieux adaptés

De nombreux essais en parcelles montrent qu'une conduite adaptée aux potentialités de chaque parcelle de l'exploitation permet de préserver la marge. Cet objectif se heurte à la tendance à la standardisation des modes de production sur l'exploitation.

Mise en œuvre d'un travail du sol réduisant l'incidence des adventices

Le développement rapide des techniques culturales simplifiées est, à l'heure actuelle, en contradiction avec cet objectif, puisqu'il conduit à un accroissement de l'utilisation des herbicides.

Les données acquises par le Service central des enquêtes et études statistiques (SCEES), à partir des « enquêtes pratiques culturales » de 1994, 2001 et 2006, montrent que l'utilisation de produits phytosanitaires est, en grandes cultures, relativement stable depuis 2000. Cette analyse, fondée sur le calcul d'un indicateur de fréquence de traitement (IFT) par hectare prenant en compte les nombres d'apport et les doses, éclaire différemment la figure de l'Union des industries de la protection des plantes (UIPP) (*figure 1*). Celle-ci montre une diminution des tonnages vendus. De plus, lorsque l'on considère l'évolution des surfaces des grandes cultures concernées par l'enquête, on constate que l'empreinte chimique a tendance à légèrement augmenter. Ces tendances masquent cependant des disparités entre cultures : par exemple, l'IFT moyen baisse pour le tournesol, il s'accroît pour la pomme de terre et le colza, et il est stable (depuis 1994) pour le blé tendre.

8 Vers la mise en place de nouvelles pratiques agricoles envisageant certaines mauvaises herbes comme des herbes utiles ?

Par définition, les mauvaises herbes constituent une communauté végétale dont le caractère nuisible a longtemps fait l'unanimité. La gestion de ces espèces exigeait de la part des agriculteurs de très nombreuses interventions pour tenter d'en détruire le maximum dans les intercultures, puis de réduire leur concurrence et leur production de semences dans les cultures. Le risque de salissement à long terme des parcelles par la grenaison des adventices, le refus de la pénibilité et le coût croissant du désherbage manuel ont conduit les agriculteurs à utiliser dès le début du xxe siècle des « poisons des plantes » (sel marin, sulfates de cuivre et de fer, acide sulfurique…), puis à partir des années 50, de façon quasi exclusive et continue, les herbicides de synthèse.

Depuis la fin des années 90, des considérations environnementales ont amené, par le retrait de nombreuses molécules et la réduction des doses, à mieux raisonner le désherbage (désherbage intégré). Mais, aujourd'hui, la perception même du rôle des mauvaises herbes est en train d'évoluer. Elles sont désormais considérées comme une des bases de la diversité des agro-écosystèmes. La diminution de la richesse de la flore, du fait de l'intensification de l'agriculture, est vue comme l'une des causes de la raréfaction des autres composantes biologiques des parcelles cultivées. En effet, les semences de ces plantes annuelles semblent constituer une ressource trophique fondamentale pour un certain nombre d'insectes, d'oiseaux et de micromammifères, à condition que ces semences soient disponibles en hiver. Certaines familles botaniques (Crucifères, Astéracées, Polygonacées…) et certaines espèces (stellaire intermédiaire, chénopode blanc…) semblent jouer un rôle prépondérant pour la survie hivernale d'oiseaux comme la caille des blés ou l'outarde canepetière. Ainsi, il est possible de déterminer, par culture, des espèces adventices dont la présence dans les parcelles cultivées serait d'une grande utilité fonctionnelle pour le maintien d'un fort niveau de biodiversité.

Gérer les mauvaises herbes dans un objectif de maintien de la diversité est devenu aujourd'hui un sujet de recherche avant d'éventuellement devenir un objectif agronomique. L'agriculture biologique, par l'arrêt de l'utilisation des herbicides, permet une augmentation (généralement non désirée) de la densité de plantes mais ne suffit pas à rétablir une richesse spécifique satisfaisante : en fait, une restructuration du paysage (haies, bordures), une diminution de la taille des parcelles, mais aussi l'acceptation de la présence d'une certaine flore par la réduction de l'intensité du désherbage mécanique semblent indispensables pour l'augmentation du nombre d'espèces. Le semis de « bonnes mauvaises herbes » n'est sans doute pas encore véritablement envisageable, et certains chercheurs proposent de mettre au point des techniques de désherbage qui favoriseraient des espèces « bénéfiques » et peu compétitrices comme le pâturin annuel, le séneçon vulgaire ou la stellaire intermédiaire, qui sont des espèces de petite taille dont les semences sont consommées par différents animaux. L'objectif restant néanmoins de maintenir ces espèces à des densités acceptables par l'agriculteur, une gestion agronomique (rotation des cultures, travail du sol) est préconisée. Mais seuls les herbicides possèdent une sélectivité suffisante pour pouvoir filtrer de façon aussi fine différents types d'espèces. Quel que soit le type d'agriculture, devoir utiliser des herbicides pour favoriser la diversité deviendrait alors bien difficile à faire admettre.

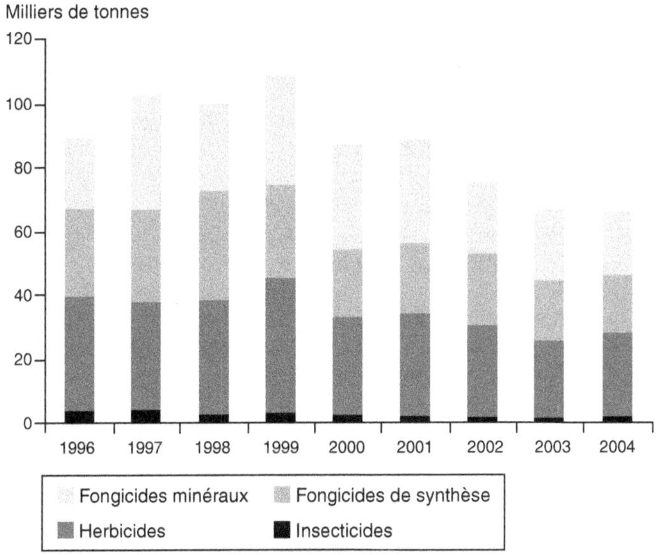

Figure 1. Évolution des tonnages de matières actives phytosanitaires à usage agricole commercialisées en France métropolitaine.
Source : Union des industries de la protection des plantes (UIPP).

Réduction de la fertilisation minérale et organique

La limitation de la fertilisation minérale ou organique se traduit généralement par une baisse des rendements et des résultats variables sur la qualité des cultures. Dans le cas de l'azote, on observe la plupart du temps une baisse des teneurs en protéines chez le blé ainsi qu'une diminution des rendements en sucre chez la betterave et en huile chez le colza, mais également des effets sur les teneurs en métabolites secondaires. Réduire les apports minéraux ou organiques, en limitant les impacts sur le rendement et la qualité des produits, passe par une amélioration génétique de l'efficience de l'utilisation des engrais par les plantes. À court et moyen termes, cette option, dont l'effet sur la biodiversité n'est pas majeur, ne paraît pas très pertinente en grande culture.

Abandon du labour

Le « non-labour » couvre toute une gamme de techniques culturales simplifiées (TCS). Elles ont en commun de ne pas retourner le sol en y mélangeant les résidus de cultures, mais recouvrent des pratiques différentes qui vont d'un travail profond pour fragmenter le sol sans le retourner jusqu'au semis direct. Depuis le début des années 2000, le non-labour se développe rapidement, pour des raisons d'ordre économique essentiellement : recherche d'une baisse des charges de mécanisation, de main-d'œuvre, de fuel. La part des grandes cultures implantées en non-labour (qu'il est très difficile d'estimer faute de dispositif statistique adéquat) représentait en 2004-2005 environ un tiers des surfaces. On enregistre cependant de fortes disparités régionales.

L'abandon du labour est favorisé par l'existence d'un risque d'érosion, un sol pierreux, une interculture de courte durée, des rotations où les cultures d'hiver reviennent fréquemment. Les freins à l'adoption du non-labour sont liés à la présence de cultures de printemps sensibles aux bonnes conditions de levée et d'implantation, plus faciles à obtenir après un labour, aux difficultés de maîtrise des adventices, notamment lorsque apparaissent des populations résistantes aux herbicides (cas très connu du vulpin). Ce second point remet d'ailleurs en question l'impact positif de la pratique du non-labour sur la biodiversité, encore vivement débattu (*figure G*, planche 4).

Cependant, même si les données statistiques font ressortir une utilisation accrue d'herbicides, plusieurs expérimentations montrent que cette tendance n'est pas une fatalité. Il est possible de mettre en œuvre des méthodes de lutte culturale, et l'augmentation du nombre de traitements peut s'accompagner d'une diminution des doses appliquées. Enfin, le risque d'impact sur la biodiversité peut être réduit par une meilleure prévention du ruissellement en systèmes non labourés.

Quelle que soit la situation, la suppression du labour complique la maîtrise des adventices et, très généralement, en accroît le coût. Dans certains cas, l'augmentation du coût du désherbage peut annuler la diminution des charges de mécanisation. De même, la succession de cultures représente une piste intéressante. Le désherbage est en effet beaucoup moins problématique dans les parcelles où alternent cultures d'automne et cultures de printemps (si on ne prend pas en compte d'objectifs de biodiversité !). Les cultures de printemps ont aussi l'avantage de permettre un étalement plus important des périodes de travaux, ce qui limite les risques de ne pouvoir finir les opérations à temps à cause des conditions climatiques.

L'abandon du labour permet effectivement une réduction des charges de structure (nombre et puissance des tracteurs de l'exploitation), de la dépense énergétique et en général du temps de travail par hectare. Le résultat économique est variable selon le travail du sol réalisé (nombre de passages, achat d'outils adaptés...). Les rendements obtenus sont légèrement inférieurs.

La suppression du labour est un changement du mode de conduite des cultures plus ou moins risqué en fonction du milieu (sol, climat) et qui conduit à revoir l'ensemble du système de culture. Par exemple, le non-retournement du sol a pour conséquence le maintien d'une couverture de résidus végétaux à sa surface (mulch) qui joue sur l'évaporation, le réchauffement du sol et l'infiltration de l'eau ; le nombre de jours disponibles pour réaliser les travaux et les conditions de germination et de levée des cultures s'en trouvent modifiés, ce qui nécessite de reconsidérer les dates et techniques de semis, voire la variété utilisée. De même, l'accumulation en surface des éléments minéraux peu mobiles dans le sol et de la matière organique, ainsi que l'appauvrissement des horizons plus profonds changent les conditions de l'alimentation minérale des cultures et nécessite donc de revoir la stratégie de fertilisation. Pour l'agriculteur, la suppression du labour s'inscrit donc dans un changement profond de son système technique, dont la réussite conditionne parfois la survie du système de production.

Si la part des surfaces cultivées en non-labour tend aujourd'hui à s'accroître, compte tenu du contexte économique, cette pratique reste sporadique : les agriculteurs n'hésitent pas à faire machine arrière pour faire face aux difficultés techniques, l'adoption permanente du non-labour entraînant un changement profond du système de production. L'impact sur la biodiversité est alors bien moindre qu'en non-labour systématique.

Diversification dans l'espace et dans le temps

Pour accroître la diversité des espèces végétales dans le territoire cultivé, il faut organiser une diversification dans le temps (insertion de cultures intermédiaires, rotation de cultures) ou dans l'espace (pratique des cultures associées, combinaison d'une culture et de plantes de service).

Diversifier les rotations

La rotation est fondamentale dans la mise en place d'une stratégie de lutte intégrée. Une rotation diversifiée a également un impact favorable sur la diversité des habitats, donc de la faune hébergée.

L'effet rotation s'avère très variable et d'autant plus faible, globalement, que le niveau d'emploi de fertilisants et de pesticides est élevé. Même dans les systèmes de culture très intensifs, la monoculture n'est toutefois pas toujours possible : certaines cultures (maïs, blé d'hiver) s'y prêtent mieux que d'autres. Dans les conditions d'une agriculture conventionnelle, il existe dans un grand nombre de situations un effet rotation attribuable à l'impact positif de la diversification des cultures dans le temps sur les différentes composantes de l'état des sols cultivés (amélioration de la structure du sol, accroissement des réserves en éléments minéraux et de l'efficience de leur utilisation, meilleure préservation et utilisation de la ressource en eau) et sur les conditions de maîtrise des bioagresseurs.

Au plan technique, le degré de diversification des cultures d'une exploitation n'est pas dicté par le seul respect de règles agronomiques. Il résulte d'un compromis entre les atouts et les contraintes de l'environnement physique et économique de l'exploitation, les caractéristiques de l'outil de production et de l'organisation du travail (équipements, main-d'œuvre...), les opportunités économiques et l'attitude de l'agriculteur face au risque. Pour introduire un changement dans les règles de choix des successions de cultures, dans un objectif de préservation de la biodiversité, il faut donc introduire soit un changement dans les objectifs de l'agriculteur (en l'amenant à y introduire cette nouvelle préoccupation), soit modifier les conditions économiques.

Les aides attribuées dans le cadre de la PAC peuvent être décisives dans la rentabilité d'une culture, donc dans la surface qu'elle occupe. Ainsi, la « monoculture » de blé dur en Languedoc-Roussillon est liée aux aides européennes accordées à cette culture à partir de 1992. Des essais réalisés dans un réseau expérimental de parcelles d'agriculteurs montrent en effet que, sans les aides, les marges sur blé dur sont négatives en monoculture, et ce pour deux raisons : charges en intrants plus fortes et rendements inférieurs (de 27 % en moyenne). Avec la nouvelle PAC, incluant en particulier l'aide rotationnelle, les simulations fondées sur ces résultats expérimentaux montrent que la situation redevient économiquement plus favorable à la rotation.

Associer les cultures

Les cultures associées sont surtout développées en production fourragère, avec des mélanges légumineuse-graminée. Le bénéfice est double : il porte sur la qualité du fourrage et sur le coût de production. Leur adoption par les éleveurs est cependant freinée par la difficulté de maintenir un équilibre sur plusieurs années entre deux espèces aux exigences différentes (en eau, lumière et température). Le maintien d'une proportion correcte de la légumineuse, l'espèce la plus délicate, nécessite souvent de limiter la productivité de la prairie en réduisant la fertilisation azotée et en respectant le rythme de la légumineuse. L'adoption de ces associations peut aussi être freinée par des considérations zootechniques (ingestibilité et digestibilité du fourrage) et du fait que certaines légumineuses supportent mal les défoliations fréquentes ou bien sont peu aptes à l'ensilage. Contrairement à de nombreux pays européens, la France a longtemps résisté à l'utilisation de mélanges fourragers complexes. La commercialisation des lots de semences n'est acceptée que depuis peu, suite à une injonction européenne. Les connaissances sur l'intérêt de ces mélanges complexes sont peu organisées (essais dispersés avec des protocoles très variés), mais certaines associations présentent un réel intérêt sur le plan fourrager. L'intérêt pour la biodiversité concerne plutôt les espèces animales (oiseaux, insectes, micromammifères).

Les associations ont été globalement abandonnées en grande culture, sauf en agriculture biologique. En production céréalière, on note cependant un regain d'intérêt pour des associations de type pois-blé (qui présentent l'avantage d'une séparation aisée à la récolte de grains de tailles très différentes). On manque actuellement de recul pour évaluer, sur la base de travaux scientifiques publiés, les freins ou les facteurs favorables à l'insertion de cultures associées, par exemple dans des systèmes céréaliers. La plupart des travaux actuels dans ce domaine concernent en effet les régions chaudes.

Implanter des couverts intermédiaires et des cultures dérobées

L'installation systématique de cultures intermédiaires pendant les intercultures automnales et hivernales représente un moyen de prévenir l'érosion et la lixiviation des nitrates, ce qui est favorable à la protection de la biodiversité dans les milieux aquatiques. De plus, la parcelle couverte pendant l'interculture offre aussi un habitat pour une faune nombreuse. Enfin, ces couverts permettent de lutter contre les adventices et donc de diminuer l'utilisation d'herbicides. Toutefois leur adoption dans les systèmes de grande culture peut poser des difficultés : dans l'organisation du travail (concurrence avec les récoltes et semis précoces en septembre), dans la maîtrise des adventices (réduction de la période permettant une destruction mécanique) et peut-être de certains ravageurs, dans la maîtrise de l'alimentation azotée de la culture suivante (effets de la décomposition de la culture intermédiaire), dans l'alimentation hydrique (non-reconstitution de la réserve en eau du sol).

Plusieurs éléments favorisent le développement de ces couverts intermédiaires et cultures dérobées : bénéfice pour la fertilité des sols, accroissement des rendements dans certains cas, aides communautaires. Ils couvrent actuellement 550 000 ha, ce qui ne représente que 4 % de la surface de l'ensemble des cultures, mais 11 % de celle des cultures de printemps. Ce dernier taux peut même atteindre 35 % sur certains bassins versants, lorsque la pratique bénéficie d'un soutien local actif (aides financières à l'implantation et accompagnement technique).

Ces résultats montrent que l'adoption des cultures intermédiaires dans les systèmes de culture actuels ne pose pas de problème insurmontable. La recherche agronomique est bien armée pour l'accompagner (utilisation de modèles de culture pour optimiser les dates d'installation et de destruction, maîtrise des effets sur le cycle de l'azote et le bilan hydrique). Par ailleurs, les chambres d'agriculture et les instituts techniques ont mis en place de nombreux essais. Ils permettent d'établir des critères pour évaluer les effets réels des couverts et mettre en œuvre des techniques de pilotage adaptées. Il resterait cependant à développer les recherches concernant les effets sur l'amélioration de la structure des sols, sur l'augmentation de la pression de certains ravageurs (limaces notamment) et sur la biodiversité.

Marges et conditions d'évolution des pratiques

Le *tableau 5* en annexe de ce chapitre rend compte d'initiatives, de la parcelle expérimentale au paysage, qui ont contribué à une meilleure prise en compte de la biodiversité. En grande culture, les principaux objectifs à atteindre sont d'accroître la diversité des plantes cultivées, de diminuer l'utilisation des engrais et des produits phytosanitaires et de simplifier le travail du sol. L'analyse bibliographique des résultats expérimentaux montre qu'il est techniquement possible de corriger les manières de produire en faveur de la biodiversité, mais généralement au prix d'une diminution des rendements. Cet inconvénient est cependant compensé par la baisse des coûts de production.

Certaines évolutions techniques propres à améliorer l'impact de l'agriculture sur la biodiversité sont d'ores et déjà adoptées par un grand nombre d'agriculteurs : c'est le cas de la simplification du travail du sol (même si les modalités, donc l'effet sur la biodiversité, sont très variables). D'autres ne posent *a priori* pas de problème majeur pour être adoptées à plus grande échelle qu'actuellement. Exemples : l'installation systématique de bandes enherbées en bordure de champ ou la mise en place systématique de cultures intermédiaires lors d'intercultures longues. Enfin, des modifications plus profondes du système de culture, comme la mise en place de plantes de couverture permanentes, la culture simultanée de plusieurs espèces ou la réduction drastique de l'usage des pesticides, posent quelques problèmes : on manque de références techniques et elles entraînent une baisse de rendement. Il faudra mettre en œuvre des moyens de compensation et surtout faire progresser la recherche pour que ces solutions se généralisent. Enfin, nombre d'innovations qualifiées « favorables à la biodiversité » peuvent également avoir d'autres effets positifs pour la protection de l'environnement : stockage du carbone, protection des eaux, frein à l'érosion... Cependant, certaines peuvent également avoir des effets négatifs, comme dans le cas de la simplification du travail du sol, qui implique souvent un usage accru d'herbicides et peut induire une plus forte émission par le sol de N_2O (puissant gaz à effet de serre).

Dans les systèmes de grande culture, l'organisation des paysages obéit à une logique toute entière tournée vers la production : remembrement, drainage, arrachage de haies ont ainsi accompagné la recherche d'une efficacité maximale de l'utilisation des machines (taille et forme des parcelles, tracé des chemins) et d'une optimisation de la productivité (regroupement des parcelles, minimisation des temps de manœuvre). Mettre en place des zones interstitielles favorables à la biodiversité va donc à l'encontre d'une tendance lourde qui se poursuit actuellement avec l'accroissement de la taille des exploitations. Cela se traduira par une réduction de la surface agricole utile (SAU) mais aussi par une augmentation du risque de dispersion des semences d'adventices ou des ravageurs, dans le cas d'une gestion favorisant les plantes annuelles (herbicide, broyage ras du sol). Les haies exercent en outre une pression supplémentaire sur les ressources (lumière, eau...) sur la partie du champ cultivé qu'elles bordent. Enfin, une baisse de la taille des parcelles entraînera une diminution de la productivité du travail.

Cependant, l'insertion de telles zones dans les paysages agricoles présente un certain nombre d'avantages. Par exemple, les haies ont des effets favorables sur le ruissellement et l'érosion, tandis que les zones refuges hébergent aussi des auxiliaires (voir chapitre 2) ou accroissent la durabilité des résistances. Un dernier aspect, peu considéré jusqu'à présent, concerne les possibilités de valorisation de ces zones « non productives ». Elles pourraient contrebalancer l'impact négatif sur la production « classique » (*tableau 5* en annexe de ce chapitre) : dans une haie au peuplement caractérisé par une forte biodiversité, on peut exploiter le bois et des espèces végétales d'intérêt.

Pratiques culturales en cultures pérennes : arboriculture fruitière et vigne

La diminution de l'emploi des pesticides, néfastes pour la biodiversité, repose à la fois sur la mise en œuvre de techniques de protection intégrée, sur l'aménagement de la parcelle elle-même, avec la mise en place de bandes enherbées, et sur l'aménagement des bordures.

Désintensification et diversification

Pour l'agriculteur, la réduction de l'usage des pesticides revêt une importance particulière, du fait du rôle des pollinisateurs et de la nécessité de contrôler la pression des parasites pour la réussite de ces productions.

Réduction d'emploi des pesticides

Les approches de ce problème sont de natures diverses, notamment dans un cadre de la Production fruitière intégrée (PFI).

En verger, une stratégie préventive passe par le choix des variétés et l'utilisation de variétés différentes dans la même parcelle. Mais le choix variétal reste un moyen de lutte limité, compte tenu de la durée de vie d'un verger (rarement moins de 10 ans). Il est possible d'implanter des bandes enherbées fleuries entre les lignes d'arbres. On constate avec cette technique une augmentation de la faune aphidiphage (coccinelle, hétéroptère, chrysope…), mais aussi une plus grande quantité d'araignées, celles-ci piégeant les pucerons lors des vols de migration de retour sur pommier. Les bandes enherbées sont fauchées en fin de saison, ce qui demande un surcroît de travail, et le niveau de dégâts reste plus important que dans un verger traité par un insecticide. L'enherbement des vergers est cependant très pratiqué compte tenu de ses autres avantages (voir ci-après le paragraphe sur la « Diversification des espèces végétales »).

La difficulté de réduire les pesticides est aussi liée à la multiplicité des cibles, qui demande à l'arboriculteur de maîtriser et d'appliquer différentes techniques alternatives. Dans les années 80, une réduction de plus de 50 % du nombre de traitements phytosanitaires a été obtenue par l'amélioration des connaissances en biologie des populations d'organismes phytophages, par l'utilisation de seuils économiques pour le déclenchement des traitements contre le carpocapse et par la démonstration de l'efficacité des prédateurs du psylle du poirier (spécialement les *Anthocoris*). L'évaluation du risque suppose alors la réalisation de contrôles dans le verger par le producteur.

Les principes de la production fruitière intégrée ont été publiés par l'Organisation internationale de lutte biologique et intégrée (OILB) en 1992. Cette publication a été suivie des premières demandes de certification PFI en France, puis par une première certification de conformité de produit, en 1997, utilisée comme argument de vente dans la grande distribution. Le terme « intégré », mal accepté par les producteurs, a été en France progressivement remplacé par la notion de protection raisonnée. La PFI actuelle peut être assimilée à une approche raisonnée de la production. Il ne s'agit pas seulement d'un changement sémantique, mais de la manifestation d'un malaise plus profond, lié à un décalage entre la profession d'arboriculteur, dont l'objectif est centré sur le volume de production, et le monde marchand. D'où la difficulté à valoriser des innovations techniques destinées à la production de fruits de qualité. Le concept même de qualité est ambigu chez le consommateur final, souvent plus sensible à l'apparence extérieure du fruit qu'à une absence de résidu de pesticide.

Diversification des espèces végétales : enherbement des vergers et vignobles

C'est dans le domaine des cultures pérennes que l'association avec des plantes de service est la mieux maîtrisée et la plus pratiquée. L'enherbement (maîtrisé ou permanent) entre les rangs des plantations pérennes devient de plus en plus fréquent. Il facilite la circulation des engins en préservant la structure du sol, il conserve la teneur en carbone des sols et, dans le vignoble essentiellement, il permet de maîtriser l'érosion hydrique.

L'enherbement naturel maîtrisé (ENM) consiste à laisser pendant l'hiver une végétation naturelle herbacée. Celle-ci est détruite au moment du débourrement (en général à l'aide de glyphosate ou par destruction mécanique) pour éviter une concurrence trop forte. L'enherbement permanent consiste à maintenir un couvert végétal semé entre les rangs. Cette technique, qui favorise la faune auxiliaire, est largement pratiquée en verger et constitue un élément essentiel du cahier des charges de la PFI.

L'enherbement peut toutefois présenter des inconvénients, en vigne comme en verger. Il est en effet susceptible de favoriser certains parasites (champignons en vigne, insectes en verger), mais ce risque est maîtrisable par une fauche régulière de la plante de couverture. Il augmente toutefois la pression sur la ressource en eau, ce qui peut être préjudiciable lorsque la disponibilité de cette ressource est limitée (vergers en sec sur sols à faible réserve utile, vigne en zone méditerranéenne).

Marges et conditions d'évolution des pratiques

La conjonction entre la crise de l'énergie et la crise de mévente pourrait faciliter une réflexion sur la recomposition des paysages viticoles, dans le sens d'une plus grande diversité. À l'échelle des exploitations, la production biologique ou la production intégrée peuvent se développer assez facilement, puisque la recherche de la qualité se concilie mieux avec une réduction des rendements que dans d'autres productions.

Ainsi, l'enherbement sur le rang et la réduction des doses d'herbicides sont très largement expérimentés. De plus, pour les productions fruitières, la dépendance envers les pollinisateurs, naturels et domestiques, est importante. La recherche de modes de production fruitière intégrée est donc devenue une priorité assumée par la profession.

Pratiques de gestion des prairies permanentes

En prairies permanentes, les mesures les plus importantes pour préserver ou améliorer la biodiversité intraparcellaire sont la réduction de la fertilisation et le changement du mode d'exploitation (réduction du chargement animal par hectare et du rythme de fauche, report des dates de première exploitation : voir le chapitre 1). Du fait de la grande variété de niveaux d'intensification caractérisant ces systèmes (beaucoup plus que pour d'autres productions végétales), les prairies permanentes offrent de réelles opportunités de désintensification.

Désintensification

Cette « désintensification », aux conséquences plutôt négatives sur le plan fourrager, peut être bénéfique à la biodiversité, à condition de ne pas atteindre un stade de quasi-abandon (voir chapitre 1), comme on l'observe dans certaines zones de montagne.

Réduction de la fertilisation minérale et organique

Les études convergent sur le fait que la cessation ou la réduction de la fertilisation des prairies permanentes ont des effets plutôt négatifs sur la quantité de fourrage produit. Ces conclusions sont cohérentes avec des études plus anciennes et plus nombreuses qui avaient montré les effets positifs de la fertilisation sur la production de biomasse, tant pour l'azote que pour d'autres éléments comme le phosphore et le potassium. Quant aux effets sur la qualité du fourrage, ils dépendent de la manière dont celle-ci est caractérisée.

Cela étant dit, les conséquences de la réduction des rendements fourragers dépendent beaucoup des situations :

- Dans les systèmes de production dont le bilan fourrager n'est pas trop tendu, ou lorsqu'il ne repose pas uniquement sur la valorisation des surfaces en herbe – soit du fait d'un chargement animal moyen peu élevé par rapport au potentiel des prairies, soit en raison d'une stratégie d'alimentation majoritairement basée sur d'autres ressources (maïs ensilage) –, les niveaux d'intensification des prairies sont modérés. Ils autorisent alors un compromis entre production fourragère et biodiversité. Il existe dans ce cas quelques marges de désintensification, en jouant sur la part des cultures fourragères.
- Dans les systèmes dont le bilan fourrager est juste équilibré, avec de faibles marges de sécurité face aux aléas climatiques, la perte de production a des conséquences importantes. La possibilité d'acquisition de surfaces en herbe ou de ressources fourragères complémentaires constitue alors la condition *sine qua non* d'une désintensification des prairies. Le surcoût devient alors le frein majeur à l'adoption de cette stratégie.
- Lorsque le système d'alimentation du troupeau dépend essentiellement de la pâture, les effets d'une diminution d'apport d'engrais sont moindres qu'en régime de fauche, compte tenu des restitutions animales au pâturage (80 à 90 % des minéraux ingérés sont restitués).

Dans certaines situations à faible potentiel de production, comme les zones d'altitude, l'intérêt d'une fertilisation se pose, certaines expérimentations démontrant un effet minime sur la production et la fertilité du sol d'un arrêt de la fertilisation.

Concernant la qualité du fourrage, l'évolution la plus fréquente est une diversification des espèces, avec diminution de la contribution des graminées au profit des légumineuses et des espèces diverses, et un fourrage plus pauvre en éléments majeurs, moins digestible mais plus riche en microéléments et en métabolites secondaires. La faible densité énergétique ou protéique de fourrages issus de peuplements herbacés diversifiés est peu compatible avec l'alimentation d'animaux tels que des vaches laitières fortes productrices. Ce point reste toutefois à confirmer car certaines études révèlent que, même dans ce cas, on peut avoir un maintien des performances animales après réduction de la fertilisation azotée. Il faut alors réduire le chargement animal, ce qui se traduit par une baisse du rendement laitier à l'hectare.

A contrario, la variété des ressources alimentaires, y compris avec des couverts constitués d'espèces herbacées et arbustives, peut être un élément favorable aux ovins et aux caprins. Le plus fort contenu en métabolites secondaires du fourrage des prairies extensives (peu fertilisées) modifie la qualité des produits animaux (lait et viande), celle-ci pouvant faire l'objet d'une valorisation commerciale (labels, AOC, marques). Des recherches restent à conduire pour apprécier les conséquences de ces métabolites secondaires sur l'animal (performances zootechniques, santé) et sur les produits animaux. La question n'est pas simple en raison de la multiplicité de ces métabolites et de leur transformation par les procédés de récolte (consommation directe par l'animal, foin ou ensilage), par l'animal (et les microorganismes du système digestif des ruminants) et par les technologies de transformation (lait, fromage, viande). Cette question est pourtant centrale, car l'enjeu est l'éventuelle plus-value économique de la biodiversité des prairies.

Diminution de la pression de fauche et/ou de pâturage

Il est deux manières de concevoir la diminution de pression de fauche : en diminuant le nombre de coupes et/ou en retardant la date de première exploitation. En fauche comme en pâturage, la diminution de pression induit toujours une baisse de la quantité de fourrage valorisé : le *turn-over* rapide des organes des espèces prairiales (et particulièrement les graminées) fait qu'en absence d'exploitation fréquente une partie de la production primaire entre en sénescence et rejoint la litière avant d'être pâturée ou récoltée.

En zone de moyenne montagne, le maintien de la flore productive des parcours dépend d'une bonne adéquation entre pression de pâturage et productivité, le tout modulé par la fertilisation. La recherche d'une extensification rend très complexe le raisonnement du calendrier de pâturage : dans de nombreuses régions, le défaut de portance du sol représente souvent un problème majeur pour assurer un bon entretien des pâturages. Les pâturages fertiles risquent d'être envahis par des végétations de stade préforestier si la pression de pâturage se relâche trop. Comme la baisse de fertilisation, la diminution de la pression de fauche a un impact sur la qualité du fourrage, en diminuant la part des graminées et en aboutissant à un fourrage plus pauvre en énergie et en azote, mais plus riche en métabolites secondaires.

La baisse de pression liée au pâturage par diminution du chargement augmente l'hétérogénéité des couverts prairiaux, car les animaux sont plus sélectifs, ce qui accroît les zones de refus. Pour autant, un chargement animal proche du maximum permis par le potentiel pédoclimatique ne constitue pas la solution optimale pour toutes les catégories d'animaux. En effet, des expérimentations de réduction du chargement montrent dans certains cas de faibles écarts des performances zootechniques entre niveaux d'intensification différents des prairies.

Quelques pistes

Un mode uniforme de diminution de l'intensité de l'exploitation des surfaces prairiales n'est pas forcément optimal du point de vue de la production agricole, ni même de la biodiversité. On peut envisager des solutions qui combinent la conduite intensive d'une partie des surfaces fourragères (prairies ou cultures fourragères) de l'exploitation pour permettre, économiquement et techniquement, d'assurer une conduite plus extensive du reste des prairies.

En règle générale, la diminution de la pression d'exploitation se traduit dans un premier temps par une modification de la structure de la végétation : les espèces végétales sont les mêmes mais leur proportion dans la biomasse change, les hauteurs d'herbe sont plus élevées et plus hétérogènes, certaines plantes peuvent fleurir. Ces changements peuvent s'avérer rapidement favorables à des espèces animales (oiseaux nicheurs, insectes pollinisateurs...) et se traduisent par une forte modification de la prairie au plan fourrager (quantité et qualité du fourrage produit, performances des animaux au pâturage). C'est généralement après plusieurs années (parfois plus de 10 ans) que l'on note l'apparition de nouvelles espèces végétales, donc une amélioration significative de la biodiversité. Il y a ainsi un décalage entre les effets sur la valeur fourragère et ceux sur la biodiversité des prairies.

À noter que les élevages hors sol (porcs, volailles) ou l'apport de concentrés chez les bovins font peu appel aux productions végétales locales (quoique certains systèmes y reviennent). Leur impact sur la biodiversité se situe au niveau des effluents d'élevage, qui contribuent à l'eutrophisation des sols et des eaux, ainsi qu'au niveau des pays exportateurs de soja, maïs... Ces derniers conduisent ces cultures de façon très intensives avec des variétés OGM et de fortes doses d'herbicide (glyphosate) dans des paysages très simplifiés. De tels effets indirects ne sont pas pris en compte dans les politiques.

Marges et conditions d'évolution des pratiques

Dans un certain nombre de conditions géoclimatiques (zones d'altitudes, zones très sèches ou très humides), le très faible niveau d'intensification s'impose à l'agriculteur du fait du potentiel limité sur le plan fourrager. L'irrigation (extrêmement rare en raison de l'impossibilité de rentabiliser un équipement) et le drainage (déjà réalisé dans la plupart des cas dans les années 70-80) ne semblent plus constituer de « menace » forte pour la biodiversité des prairies permanentes. Les deux enjeux importants se situent donc :

- dans le choix du niveau d'intensification des prairies et des systèmes fourragers dans les zones où cela est possible (zones de plaine, piedmonts humides, zones à climat océanique) ;
- dans le choix des systèmes de production se traduisant par une place plus ou moins importante de la prairie permanente par rapport aux cultures fourragères (maïs ensilage essentiellement) et aux grandes cultures.

Sur ce dernier aspect, les mesures agro-environnementales et les marges brutes des grandes cultures ont un rôle déterminant, mais la volonté d'innovation des éleveurs est aussi essentielle. Quelques exemples développés ci-après montrent qu'il est possible d'envisager des systèmes moins intensifs (en intrants) avec la même rentabilité. On perçoit actuellement les limites de la Prime herbagère agro-environnementale (PHAE), dont le montant ne place pas les prairies en situation concurrentielle vis-à-vis des cultures (surtout avec les cours actuels des céréales). En outre, la PHAE ne différencie pas les prairies selon leur valeur « biodiversité ». Sous le même vocable de prairie permanente de plus de 6 ans, on peut recenser une prairie permanente dominée par le ray-grass et composée de 15 espèces, comme une prairie rassemblant 80 espèces. Les MAE territorialisées ont été, pour des questions de budget, localisées dans les zones Natura 2000, ce qui limite fortement la possibilité d'utiliser ce levier des prairies permanentes pour restaurer la biodiversité, notamment ordinaire, à l'échelle nationale.

Selon que l'on considère les prairies de montagne, insérées dans un espace forestier plus ou moins dense (Alpes, Vosges, Massif central, Jura...), les prairies de zones humides ou inondables, dépendantes de la gestion hydraulique (marais de l'Ouest, Val de Saône, Camargue), ou les prairies de plaine et bocages, associées à l'arbre d'une façon ou d'une autre (en haie ou dans les parcelles), la problématique d'une gestion des espaces favorables à la biodiversité ne se pose pas dans les mêmes termes.

Élevages de montagne

L'activité d'élevage garantit par elle-même le maintien d'une biodiversité et d'une production fromagère de qualité.

En montagne, les systèmes herbagers sont particulièrement sensibles au mode de gestion (chargement en bétail et pratiques de pâturage) et à l'abandon de leur exploitation, celui-ci provoquant un processus d'embroussaillement. Le maintien d'une activité d'élevage est une condition importante de préservation de la biodiversité. Dans les contextes où la dépopulation des hameaux a induit une forte progression des bois et des friches, de nombreux programmes de lutte contre l'embroussaillement ont été expérimentés. Les agriculteurs bénéficient de ces programmes, dont l'efficacité écologique et paysagère est soumise à la pérennité et à la sélectivité des efforts.

Les obstacles dans la déclinaison locale de ces actions viennent des rapports de force locaux, entre agriculteurs et chasseurs notamment. Une reconnaissance du rôle de la biodiversité elle-même dans la certification du produit existe dans le cas d'un certain nombre de fromages. Les entreprises des zones défavorisées ont en effet un potentiel réduit d'économie sur les coûts de production par rapport à leurs concurrentes de plaine, du fait du surcoût de la collecte de lait, par exemple, qui entraîne une limitation forte de la taille des fromageries. La différenciation des produits est donc pour elles une nécessité : elle constitue un atout important pour le développement durable régional.

L'exemple du comté est à cet égard exemplaire. La zone de production délimitée pour l'AOC comté est soumise à un climat froid et humide. Les prairies et les alpages y sont la seule agriculture possible. Grâce au comté, ce massif a échappé à la désertification et à la fermeture des paysages. En 2003, 5 000 familles d'agriculteurs, 182 petits ateliers de transformation (les « fruitières ») et 20 maisons d'affinage vivaient essentiellement du comté. Cette filière est un facteur d'emploi, d'aménagement du territoire et de respect de l'environnement, qui repose sur la protection du nom mais aussi sur un cahier des charges très exigeant, interdisant toute intensification et toute industrialisation du produit. Il s'en suit un cercle vertueux : le consommateur apprécie un fromage authentique, fabriqué de manière artisanale, les ventes se développent en conséquence, les prix peuvent être plus élevés. Les producteurs et les fromagers acceptent donc une discipline de production toujours plus élevée, qui fait appel à la logique artisanale et au savoir-faire. Les exploitations laitières peuvent y être plus petites, les jeunes agriculteurs sont plus nombreux à s'y installer et les fromageries à Comté créent plus d'emplois que des fromageries non AOC de la région.

Élevages de plaine

L'enjeu se situe autour de l'augmentation de la part de l'herbe dans les systèmes fourragers et de la diversité des modes de conduite des prairies.

Les élevages bovins de plaine, notamment laitiers, ont évolué au cours des dernières décennies, avec un retournement des prairies pour développer la culture des céréales à paille et du maïs destiné à l'ensilage. Cette évolution est liée au montant des primes PAC attribuées aux cultures céréalières et oléoprotéagineuses par rapport à celles bénéficiant aux prairies, ainsi qu'à la promotion d'un système quasi unique d'alimentation hivernale des vaches laitières (maïs et complémentation protéique, de tourteaux de soja notamment). Ces systèmes sont aujourd'hui confrontés à la hausse du prix des aliments du bétail et, dans les régions où se sont également développés des élevages hors sol, à des problèmes de pollution des eaux qui les obligent à disposer de surfaces d'épandage pour les déjections animales. Ces évolutions ont conduit certains éleveurs à envisager de retourner à des systèmes fourragers utilisant davantage les prairies. Dans d'autres cas, une intensification encore plus poussée est considérée comme la solution (constitution de gros troupeaux, robots de traite limitant le pâturage...).

La plupart des exemples d'extensification montrent que la viabilité de ce système passe par un accroissement des surfaces productives afin de compenser les pertes de revenu par hectare. Les performances animales individuelles sont en général peu touchées par les pratiques favorables à la biodiversité. L'extensification conduit par ailleurs à entrer dans une logique d'économie d'intrants (fertilisation, alimentation animale) pour assurer la pérennité du système.

En systèmes laitiers, une expérience de désintensification conduite dans l'ouest de la France (Réseau éleveurs bovins demain-Lait de Loire-Atlantique) s'est traduite par une grande diversité dans la mise en œuvre des itinéraires techniques. Pour les 12 exploitations du réseau, la solution centrale retenue a été l'augmentation de la durée du pâturage pour produire le quota de lait à un coût alimentaire le plus faible possible. L'assolement a dû être modifié, en augmentant de 20 ares/UGB/an sur 3 ans la surface de prairies pérennes (associations graminée-légumineuse). Parallèlement, la surface agricole utile (SAU) a augmenté de 20 %. Au cours de cette évolution, la gestion fine du pâturage et de l'alimentation doit être ajustée en permanence. Les itinéraires des exploitations sont très divers mais ils ont tous simplifié le travail et favorisé une plus grande autonomie ainsi qu'une amélioration du revenu. Si le produit brut a légèrement baissé, malgré une augmentation des charges de structure, l'excédent brut d'exploitation (EBE) a légèrement augmenté en 5 ans grâce à la forte réduction des charges végétales et d'élevage.

En systèmes allaitants, pour inciter à la réduction de la production de viande bovine, deux types de contrats d'extensification ont été proposés en France de 1990 à 1992 : un contrat d'extensification quantitative, supposant une réduction du troupeau d'au moins 20 % des unités gros bétail (UGB), et un contrat d'extensification-agrandissement, applicable seulement dans les zones défavorisées, dans le cas d'un agrandissement permettant une baisse de chargement d'au moins 20 %. Dans les départements de la Creuse et de l'Allier, l'évolution de 7 exploitations sous contrat a été comparée à celle de 28 exploitations « témoins » de la même région. Les résultats techniques et économiques observés au bout de 2 ans ont montré que les pratiques de gestion généralement plus « économes » des éleveurs extensifs ne compromettent ni les résultats zootechniques ni les résultats économiques (la marge bovine est même supérieure de 8 % chez les « extensifs-agrandissements » par rapport aux « témoins »). Ce type de mesure se montre efficace pour réduire la production de viande dans les exploitations et pour l'aménagement du territoire, en limitant les risques de déprise.

En système allaitant de vache de race bleu-blanc belge, la possibilité d'améliorer la rentabilité du système en l'extensifiant a été démontrée. Les conclusions de ces expériences ne peuvent être généralisées, mais il en ressort que des systèmes d'élevage fondés sur une gestion extensive des prairies peuvent permettre de conserver, voire d'améliorer, leur performance économique, même sans passer par une commercialisation sous label.

La faisabilité technico-économique d'une telle évolution a été testée dans différents réseaux d'éleveurs. Les résultats montrent qu'il est possible d'exploiter durablement un élevage par l'accroissement de la part de prairies (80 % d'associations) et d'herbe pâturée, la réduction du maïs, de la fertilisation azotée et de la complémentation. Les trajectoires menant à ce résultat sont très variables, tant au regard de la proportion d'herbe dans la ration (de 45 à 60 %) que du degré d'autonomie à l'égard des aliments achetés (concentrés) : de 58 à 80 %. Mais elles conduisent à des exploitations viables. Cette évolution s'accompagne souvent d'aménagements du territoire réduisant les risques d'érosion et réhabilitant le bocage.

Dans les prochaines années, les producteurs laitiers français vont devoir faire face à un double défi : la réforme de la PAC et de nouvelles contraintes de conditionnalité des droits à paiement unique (DPU) aux pratiques environnementales. Il faut prévoir également la poursuite d'un phénomène de restructuration qui va exacerber les écarts entre les régions « en demande » de lait et celles ayant déjà largement réorganisé leur tissu de collecte, dans lesquelles les transferts de quotas s'annoncent importants. Enfin, la recherche d'une meilleure qualité de vie des producteurs laitiers est unanimement perçue comme déterminante dans les évolutions à venir. Elle risque de se heurter aux limites que constitue la capacité de financement des exploitations face aux besoins prioritaires d'investissement induits par l'agrandissement et/ou l'augmentation des capacités de production.

Ces perspectives relancent l'intérêt de la recherche de modes de production moins coûteux, qui passent par le retour à l'herbe pâturée. La nouvelle donne instaurée par la réforme de la PAC offre de ce point de vue une situation plus favorable. Elle sera aussi l'occasion de remettre en cause les stratégies qui menaient jusqu'à présent à des diversifications peu rémunératrices (grandes cultures, vaches allaitantes, jeunes bovins non primés...) et consommatrices de travail.

Élevages en zones humides

Dans les années 70, alors que pour la majorité des agriculteurs le marais était encore identifié à l'élevage et à la production d'herbe, la technique du drainage en marais s'est développée sur l'ensemble de la façade atlantique. Cela permettait la culture de céréales (essentiellement du maïs) dans ces zones humides, en commençant par la bordure du littoral, où les sols sont plus riches et où les parcelles n'ont pas été modelées par la production du sel. Depuis le milieu des années 90, le modèle céréalier intensif est fortement remis en cause dans le marais par un ensemble d'acteurs (écologistes, chasseurs, ostréiculteurs...). La solution avancée repose sur le maintien de l'élevage en marais, mais cette activité n'est plus économiquement viable sans intervention publique.

Les pouvoirs publics ont déjà pris de nombreuses dispositions ou établi des réglementations visant à protéger les zones de marais de la banalisation par l'agriculture intensive comme de l'abandon par déprise agricole : création de zones d'intérêt pour la conservation des oiseaux sauvages (ZICO-directive européenne « Oiseaux » de 1979), mise en place de mesures de type « zone défavorisée » (au titre de l'objectif 5b), permettant d'avoir accès aux fonds de développement structurel de l'Union européenne (UE), création de zones de protection spéciale (ZPS). Le Conservatoire de l'espace littoral intervient également en acquérant des terres. Enfin, depuis 1992, plusieurs zones de marais ont fait l'objet d'une procédure d'opération groupée d'aménagement foncier-Environnement (OGAF-Environnement) en application des mesures agro-environnementales de la PAC. Il s'agit d'une procédure contractuelle sur 5 ans, par laquelle l'éleveur s'engage à respecter un cahier des charges visant à protéger le milieu en échange d'une prime à l'hectare.

On peut y voir déjà un système de rémunération de la valeur biologique et paysagère du marais par l'ensemble des contribuables. L'inconvénient majeur de ces OGAF est qu'elles ne s'intéressent qu'aux milieux à protéger et non aux structures agricoles dans leur globalité, structures qui ont besoin de conforter leur viabilité afin d'être à même de continuer à exploiter le marais. Le modèle céréalier en terres hautes est également menacé : les exploitations céréalières charentaises, par exemple, n'ont sans doute pas la capacité de concurrencer celles du Bassin parisien. Cela montre qu'il est nécessaire de s'intéresser non seulement à la protection des espaces fragiles ou sensibles, mais également aux autres espaces dont les exploitations agricoles ne peuvent se passer pour exercer leur activité.

Ces mutations ont du mal à convaincre les agriculteurs qui vivent ce phénomène comme une pression externe et comme une remise en cause des fondements de leur activité (liberté d'entreprise, propriété privée, modèle de production). L'ingérence de nouveaux pouvoirs dans la gestion du marais, qui n'appartenait qu'à eux seuls jusqu'à présent, tels que ceux des écologistes, des chasseurs, du conservatoire du littoral et de diverses administrations (direction départementale de l'Agriculture et de la Forêt, direction régionale de l'Environnement...), est parfois mal vécue.

Les systèmes désintensifiés ayant fait leur preuve, des efforts de formation et d'information supplémentaires sont nécessaires pour inciter plus d'agriculteurs à recourir aux prairies permanentes et à y appliquer des méthodes favorables à la biodiversité. Le très faible nombre de lycées agricoles pratiquant en France une réelle formation à la gestion des praires permanentes, à destination des futurs agriculteurs et techniciens, témoigne du chemin encore à parcourir.

Gestion des éléments non productifs : haies et bordures de champ

Les éléments non productifs contribuent à la biodiversité des paysages agricoles de deux façons : ils constituent des habitats pour de nombreuses espèces (plantes pérennes, insectes peu mobiles) et des réseaux qui peuvent favoriser le déplacement de nombreuses espèces. Les haies modifient également le microclimat des parcelles et exercent une influence sur la distribution de nombreuses espèces en leur sein. Longtemps considérées par les écologues comme des zones incultes, voire des écosystèmes autonomes par rapport aux parcelles, les haies et les bordures de champ n'ont longtemps intéressé les agronomes que dans la mesure où elles peuvent affecter les rendements (microclimat, source de maladies).

Les revues scientifiques traitent peu des marges de manœuvre concernant les possibilités d'extension des éléments non productifs dans les espaces agricoles et leurs modes de gestion en faveur de la biodiversité. On dispose en revanche d'enquêtes sur la gestion des haies, notamment dans les exploitations agricoles bretonnes. Ces enquêtes confirment l'hypothèse selon laquelle les haies sont plus liées à l'élevage qu'à la culture : elles sont à la fois en plus forte densité dans les exploitations d'élevage et plus fréquentes autour des parcelles pâturées.

En matière de gestion, ces études montrent une grande diversité de pratiques, donc d'état des bordures, ce qui peut expliquer la diversité de la faune et de la flore. Selon les techniques utilisées et les périodes de mise en œuvre, les interférences avec les cycles biologiques des espèces vivant dans les haies sont différentes : le débroussaillage chimique a des effets différents selon que les plantes sont en fleurs ou ont déjà fructifié (production de graines et ressources pour les insectes floricoles). Enfin, il apparaît nettement une variabilité interannuelle des pratiques d'entretien des haies.

Les facteurs de cette diversité de pratiques se situent au niveau de la bordure de champ (type de végétation, accessibilité...), de la parcelle adjacente (type de succession culturale) et de l'exploitation (type de revenu, main-d'œuvre disponible). Ce dernier paramètre est important : sur certaines exploitations, comportant un linéaire de haies élevé, le cumul des opérations d'entretien peut représenter un temps de travail non négligeable (jusqu'à un mois de travail de taille, par exemple).

Si le fait de garder les haies est de mieux en mieux intégré, la prise en compte de la biodiversité dans leur gestion peut être médiocre, avec des usages parfois massifs d'herbicides et de débroussaillants chimiques. Une mauvaise gestion peut nuire à l'état sanitaire de la haie mais également réduire son intérêt économique qui supposerait une conduite appropriée des arbres (brise vent, coupe, réserve d'habitat de gibier...). L'engouement actuel pour les chaudières à bois pose en Bretagne la question de la ressource : les nouvelles haies n'ont pas forcément été conçues ni entretenues pour répondre à l'exploitation du bois, et le risque existe d'un prélèvement excessif sur un réseau bocager ancien déjà réduit et fragilisé.

Les bandes enherbées instaurées par la PAC sont obligatoires dans les exploitations agricoles percevant le DPU prévu par la PAC. C'est un exemple de mesure (presque) généralisée à visée environnementale. Son adoption s'est faite sans problème majeur, même si la bande enherbée peut présenter quelques problèmes : contraintes de travail liées à deux usages séparés dans ce qui est « une » parcelle, largeur de ces bandes fixée sans tenir compte de la largeur des matériels agricoles utilisés pour les semer et les entretenir, espèces de couverture autorisées pas toujours adaptées au plan agronomique. La situation est un peu la même que pour les jachères (non cultivées) qui ont été mises en place par les agriculteurs sans que cela ne leur pose de réel problème agronomique ou d'organisation.

D'autres exemples sont également présentés dans le tableau en annexe de ce chapitre : bandes enherbées, jachères, faune sauvage...

Organisation spatiale des usages du territoire

L'évolution des pratiques en faveur de la biodiversité a, en soi, des conséquences sur la structure des paysages du fait de la diversification des cultures. La localisation des cultures et des différents usages des prairies suit des règles particulières qui participent à l'organisation et à la diversification des paysages, donc aux dynamiques de la biodiversité. Ces règles sont liées, d'une part aux caractéristiques du milieu physique (type de sol, pente, microclimat), d'autre part aux caractéristiques spatiales des parcelles (taille, forme) et du territoire de l'exploitation (distance des parcelles au siège d'exploitation, aux autres parcelles, accessibilité).

D'une façon générale, les usages demandant de nombreux déplacements sont localisés près du siège d'exploitation (vaches laitières au pâturage). Les parcelles les moins favorables du fait de leurs caractéristiques physiques ou spatiales sont réservées aux usages secondaires (jachères de longue durée). L'agrandissement des exploitations d'élevage laitier rend impossible le déplacement des vaches au pâturage sur l'ensemble des parcelles de l'exploitation. On assiste alors à une spécialisation des usages intra-territoire d'exploitation, avec les grandes cultures dans les parcelles plus éloignées.

Les aménagements fonciers ont toujours eu pour objectif de réduire les contraintes spatiales en agrandissant les parcelles et en les regroupant. Ce qui fut fait pendant longtemps sans prendre en compte l'environnement, notamment les éléments semi-naturels. On trouve peu d'analyses relatives aux conséquences sur le fonctionnement des exploitations et sur l'augmentation des marges de manœuvre, y compris pour une meilleure prise en compte de l'environnement, et de la biodiversité en particulier. Le regroupement des parcelles peut faciliter l'épandage des effluents d'élevage sur une surface plus grande : comme cette opération demande beaucoup de transport, les agriculteurs limitent les distances. Le fait que les parcelles aient au moins deux bords parallèles permet des épandages de pesticide sans recouvrement, ce qui n'est pas possible avec des formes irrégulières.

Les aménagements fonciers restent donc un outil d'action publique avec un potentiel important pour la gestion de la biodiversité, d'une part car ils permettent des actions collectives d'implantation d'éléments semi-naturels, d'autre part car ils sont susceptibles de faciliter une évolution des pratiques. Plus largement, ils peuvent être le moment de facilitation de dynamiques collectives, non seulement pour les agriculteurs mais également pour l'ensemble des acteurs du territoire concerné. C'est le cas si l'on veut concilier les plans d'urbanisation et la protection des terres agricoles.

Les Coopératives d'utilisation de matériel agricole (Cuma) sont une autre forme de dynamique collective apportant des marges de manœuvre. Outre le partage du matériel, elles induisent souvent une forme d'organisation du travail qui met à disposition des agriculteurs un plus grand nombre de tracteurs avec des agriculteurs chauffeurs, ce qui peut diminuer les contraintes de distance.

L'agriculture biologique

Conversion à l'AB des systèmes de production agricole

Aujourd'hui, la France est l'un des pays européens où la part de la SAU consacrée à l'agriculture biologique est la plus faible (2 % de la SAU contre 4 % en moyenne dans l'UE). Pourtant, impulsée par une forte augmentation de la demande, elle-même relayée par la grande distribution, l'AB enregistre un développement significatif. Celui-ci est aussi le fruit d'une série d'actions publiques : le Plan pluriannuel de développement de l'agriculture biologique, lancé en 1997, mais aussi la mise en place des Contrats territoriaux d'exploitation en 1999, qui ont conduit au quasi doublement des aides à la conversion. Toutefois, ce développement prometteur marque le pas depuis 2003. Le nombre d'exploitations en AB a augmenté de 12,3 % entre 2001 et 2006, pour une augmentation des surfaces de près de 32 %, dont 76 % pour les surfaces certifiées. En revanche, les surfaces en conversion ont diminué depuis 2001 (moins 62 % selon l'Agreste), ce qui montre une tendance à l'essoufflement, surtout à partir de 2004.

En 2005, l'AB française était bien loin d'avoir atteint les objectifs affichés à la fin des années 90. La pratique de l'agriculture bio est exigeante au plan technique et les rares statistiques disponibles en la matière montrent un *turnover* assez important dans certains pays (de 6 à 15 % entre 2005 et 2007 selon Eurostat, pas de données disponibles pour la France). On estime qu'en France, la moitié des départs est liée à une cessation d'activité. Si l'agriculture biologique semble au prime abord avoir un bel avenir en Europe (demande en augmentation, prime de qualité biologique susceptible de compenser les bas prix agricoles, image porteuse dans les médias et auprès des consommateurs), les perspectives sont peut-être plus limitées qu'il n'y paraît. En effet, si son marché devait continuer à progresser pendant quelques années encore, en profitant notamment du développement des circuits courts de commercialisation, il est à craindre que l'absence de mesures de politique publique freine son expansion.

Freins d'ordre économique

L'expansion du marché des produits bio risque d'être limitée à moyen terme par des questions de pouvoir d'achat et/ou d'arbitrages de la part des consommateurs en faveur soit d'autres catégories de dépenses (produits de communication et de loisir, déplacements, logement), soit de produits alimentaires tout prêts et rapides à préparer. En outre, si les produits biologiques sont vendus avec une prime de qualité pour compenser les rendements moindres, le montant de celle-ci est assez variable et elle peut se réduire sensiblement en cas de production abondante ou dans certains circuits de distribution. Enfin, la disparité entre ces primes d'un pays à l'autre fausse le libre jeu de la concurrence, même au sein de l'Europe. D'autres facteurs risquent d'entrer en ligne de compte à plus long terme : la concurrence avec les surfaces requises pour les productions non alimentaires (carburants…), le plus grand volume de travail nécessaire, qui pourrait pousser à délocaliser une partie de la production vers des pays où la main-d'œuvre est moins chère, l'existence de divergences entre courants au sein de l'AB, l'investissement de la grande distribution dans ce secteur qui pourrait, pour des raisons d'image, s'avérer contre-productif.

Freins d'ordre technique

L'AB demande une technicité importante, souvent plus importante qu'en agriculture conventionnelle. En matière de fertilisation par exemple, elle repose en théorie sur des systèmes de polyculture-élevage. Or 60 % des exploitations n'ont pas de bétail. L'intégration de légumineuses dans les successions de grandes cultures devient essentielle, mais les références techniques manquent cruellement. L'une des grandes questions est bien entendu celle de la mise en place de méthodes fiables de gestion des bioagresseurs. En AB, cette gestion repose sur une approche globale fondée sur un ensemble de méthodes respectueuses de l'environnement. La demande par les producteurs de solutions de protection rapidement opérationnelles peut conduire l'expérimentateur à privilégier la recherche de mesures tels les produits phytosanitaires, homologués en AB.

Si l'on dispose désormais, au terme d'expérimentations, de solutions fiables pour les agriculteurs (utilisation de filets pour limiter les attaques de carpocapse sur le pommier, de nouveaux produits alternatifs comme le pyrèthre contre la cicadelle de la flavescence dorée en vigne...), de nombreux pathogènes n'ont pas pu être contrôlés par une simple application de produit. Ainsi, plus de trente substances ont été testées contre le mildiou de la laitue sans qu'aucune n'apporte une réelle protection.

Les travaux relatifs aux approches globales du système de culture ont permis de progresser dans la mise au point de modes de conduite intégrés. Elles remettent en fait au premier plan des approches agronomiques un peu tombées en désuétude. On redécouvre ainsi l'importance de la rotation dans la gestion des attaques de nématodes *Meloidogyne*, ou bien la relation entre fertilisation azotée et attaque de pucerons sur pommier. S'y ajoutent les recherches sur les aménagements dans et autour de la parcelle (*tableau 5* en annexe de ce chapitre). Des exemples intéressants existent dans des pays où le développement de l'AB est plus avancé qu'en France : ainsi, en Suisse, où 2 % des vignes sont en AB (et 98 % en production intégrée, sur la base des directives de l'OILB), la majorité des vignes ont des inter-rangs enherbés avec des mélanges plurispécifiques adaptés (comportant des plantes à fleurs) pour limiter la concurrence sur l'eau. Les agriculteurs perçoivent des aides lorsque cet enherbement est réalisé selon les préconisations d'un cahier des charges. De même en production fruitière (3,5 % en AB, le reste en PI), la quasi-totalité des vergers est aménagée grâce à des bandes fleuries, non pas dans les inter-rangs (à cause des pullulations de campagnols), mais sur le pourtour des parcelles. En vigne comme en vergers, il est démontré et reconnu par les agriculteurs que les aménagements permettent de réduire la pression parasitaire et donc le nombre de traitements chimiques (de synthèse en PI, organiques comme la roténone en AB), même si leur efficacité n'est pas totale.

Le manque de variétés végétales sélectionnées spécifiquement dans un contexte d'AB constitue un problème important. Les résistances aux maladies et la valorisation des nutriments sont des points clés qui sont moins pris en compte en cultures conventionnelles, bien que des évolutions soient en cours. En arboriculture, les variétés fruitières proposées aujourd'hui sont pour la plupart mal adaptées à une conduite à faible niveau d'intrants ou de nature biologique. Pour faire face à cette demande et valoriser les matériels déjà existants, un réseau de vergers semi-extensifs a été mis en place en 2001, en France, pour évaluer le comportement de variétés anciennes de pommes et poires et étudier l'impact de nouvelles méthodes de conduite en AB ou à faible niveau d'intrants. La pertinence d'un tel réseau « professionnel » à des fins de validation des comportements variétaux a été éprouvée et devrait se développer à l'avenir, avec renforcement des partenariats avec des organismes officiels tels que l'Inra ou le Comité technique permanent de la sélection (CTPS).

Au-delà du manque de références techniques et de variétés adaptées, l'un des principaux freins est l'aversion des agriculteurs pour le risque. Or, en agriculture biologique, la fluctuation des rendements d'une année sur l'autre est plus forte qu'en agriculture conventionnelle. Enfin, certaines règles s'avèrent difficiles à appliquer du fait des contraintes d'organisation du travail : la lutte contre les adventices sans produits herbicides demande de consacrer un temps important à la surveillance des champs et à la lutte elle-même, mécanique le plus souvent. En conventionnel, c'est surtout à l'automne (récoltes), au printemps (semis, traitements) et au tout début de l'été (moissons) que la charge de travail est la plus forte. En système biologique, la charge est forte tout l'été. Ce résultat n'est pas sans conséquence sur la possibilité de développer une double activité sur la ferme ou en dehors.

Performances économiques

Il existe un grand nombre de travaux relatifs à l'évaluation des performances économiques des systèmes de grande culture en AB, comparées à celles des exploitations conventionnelles, mais il est extrêmement difficile d'en tirer une synthèse. En effet, l'expérience et le recul sont plus importants sur les systèmes de production conventionnels que sur les systèmes de culture innovants. La comparaison est donc, dans bien des cas, faussée d'entrée de jeu, du fait d'une moindre maîtrise technique du système innovant. Ou, à l'inverse, les systèmes innovants sont adoptés par une catégorie d'agriculteurs curieux en matière de pratiques culturales nouvelles et souvent désireux également de faire valoir la supériorité du nouveau système. Ces agriculteurs sont le plus souvent de très bons techniciens, ce qui pose là encore des problèmes de validité de la comparaison avec des systèmes en routine.

Par ailleurs, le niveau de performance économique dépend pour partie des conditions de sol et de climat dans lesquelles la comparaison est établie. Un élément important est, là encore, celui de la prise en compte de l'aversion au risque. De nombreuses études ne comparent en effet les résultats techniques des différents modes de production que sur une courte période. Or l'agriculteur est particulièrement sensible à la régularité des résultats sur le moyen et le long termes. Cet aspect doit être pris en compte pour comparer les performances, mais aussi pour expliquer les taux de retour à une agriculture conventionnelle. Enfin, le surcoût lié à la main-d'œuvre est rarement intégré dans ces travaux.

La rentabilité des exploitations a fait l'objet d'un grand nombre d'études. Les résultats sont extrêmement variables : rentabilité très supérieure en bio lorsque les exploitations cumulent économies sur les intrants et prix plus rémunérateurs (fermes laitières au Québec) ; revenu inférieur, malgré une rentabilité supérieure par vache, lié à la taille inférieure des fermes (production laitière en Nouvelle-Angleterre) ; des revenus comparables, alors que les producteurs en bio sont plus performants sur le plan technique (maraîchage aux Pays-Bas) ; des revenus comparables mais très dépendants des aides (élevages ovins dans le Massif central)… Les fermes bio peuvent présenter des marges brutes plus élevés que les systèmes intégrés et conventionnels, tout en étant bien plus performantes sur la quasi-totalité des indicateurs d'impact sur l'environnement, incluant l'impact sur la biodiversité (exploitations en Toscane).

L'adoption de l'AB est souvent liée à des dynamiques de groupes d'agriculteurs. Les politiques publiques pourraient donc accompagner ces évolutions et comprendre comment la phase de conversion varie selon les exploitations, indépendamment de sa durée administrative. Cette phase nécessite de la part de l'agriculteur non seulement la mise en œuvre de nouvelles techniques, mais également l'établissement de nouveaux réseaux commerciaux et professionnels qui le font évoluer personnellement. Enfin, la diversité des AB doit être reconnue, au-delà de la dichotomie entre l'AB par substitution d'intrants (on abandonne les produits de synthèse pour des produits

« naturels ») et l'AB par reconstruction d'un nouveau système de production avec réaménagement du territoire d'exploitation. Il existe en fait toute une gamme de pratiques et d'innovations à conceptualiser et à valoriser.

Associer changement technique et dynamiques sociales

L'insertion de la biodiversité dans l'agriculture ne peut cependant pas se résumer à un changement de pratiques : pour que cette insertion soit durable, de nombreux travaux insistent sur l'importance d'une prise en compte de la biodiversité par les agriculteurs dans leur éthique professionnelle.

Habituellement, en matière de biodiversité comme dans les questions d'environnement en général, les institutions demandent aux agriculteurs de modifier leurs pratiques en leur proposant des solutions techniques clés en main ou bien un cahier des charges pré-élaboré avec des contreparties financières. Le changement est conçu et s'évalue essentiellement comme une modification des pratiques agricoles. Cette conception de l'intégration de pratiques favorables à la biodiversité s'inscrit dans un modèle linéaire de l'innovation. Dans ce modèle de la diffusion des techniques, celles-ci sont produites par la recherche, elles sont prescrites par les agents du développement agricole et aujourd'hui par ceux de l'environnement, puis sont ensuite adoptées avec plus ou moins d'entrain par des agriculteurs. Cette conception du changement semble un peu restrictive et ne reflète que partiellement la diversité des changements en jeu.

En référence aux concepts des sciences de la gestion, une autre représentation du changement autour des relations biodiversité et agriculture est ici proposée (*figure 2*). Que l'on regarde le niveau de l'agriculteur et de son exploitation ou celui, collectif, des projets de gestion concertée de la biodiversité, il apparaît que les projets ayant réussi, du point de vue des acteurs de l'environnement comme de celui des acteurs agricoles, se sont traduits dans la réalité par divers changements :

- Évolution des connaissances des agriculteurs en matière d'écologie des espèces et de sciences naturelles, ou des connaissances des gestionnaires de l'environnement sur le fonctionnement des exploitations et l'activité agricole en général. Non seulement les différents acteurs s'impliquant dans un projet apprennent les uns des autres, mais ensemble ils produisent des connaissances communes nouvelles.
- Évolution des valeurs. La conception et la mise en œuvre de nouvelles pratiques et activités peuvent se traduire par des changements dans les valeurs, c'est-à-dire dans les références de jugement. Au contact des protecteurs de la nature, les agriculteurs évoluent dans leur conception du métier et, inversement, les protecteurs de la nature se remettent en question et intègrent dans leurs valeurs des dimensions liées au développement.
- Évolution des relations. Rien ne peut fonctionner sans l'établissement, et surtout sans le maintien tout au long de la mise en œuvre d'un plan de gestion, de relations nouvelles entre des acteurs encore peu habitués à travailler ensemble. Lorsqu'on travaille sur la résolution technique d'un problème d'environnement, les formes de connaissances mobilisées et produites sont différentes selon les acteurs impliqués (agriculteurs, élus, protecteurs de la nature, chercheurs de différentes disciplines) et les formes de relations qui s'instaurent (subordination et hiérarchie, partenariat, alliances, conflit…).

• Évolution des pratiques agricoles, bien sûr, et de leur organisation dans un système, l'exploitation agricole.

L'insertion de la biodiversité dans le développement agricole est donc une situation de changement qui comporte différentes facettes. C'est un projet commun et progressif, dans lequel il ne s'agit plus seulement de se focaliser sur les conditions d'adhésion des agriculteurs et sur l'adaptation des pratiques agricoles globale du changement.

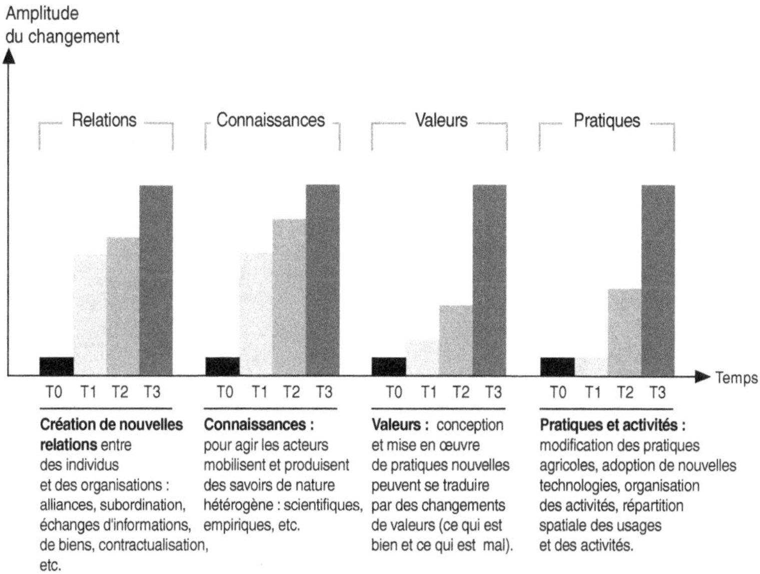

Figure 2. Biodiversité et agriculture : les différentes dimensions du changement technique. Itinéraire le plus fréquemment rencontré dans les projets réussis du point de vue des acteurs de l'environnement et de l'agriculture : relations et connaissances commencent à changer avant les valeurs, les pratiques se modifiant après. Il existe cependant une diversité d'itinéraires : en particulier, les pratiques commencent dans certains cas à évoluer plus tôt, mais ces changements sont alors parfois peu durables. Les pas de temps restent très variables, certains projets peuvent se traduire par des changements notables de pratiques en une année, d'autres mettent 3 ou 4 ans pour arriver au même stade (d'après Fleury *et al.*, 2006).

Bilan et conclusions

Des possibilités de restauration de la biodiversité existent donc dans de nombreux espaces agricoles (voir chapitre 1), à condition d'adopter des pratiques et des types de gestion des paysages adéquats. Il est tout à fait possible de valoriser la biodiversité dans le cadre de la production agricole (voir chapitre 2). Dans ce contexte *a priori* favorable, quatre points méritent d'être soulignés :

• Pour que cette insertion de la biodiversité soit durable, il faut tenir compte de trois types de facteurs, déterminants pour le comportement de l'exploitant : les freins psychologiques ou sociaux, trop souvent négligés, le niveau de maîtrise technique et l'aversion au risque, et les facteurs économiques (marchés, poids de la filière en amont et en aval, rentabilité des solutions « propres » proposées, impact sur l'organisation du travail).

• L'action publique a un rôle important à jouer pour favoriser ces évolutions, autant par des aides pour surmonter diverses contraintes que pour la définition des objectifs de biodiversité. Les actions collectives jouent un rôle important : elles doivent être encouragées car, d'une part elles rendent l'adoption de nouvelles pratiques plus facile, d'autre part elles seules peuvent être mobilisées pour un impact significatif à l'échelle du paysage. L'aménagement foncier est un exemple d'action collective appuyée sur des politiques publiques de restructuration des paysages.
• L'innovation requise pour mettre en œuvre ces nouveaux modes de production nécessite l'acquisition de références et d'un nouveau savoir-faire. En ce qui concerne la protection intégrée, par exemple, un certain nombre de solutions techniques existent, mais il manque bien souvent les références nécessaires pour leur adoption dans une gamme large de contextes pédoclimatiques.
• En agriculture biologique, les effets sur la biodiversité ne seront vraiment positifs que dans le cas d'une restructuration du système de production. Celle-ci doit inclure des aménagements et des modes de gestion prenant explicitement en compte la biodiversité pour ses services et pour la conservation. L'AB est souvent mise en avant, à juste titre, pour son intérêt écologique, mais nous avons souligné dans le premier chapitre ses limites en matière de préservation de la biodiversité (limites qui dépendent fortement du contexte régional et paysager). De plus, dans les cahiers des charges actuels, les mécanismes prenant explicitement en compte la biodiversité sont quasiment inexistants. Par conséquent, il y a peu à attendre d'une conversion de l'agriculture conventionnelle à l'agriculture biologique tant que ce passage se résume à une substitution d'intrants.

Le passage à l'AB est une phase délicate qui demande un appui technique et financier spécifique, que la durée « légale » ne permet pas toujours d'assurer, ce qui peut être un frein important. Les autres freins au passage à l'AB sont les incertitudes du marché et le manque de références sur le passage de l'expérimentation parcelle à l'exploitation. La réglementation sur les semences peut être un obstacle à la sélection de variétés utilisables en AB. Il est aussi nécessaire de faire des évaluations globales, et non seulement concernant le revenu direct, en prenant en compte les effets environnementaux, y compris sur la fertilité, les effets sur la santé… Et, là encore, le rôle des dynamiques collectives locales est essentiel et pourrait être soutenu par des politiques publiques à diverses échelles.

Les transformations des modes de production induiront très probablement la nécessité d'arbitrages, générateurs de tensions :
– tension entre exigences économiques et environnementales : les prix élevés observés actuellement sur toute une série de produits agricoles poussent les agriculteurs à viser un fort niveau de productivité, ce qui est contradictoire avec la réduction de l'usage des pesticides ;
– tension entre logiques individuelles d'exploitations et logiques territoriales : par exemple, la spécialisation, dans certaines régions, de la majorité des agriculteurs sur un faible nombre de cultures (ou sur les variétés les plus rentables) crée des territoires favorables au développement des populations de parasites auxquelles sont sensibles ces espèces ou variétés ;
– tension entre filières d'un même territoire, liée à la difficulté de faire coexister sur un même espace des variétés, des espèces, des systèmes culturaux à finalités différentes (typiquement : des filières OGM et non-OGM).

Au plan local, l'insertion de la biodiversité dans l'agriculture ne peut donc se résumer à un changement de pratiques : pour que cette insertion soit durable, il faut que la biodiversité prenne sens pour les agriculteurs, qu'elle fasse partie de leur éthique professionnelle. C'est un projet commun et progressif qu'il faut mettre en place, dans lequel il ne s'agit plus de se focaliser exclusivement sur les conditions d'adhésion des agriculteurs et sur l'adaptation des pratiques agricoles.

Au plan national, la mise en œuvre de nouveaux systèmes de production favorisant la biodiversité ne pourra se développer de manière significative sans une mobilisation concertée des agriculteurs, des entreprises en amont et en aval, de la recherche et du développement, des pouvoirs publics et des consommateurs. Il faut que l'enseignement intègre dans ses programmes les bases de la production intégrée et l'étude de l'impact environnemental des pratiques. Les coopératives, mais aussi les agents du développement qui vendent les semences et les produits phytosanitaires, doivent participer à la réduction de l'usage des pesticides, à la mise en place de modes de production moins intensifs, tout en restant rentables. Ils ont un rôle majeur à jouer pour promouvoir les variétés résistantes, les mélanges de variétés ou d'espèces, inciter à mettre la production intégrée au cœur des stratégies de production. La biodiversité dans les pays exportateurs d'aliments du bétail devrait être prise en compte. Il ne faudrait pas que les politiques nationales ou européennes conduisent à exporter des comportements ou des produits portant atteinte à la biodiversité vers des continents dépourvus de politiques environnementales.

Perspectives pour la recherche

L'agriculteur dans son exploitation et les agriculteurs sur un territoire constituent un lieu important d'articulation entre les politiques publiques, les avancées techniques, le contexte économique et la prise en compte de la biodiversité.

Observations et modélisation

Il faut développer des travaux sur la diversité de réponse des agriculteurs aux politiques relatives à l'environnement et à la biodiversité, non seulement en termes d'adoption de contrats mais aussi de modification de leurs pratiques. Il faut notamment assurer le couplage des observations économiques, agronomiques et écologiques. Cela implique de comprendre la façon dont les diverses formes de biodiversité sont produites, évoluent dans différents systèmes de production (y compris les systèmes d'AB), en prenant comme facteurs de ces évolutions les pratiques de localisation des usages aussi bien que de conduite des cultures et de gestion des éléments semi-naturels. D'où la nécessité de modéliser, à partir d'observations, la manière dont ces pratiques agissent sur la biodiversité, mais également les raisons de l'adoption (ou du rejet) de ces pratiques ainsi que les systèmes de décision dans lesquelles elles sont insérées. C'est à partir de là qu'apparaîtront les leviers d'action, à différentes échelles et dans les différents champs du technique, de l'économique et du social[1].

---

1. Ceci rejoint le rapport de la mission Systèmes agricoles innovants (SAI) de l'Inra : « L'internalisation des dimensions environnementales, sanitaires et éthiques dans les systèmes agricoles est bien sûr déjà

Il faut conduire ces recherches sur des territoires pour prendre en compte la dimension paysagère. Il faut aussi que les équipes de recherche aient la capacité d'expérimenter et de conduire des observations à long terme pour évaluer les échelles spatiales et temporelles de réponse aux changements de pratiques. Les systèmes d'observations mis en place (zones ateliers, observatoires de recherche en environnement) doivent être valorisés et renforcés avec ces objectifs.

Expérimentation

L'adoption par les agriculteurs de l'innovation nécessite, on l'a dit, l'acquisition de références et d'un nouveau savoir-faire. Un enjeu majeur porte donc sur la recherche et le développement. La mise au point de solutions utilisables en vraie grandeur demande un temps parfois très long (à l'exemple de l'utilisation du trichogramme en lutte biologique). Il est nécessaire également de disposer de variétés adaptées à une culture économe en intrants. Enfin, les questions de formation des agriculteurs sont cruciales.

L'un des problèmes majeurs posé par le changement des pratiques est également celui de la prise en compte des phases de transition entre divers modes de production. Ce point est essentiel : il explique par exemple de nombreux cas de retour en arrière du bio vers le conventionnel. Enfin, les questions d'organisation du travail et de la disponibilité en main-d'œuvre sont très importantes. D'une manière générale, les systèmes plus respectueux de l'environnement en général et de la biodiversité en particulier nécessitent plus de temps de travail, et cet aspect n'est que très rarement pris en compte dans les expérimentations.

Le couplage des dispositifs d'expérimentation et d'observation permettra de faire des allers et retours entre l'intégration de nouveaux savoir-faire et de nouveaux besoins en fonction de l'évolution des objectifs politiques.

---

engagée, mais, en prenant de l'importance, pourrait entraîner une remise en cause des fondamentaux de l'agriculture actuelle (usage des pesticides et produits vétérinaires, autonomie de décision des agriculteurs d'un même territoire, spécialisation des exploitations et des territoires, déprise des terres les moins productives...). Cette internalisation pourra prendre des formes très diverses : systèmes intensifs revisités ; systèmes à bas niveaux d'intrants, systèmes zéro-pesticide ; systèmes axés prioritairement sur la production de biens environnementaux ; organisation du parcellaire et aménagement d'espaces interstitiels (haies, bandes enherbées, zones "refuge"...) ; reconstruction des liens sociaux, écologiques et économiques entre espaces cultivés, prairies, parcours et forêt... La conception devra s'appuyer sur un travail important de redéfinition des critères d'évaluation des performances, ainsi que sur une articulation étroite entre les recherches sur les systèmes innovants et celles conduites sur les politiques publiques susceptibles de les favoriser. Elle impliquera une étroite coordination entre des actions menées aux échelles de la parcelle, du troupeau, de l'exploitation agricole et du territoire. Une question délicate sera de rendre ces évolutions compatibles avec la maîtrise des coûts de production et la sécurisation du revenu des agriculteurs, dans le contexte du changement climatique. Pour atteindre ces objectifs, les travaux engagés sur la conception de systèmes agricoles devront être fortement liés avec des travaux conduits en écologie, sciences de l'environnement, épidémiologie et économie publique. »

Annexe

Tableau 5. Exemples de techniques agricoles ou d'aménagements des espaces agricoles favorables à la biodiversité dont l'acceptabilité par les agriculteurs a été (parfois marginalement) étudiée. Il ne s'agit donc pas d'une liste exhaustive des pratiques ou aménagements favorables.

Choix de techniques ou d'aménagements et systèmes	**Objectifs** affichés (de biodiversité/environnement et agronomiques)	**Réussites rapportées**	**Freins majeurs identifiés**	**Démarches d'adoption paraissant pertinentes** (techniques à promouvoir, mesures incitatives ou d'accompagnement…)
Modification du contexte paysager direct des parcelles				
Mise en place de bandes enherbées en bordure de champ de blé (Belgique).	Maintenir les populations de pucerons sous un seuil où leur incidence du point de vue économique est acceptable par promotion de leurs ennemis naturels.	Résout l'asynchronisme printanier entre parasitoïdes et pucerons (par développement précoce de pucerons hôtes alternatifs non ravageurs) ; technique simple à mettre en œuvre. Aussi favorable à de nombreux autres auxiliaires + refuge pour le gibier.	Bandes herbeuses à entretenir + perte de revenu par la mise hors culture d'une superficie de terre + crainte liée au risque qu'elles soient des réservoirs de mauvaises herbes.	Prime aux agriculteurs s'ils mettent en œuvre des bandes herbeuses ou tournières de conservation dans leur culture pour compenser le manque à gagner lié à l'absence de production sur les bandes herbeuses. Utiliser les bandes herbeuses pour contrôle biologique leur donne un rôle économique et pourrait priver les agriculteurs de leur prime : → aménager la législation actuelle pour une généralisation plus efficace de leur utilisation.
Mise en place d'un schéma bocager en Bretagne à l'échelle du territoire de communautés de communes.	Objectif principal : protection de la qualité des eaux (continuité d'un réseau de haies) ; + habitat pour faune et flore.		Choix des essences fait surtout par rapport à la qualité des eaux, mais aussi de la production de bois et de la biodiversité (essences exotiques également implantées).	Outil proposé par la Région et porté par des communautés de communes ; démarche participative, l'incitation ; le paiement des plants ; appui technique à la plantation.

•••

Choix de techniques ou d'aménagements et systèmes	**Objectifs** affichés (de biodiversité/environnement et agronomiques)	**Réussites rapportées**	**Freins majeurs identifiés**	**Démarches d'adoption paraissant pertinentes** (techniques à promouvoir, mesures incitatives ou d'accompagnement…)
Aménagement de haies composites en bordure de vergers (sud-est de la France, surtout par arboriculteurs bio).	Rôle physique de brise-vent et de limite des dérives de produits phytosanitaires + favorise les auxiliaires actifs contre des ravageurs dont on peut accepter des niveaux de populations relativement élevés (ex. psylle du poirier), en vue de limiter les traitements Intérêt pour gibier et divers groupes/station-refuge (plantes rares, oiseaux, petits mammifères…).	Peu d'études des bénéfices en termes de protection, sauf pour populations de psylle, moindres si environnement arbustif diversifié (bénéfice : 0 ou 1 traitement et contrôle du ravageur, au lieu de 2 ou 3, voire plus, et pas toujours efficaces) ; sur le long terme, retard de l'apparition de résistance aux rares matières actives homologuées contre ce ravageur. En Finlande : repeuplement plus rapide par les acariens prédateurs après perturbation (traitement) lorsque des essences/ buissons riches en acariens auxiliaires bordent la parcelle.	Bénéfice limité par une protection intensive en verger (ex. contre carpocapse). Réduction du nombre de traitements pas toujours vérifiée, car seuils d'intervention souvent très bas (0 prise de risque) et/ou contrôles (coût en temps) nécessaires pour estimer le niveau d'infestation. Selon essences implantées, risque d'effets négatifs (divers bioagresseurs ou organismes de quarantaine favorisés). Coût de l'implantation des haies.	Connaissance limitée de la biocénose des essences à implanter/emprise des haies sur la surface productive : mais situation plus favorable dans le Sud-Est, où les vents rendent les haies nécessaires Peu de connaissances précises sur les caractéristiques du maillage de haies/la connectivité entre elles et avec des éléments naturels du paysage pour une bonne efficacité. Parfois subventions (ex. Conseil général Drôme) couvrant les frais à l'implantation. Productions annexes possibles (petits fruits, piquets…) bien que souvent anecdotiques.
Promouvoir l'hétérogénéité à l'échelle des paysages agricoles				
Mise en place de jachères favorables à la faune sauvage.	Promouvoir l'abondance des espèces chassables, et plus généralement la biodiversité.		Peuplements de papillons significativement inférieurs à ceux sur jachères longue durée ou prairies permanentes.	Contrat proposé par les fédérations de chasse avec surprime.
Installation de jachères florales et tournantes sur les exploitations (Suisse).	Développer une diversité de couverts végétaux sur les exploitations, favorisant la diversité de la faune et de la flore. La jachère doit rester en place 4-6 ans ; installations échelonnées dans le temps	Contribue à la préservation de la flore mais surtout à la grande richesse faunistique (arthropodes, notamment papillons et carabes). Corrélation avec le nombre de certains oiseaux typiques des paysages agricoles ouverts.	Réussite mitigée si : jachères en bordure de routes fréquentées (mortelles pour beaucoup d'animaux) ; sol trop riche, mouillé, compact ou tourbeux. Risque de problèmes de repousses de plantes indésirables dans la culture	Outil à l'échelle exploitation/paysage. Disposer d'une capacité de travail suffisante (30-50 h/ha/an) pour assurer un entretien adéquat de la surface. Mise à disposition (*via* station de recherche Agroscope) de mélanges de semences (20-40 espèces indigènes annuelles et pluriannuelles + sarrasin,

Choix de techniques ou d'aménagements et systèmes	**Objectifs** affichés (de biodiversité/environnement et agronomiques)	**Réussites rapportées**	**Freins majeurs identifiés**	**Démarches d'adoption paraissant pertinentes** (techniques à promouvoir, mesures incitatives ou d'accompagnement…)
	pour des jachères d'âges différents sur l'exploitation.		qui suit ; implanter plutôt une céréale.	qui sert à la couverture du sol). Des informations peuvent être obtenues auprès des services cantonaux de vulgarisation.
Respect d'une proportion de surfaces de compensation écologique (SCE) (Suisse).	Maintenir et développer la biodiversité en atteignant au moins 3,5 % des cultures spéciales ou 7 % de la SAU de l'exploitation consacrés aux SCE (prairies extensives, bandes enherbées, haies, jachères…).	En plaine : promotion de la biodiversité ordinaire (nombres d'espèces de plantes et d'arthropodes élevés) + contribution à la stabilisation des populations dépendant de surfaces agricoles extensives. En montagne : contribution au maintien des activités agricoles et des surfaces/paysages traditionnellement encore riches en biodiversité.	Freins écologiques (dans régions intensives, peu de populations d'animaux et de plantes peuvent profiter de ces surfaces). Freins sociologiques (effort considérable de formation et vulgarisation pour convaincre les agriculteurs de l'utilité des mesures) ; aussi une question de temps et de changement des mentalités.	Choix libre parmi 16 types de SCE différents ; 8 de ces surfaces donnent droit à des contributions financières supplémentaires. Intégrer dans l'éco-conditionnalité, créant un socle de base de surfaces disponibles pour la biodiversité. Basés sur ce socle, des programmes supplémentaires de type MAE régionalisées peuvent améliorer l'efficacité des SCE.
Promotion d'assolements diversifiés dans les exploitations (Suisse).	Prévention des ravageurs et maladies + protection du sol. Demande : au moins 4 cultures différentes par an (chacune = au moins 10 % des terres assolées).	Mesure pas été encore évaluée pour la biodiversité ; mais montre une corrélation forte et directe entre diversité floristique et faunistique et diversité des cultures.	Frein surtout d'ordre économique à court terme.	Inclure comme contrainte de base dans l'éco-conditionnalité.

Choix de techniques ou d'aménagements et systèmes	**Objectifs** affichés (de biodiversité/environnement et agronomiques)	**Réussites rapportées**	**Freins majeurs identifiés**	**Démarches d'adoption paraissant pertinentes** (techniques à promouvoir, mesures incitatives ou d'accompagnement…)
Accroître la surface des prairies gérées de façon peu intensive				
Réduction de la fertilisation minérale ou organique en prairie.	Restauration de la richesse floristique et notamment des espèces oligotrophes (espèces à forte valeur patrimoniale) ; effet induit sur la préservation des espèces animales (oiseaux, insectes) et sur la microflore tellurique.	Réussites pour la biodiversité essentiellement observées lorsque la fertilité initiale des sols est faible ou décroît rapidement après cessation de la fertilisation (ce qui ne correspond pas à la majorité des situations observées).	↘ de la quantité de fourrage produite ; ↘ de la qualité du fourrage pour des animaux à fort potentiel de production (vaches laitières) : cet effet varie selon la manière de caractériser la qualité ; beaucoup de sols prairiaux sont assez riches (notamment en P), et la ↘ lente de la teneur en minéraux peut ralentir fortement la restauration de la biodiversité.	Primes compensatoires pour la diminution de quantité de fourrage (et de qualité pour bovins laitiers à haut niveau de production). MAE à obligation de résultat de biodiversité mais avec une exigence de résultat pas trop rapide (minimum 5 à 10 ans). Arrêt total de la fertilisation préférable à des valeurs faibles (ex. 30 U) souvent discutables (même ordre de grandeur que les apports atmosphériques, fertilisation organique parfois non prise en compte). Mieux vaut une partie des prairies d'une exploitation à apport nul que l'ensemble avec un apport moyen, ce qui simplifie par ailleurs le travail de l'agriculteur.
Réduction des chargements animaux en prairie.	Restauration de la richesse floristique et faunistique (insectes en particulier) par création d'un couvert végétal plus hétérogène.	Maintien des performances individuelles des animaux généralement observé, mais diminution du nombre d'animaux que peut nourrir 1 hectare.	↘ de la quantité de fourrage valorisée (importance des refus) ; ↘ de la qualité du fourrage pour des animaux à fort potentiel de production (ex. : vaches laitières). Une réduction trop forte des chargements peut se traduire par une situation proche de l'abandon, défavorable à la biodiversité.	Importance de la conduite et de la vulgarisation d'essais prouvant qu'il est possible de faire « autrement » que par des systèmes intensifs.

Choix de techniques ou d'aménagements et systèmes	**Objectifs** affichés (de biodiversité/environnement et agronomiques)	**Réussites rapportées**	**Freins majeurs identifiés**	**Démarches d'adoption paraissant pertinentes** (techniques à promouvoir, mesures incitatives ou d'accompagnement…)
Utilisation d'une date de première exploitation tardive en prairie.	Restauration des espèces végétales à reproduction sexuée ; restauration d'un habitat pour des espèces animales inféodées à des espèces végétales (ex. : insectes pollinisateurs) ou à une structure de la végétation (ex. : oiseaux nicheurs).		↘ de la quantité de fourrage produite ; ↘ de la qualité du fourrage pour des animaux à fort potentiel de production.	Primes compensatoires pour la diminution de quantité de fourrage (et de qualité dans les systèmes bovins laitiers à haut niveau de production) ; MAE à obligation de résultat de biodiversité ; le retard de la date de première exploitation entraîne généralement une réduction de la fertilisation, cumulant les effets bénéfiques sur la biodiversité.
Accroissement de la diversité végétale intraparcelle				
Agroforesterie moderne.	Augmenter la productivité totale de la parcelle (biomasse) en combinant arbres et cultures tout en créant des bénéfices environnementaux dont la biodiversité.	Systèmes agroforestiers traditionnels (Dehesas, vergers traditionnels…) reconnus pour leur valeur paysagère et biodiversité ; mais l'agroforesterie moderne est au stade expérimental (agriculteurs novateurs) : effets environnementaux établis (réduction des nitrates, de l'érosion), moins de recherches sur la biodiversité.	Régulations et subventions mal adaptées à de tels systèmes ; investissement à long terme nécessaire de la part des agriculteurs ; itinéraires techniques encore mal connus.	Nécessaire vulgarisation afin de promouvoir ces systèmes, adapter les régulations et mécanismes de soutien (ne pas défavoriser l'agroforesterie par rapport à l'agriculture en monoculture), recherche.

Choix de techniques ou d'aménagements et systèmes	**Objectifs** affichés (de biodiversité/environnement et agronomiques)	**Réussites rapportées**	**Freins majeurs identifiés**	**Démarches d'adoption paraissant pertinentes** (techniques à promouvoir, mesures incitatives ou d'accompagnement…)
Implantation de bandes fleuries dans les inter-rangs des vergers (Suisse).	Augmenter la faune aphidiphage.	↑ observée aphidiphages (coccinelle, hétéroptère, chrysope), ↑ abondance araignées dont les toiles piègent des pucerons (vols de migration). Peuvent également être efficaces contre les psylles et les lépidoptères.	Gestion du couvert végétal (implantation, fauche), choix des espèces à utiliser (adaptation locale, pérennité du mélange…) ; si un effet positif sur le contrôle des ravageurs est observé, une productivité plus faible ou des dégâts sont tout de même enregistrés. La même expérimentation conduite en Allemagne donne un résultat contradictoire (hypothèse : floraison trop tardive du mélange en situation septentrionale).	L'agriculteur doit pouvoir obtenir une compensation pour ces dégâts sous forme d'un prix plus élevé à la récolte. En Suisse, technique couramment appliquée contre le puceron cendré du pommier. SCE avec jachères florales ≥ 3,5 % de SAU exploitation pour une certification.
Sous semis floraux et herbacés en verger et application limitée d'insecticides spécifiques (République tchèque).	Maintenir les populations d'araignées.	↑ abondance et de la diversité spécifique des araignées. Sud-est France : bénéfice d'un sol avec couvert herbacé par rapport à sol nu pour le contrôle du psylle du poirier.	Utilisation d'insecticides spécifiques qui ne font pas nécessairement face à tous les problèmes.	Enherbement inter-rang couramment pratiqué en République tchèque.
Utilisation de variétés particulières				
Utilisation de variétés de céréales résistantes aux pucerons (États-Unis).	Contrôler les populations de pucerons sans insecticide.	Diminution significative de la croissance de pucerons.	Différence de qualité dans la farine.	Programme de sélection variétale à mettre en place.
Utilisation de variétés de maïs résistantes aux pucerons (Belgique).	Limiter l'utilisation de pesticides et les inputs énergétiques dans la culture.	Diminution significative des populations de pucerons en champs et présence de nombreux auxiliaires.	Effet sur le troisième niveau trophique, moins de prédateurs de pucerons sur les plantes les plus résistantes.	Introduire l'utilisation des plantes résistantes dans un programme de protection intégrée plus large. Mise sur pied de système d'avertissement en culture de maïs en Belgique.

Choix de techniques ou d'aménagements et systèmes	**Objectifs** affichés (de biodiversité/environnement et agronomiques)	**Réussites rapportées**	**Freins majeurs identifiés**	**Démarches d'adoption paraissant pertinentes** (techniques à promouvoir, mesures incitatives ou d'accompagnement…)
Utilisation de variétés rustiques de blé pour appliquer des itinéraires à bas niveau d'intrants (France).	Conduite intégrée visant un rendement inférieur à celui de la conduite classique et limitant les intrants (densité de semis réduite, pas d'apport d'azote au tallage, pas de régulateur de croissance, et nombre de traitements fongicides réduit).	Un réseau d'essais dans des contextes géographiques et agronomiques très variés a montré que ce choix peut être rentable. La stratégie intégrée est gagnante dans 70 à 85 % des cas.	Les marges obtenues sont très variables selon les années.	Le résultat économique sera sensible au prix du blé (analyse faite pour un prix du blé de 100 €/t).
Lutte biologique par lâchers inondatifs				
Lâcher de Trichogrammes sur + de 80 000 ha de maïs en France (20 % de la superficie française de maïs).	Lutter contre la pyrale du maïs en France.	Contrôle satisfaisant de la pyrale, taux de parasitisme supérieur à 70 %.	Techniques nécessitant des années de recherches avant d'aboutir à une application concrète.	Demande une information technique des agriculteurs ; réussite possible par amélioration constante de la technique + adaptation au besoin des producteurs (application au champ simplifiée en réduisant le nombre de points et de périodes de lâchers).
Lâchers de parasitoïdes de pucerons sur céréales (Belgique).	Contrôle par parasitoïdes des pucerons.	Faisabilité technique démontrée.	Étude au stade de l'essai. Facteur limitant = coût de production des parasitoïdes.	Enjeu = production industrielle de parasitoïdes à un coût acceptable pour les agriculteurs. L'association de techniques d'aménagement de l'habitat à des lâchers ou utilisation de plantes résistantes permettrait de réduire les coûts, mais en accroissant encore la technicité.

Choix de techniques ou d'aménagements et systèmes	**Objectifs** affichés (de biodiversité/environnement et agronomiques)	**Réussites rapportées**	**Freins majeurs identifiés**	**Démarches d'adoption paraissant pertinentes** (techniques à promouvoir, mesures incitatives ou d'accompagnement…)
Limitation du recours aux pesticides dans un cadre de Production fruitière intégrée (PFI)				
Lutte contre le carpocapse de la pomme par confusion sexuelle (France).	Réduction du nombre de traitements chimiques, gestion de la résistance aux insecticides.	Résultats intéressants dans parcelles à population de carpocapse connue et à faible infestation initiale, accompagnée d'une bonne surveillance.	Efficacité insuffisante des diffuseurs si la pression des ravageurs est trop forte et/ou si immigration de femelles fécondées : nécessité de traitements complémentaires.	Accompagnement technique nécessaire. Il est possible de combiner ce type de traitement avec une pulvérisation de virus de la granulose (lutte microbiologique) par exemple, 6 ou 7 pulvérisations à raison de 1 tous les 10 jours.
Utilisation de seuils d'intervention dans un cadre de Production fruitière intégrée (PFI) (France).	Réduction des résidus de pesticides dans les fruits après récolte, prise en compte de la qualité du produit et de la protection de l'environnement.	Psylle du poirier : réduction de 50 % des traitements phytosanitaires par application de seuil économique et en prenant en compte l'efficacité naturelle des prédateurs (spécialement les *Anthocoris*) du psylle.	Concept de qualité ambigu chez le consommateur (plus attaché à l'aspect du fruit qu'à une absence de résidus). Pour arboriculteurs français : qualification = handicap économique + contraintes techniques et cahier des charges. Temps de contrôle en verger. Utilisable pour des ravageurs pouvant être tolérés à des niveaux de population élevés (ex. psylles du poirier, acariens du pommier).	Relier produit de qualité et qualité environnementale, rémunérer l'agriculteur pour son rôle dans la protection de l'environnement et de la biodiversité. Développement de la PFI au niveau européen et élaboration de labels de qualité ; mais difficulté à passer à une production plus écologique pour les arboriculteurs (objectif centré sur le volume de production et le monde marchand). Rendre plus facile la valorisation d'innovations techniques en production fruitière.

4 Biodiversité, agriculture et politiques publiques

Les chapitres précédents ont montré que la biodiversité pouvait rendre des services à l'agriculture, notamment au plan agronomique, et ont mis en évidence des marges de manœuvre permettant de mieux concilier objectifs de production agricole et objectifs de préservation de la biodiversité. La modification des itinéraires techniques appliqués dans les parcelles ou la gestion des espaces semi-naturels présents sur le territoire de l'exploitation en sont des exemples. L'analyse a aussi montré qu'un frein à l'adoption de telles options résultait des coûts additionnels et du manque à gagner au niveau de l'exploitation agricole.

Dans ce contexte, le présent chapitre présente les principaux dispositifs publics aujourd'hui utilisés dans l'Union européenne (UE), et plus spécifiquement en France, dans un objectif de protection de la biodiversité ; les avantages et inconvénients de ces dispositifs sont exposés, et sur la base de cette analyse des voies d'amélioration de l'action publique sont proposées. L'exercice se révèle particulièrement délicat, du fait notamment qu'il est difficile d'attacher une valeur à la biodiversité, par suite de quantifier les coûts associés à sa destruction et/ou les bénéfices liés à sa préservation. Cette difficulté se traduit notamment au niveau de la prise en compte de la biodiversité dans les règles de droit.

Le « statut » juridique et économique de la biodiversité

Biodiversité et sciences juridiques

Traduire en règles de droit la protection de la diversité biologique se heurte à deux types de difficultés.

Un concept multidimensionnel

De nombreuses études juridiques pointent le fait que la diversité biologique est un concept dont l'appréhension et, par suite, la protection, est difficile à mettre en œuvre dans la mesure où il implique une approche globale et écosystémique de l'environnement qui devrait concerner les politiques de protection des espaces et des espèces, mais aussi les politiques de prévention des atteintes à la biodiversité. En outre, la protection de la biodiversité implique des échelles d'action très diverses qui vont du global au local, la prise en compte du long terme (à l'échelle de plusieurs générations) et celle de la variabilité des écosystèmes dans le temps. Partant de là, les auteurs remarquent que l'approche écosystémique est un « défi » pour le droit, et que la biodiversité est en réalité surtout appréhendée à travers ses éléments constitutifs (milieux, espèces).

Des règles juridiques spécifiques (le droit de l'environnement)

Un nombre élevé d'études juridiques soulignent que l'effectivité des mesures de protection de la biodiversité dépend du statut juridique accordé à cette dernière ainsi que de sa place dans la hiérarchie des valeurs et des intérêts protégés par le droit. De façon générale, la non-reconnaissance d'un statut juridique spécifique aux ressources naturelles conduit à considérer les éléments de l'environnement, plus spécifiquement les éléments de la biodiversité, comme des « choses » au sens juridique, c'est-à-dire des objets de droit, dont le droit de propriété. Cette absence de statut fait que la protection de l'environnement relève de règles juridiques particulières (le droit de l'environnement) sans disposer des moyens suffisants pour se diffuser dans l'ensemble du champ normatif, qu'il soit international, communautaire ou national. Dès lors, les conflits entre le droit de l'environnement et les autres corps de règles sont inévitables. Parfois, le conflit est prévu et réglé par le droit. C'est le cas, par exemple, des atteintes considérées comme légitimes dans les différents dispositifs de protection de l'environnement. Ainsi, la destruction d'espèces ou d'habitats dans un site Natura 2000 n'est admise que pour des raisons d'intérêt public majeur, sinon interdite. Mais le plus souvent, la règle de résolution du conflit entre la protection de l'environnement et d'autres intérêts soit n'existe pas, soit ne bénéficie pas des mécanismes permettant de l'appliquer. Ce constat s'applique, dans une large mesure, aux règles de protection de la biodiversité aux trois échelles internationale, communautaire et française. Dans le droit français, de nombreux juristes constatent que le bilan coûts/avantages préalable à l'autorisation d'une activité ou d'un produit est rarement favorable à l'environnement.

Une application plus tardive dans le domaine de l'agriculture

Le constat de la faible effectivité du droit de l'environnement en général s'applique dans le cas des activités agricoles. En plus des explications présentées ci-dessus, on soulignera la prise en considération plus tardive des atteintes à l'environnement en agriculture relativement à l'industrie, cela en raison principalement du caractère diffus de nombreuses pollutions d'origine agricole qui rend difficile l'identification des diverses sources d'émissions, et plus encore de quantifier les contributions de chacune d'elles. Par ailleurs, l'application d'une politique agricole communautaire et nationale ayant longtemps visé des objectifs de production a conduit à un développement d'un droit agricole peu perméable aux considérations environnementales. Enfin, l'application du droit de l'environnement à l'agriculture s'est parfois traduite par des programmes incitatifs en substitution de la réglementation, à l'encontre donc des principes juridiques généraux comme de principes propres au droit de l'environnement (en particulier, le principe de prévention et le principe pollueur-payeur).

Biodiversité et sciences économiques

La valeur de la biodiversité

Pour une large part, les problèmes de prise en compte de la biodiversité dans les règles de droit résultent de la difficulté à lui associer une valeur. La biodiversité reflète la variété des êtres vivants et leurs interactions à trois niveaux correspondant à la diversité génétique, à la diversité des espèces et à la diversité des écosystèmes. La biodiversité est le fruit d'interactions dynamiques entre des écosystèmes qui sont eux-mêmes le résultat d'interactions localisées entre des hommes, des animaux, des plantes et des microorganismes. Les valeurs sous-jacentes à une décision privée, voire publique, prise à une échelle locale ne sont vraisemblablement pas les mêmes que celles qui sous-tendent les décisions collectives adoptées, ou qu'il faudrait adopter, à l'échelle de la planète. Cet écart dans les valeurs implicitement prises en compte pose problème dans la mesure où c'est au niveau local, dans la gestion des composantes locales de la biodiversité, que se joue, en grande partie, le devenir de la biodiversité à l'échelle de la planète.

Le schéma ci-après (*figure 1*) illustre la difficulté à mesurer la valeur économique totale (VET) de la biodiversité. Cette VET est classiquement décomposée en deux catégories, la valeur d'usage (partie gauche du schéma) et la valeur de non-usage (partie droite). La valeur d'usage comprend la valeur d'usage direct (production agricole, cadre touristique…), la valeur d'usage indirect (fonction écologique, pollinisation…) et la valeur d'option (prix accordé à la préservation de la biodiversité au titre d'un usage potentiel futur). Quant à la valeur de non-usage, elle regroupe la valeur d'héritage (conservation de la biodiversité au bénéfice des générations futures) et la valeur d'existence (prix accordé à la biodiversité au seul motif qu'elle existe) ; la valeur de non-usage est étroitement associée à des considérations de justice, de morale et d'équité, à des notions telles que le « le droit de la nature » ou « le droit des générations futures »… Sur la base de cette échelle de valeurs, et même si les économistes ont développé des méthodes pour essayer d'évaluer au moins certaines composantes de la VET de la biodiversité, on comprend aisément que la tâche n'est pas facile. Cette difficulté d'évaluation de la biodiversité et des différentes composantes de sa valeur a été mise en évidence, par exemple, dans le cadre du Millennium Ecosystem Assessment (MEA).

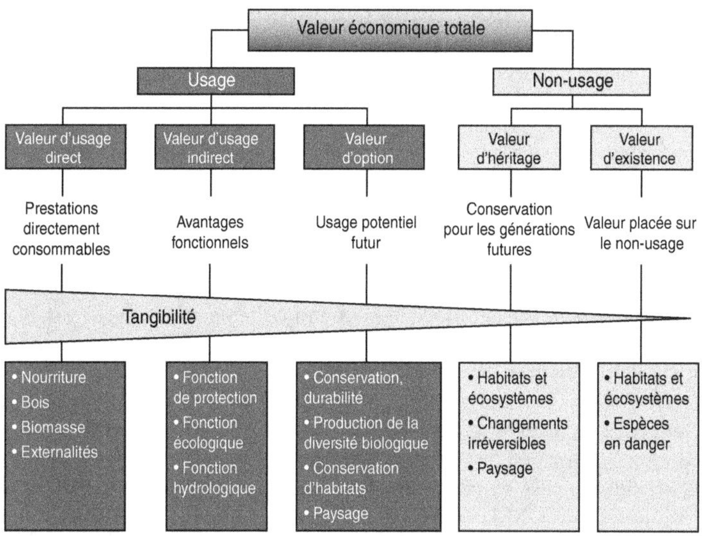

Figure 1. Les valeurs de la biodiversité.
Source : Centre d'analyse stratégique, février 2008.

Ce n'est pas parce qu'il est difficile, voire impossible, de mesurer la VET de la biodiversité que cette dernière n'a pas de valeur. Et c'est parce que la biodiversité a une valeur mais que cette dernière n'est pas reflétée dans un prix de marché, que la théorie de l'économie publique justifie et légitime une intervention de l'État, autrement dit des politiques publiques de préservation de la biodiversité. Le raisonnement peut être de la façon suivante : la biodiversité est un bien public au sens où tous les agents économiques en bénéficient sans possibilité, dans la très grande majorité des situations, d'appropriation unique par un seul acteur et exclusion des autres. Mais comme il n'existe pas de marché donc de prix, de la biodiversité, celle-ci n'est pas prise en compte, ou seulement de façon partielle, dans les calculs économiques des agents privés, par exemple les agriculteurs. Faute de prix, la biodiversité se trouve mise à disposition à un niveau plus faible que souhaitable. Il y a alors justification et légitimation à une intervention du régulateur public pour, en quelque sorte, ramener la biodiversité au niveau souhaitable. Ce raisonnement très simple ne règle pas, naturellement, la question de la détermination du niveau souhaitable qui suppose qu'il est possible d'attribuer une valeur à la biodiversité. Pas plus qu'il ne fournit une grille pour caractériser la forme optimale d'intervention. En pratique, de très nombreux instruments peuvent être utilisés pour un même résultat en termes de préservation de la biodiversité : la réglementation, la taxation de pratiques défavorables à la biodiversité et/ou le subventionnement de pratiques favorables... Le choix entre les différents instruments possibles est fondé sur des critères tels que la simplicité de mise en œuvre, les coûts d'administration des mesures, le respect du principe pollueur-payeur et son corollaire, fournisseur-bénéficiaire...

Le cadre d'action des politiques publiques de protection de la biodiversité

La Convention sur la diversité biologique (CDB) de juin 1992 est le premier texte international à consacrer le principe de la préservation de la biodiversité (ce texte a valeur de traité pour les pays qui l'ont ratifié). Son article premier en fixe les objectifs, à savoir « la conservation de la diversité génétique, l'utilisation durable de ses éléments et le partage juste et équitable des avantages découlant de l'exploitation des ressources génétiques, notamment grâce à un accès satisfaisant aux ressources génétiques et à un transfert approprié des techniques pertinentes, compte tenu de tous les droits sur ces ressources et aux techniques, et grâce à un financement adéquat. ». Tous les deux ans – la dernière fois en mai 2008, à Bonn (Allemagne) – les pays qui ont ratifié la convention se réunissent lors d'une conférence dite des Parties, pour faire le point sur les actions menées dans le cadre de la CDB et, le cas échéant, adopter de nouvelles dispositions.

C'est ainsi qu'au niveau de l'Union européenne la stratégie communautaire en faveur de la diversité biologique établie en 1998 définit un cadre dans lequel doivent être élaborés les politiques et les instruments communautaires propres à satisfaire aux obligations de la CDB (COM [1998] 42 final). Cette stratégie s'articule autour de quatre thèmes principaux, à savoir la conservation et l'utilisation durable de la diversité biologique ; le partage des avantages découlant de l'exploitation des ressources génétiques ; la recherche, l'identification, la surveillance et l'échange d'informations ;

l'éducation, la formation et la sensibilisation. Elle définit les domaines d'intervention et, pour chaque domaine, les objectifs à atteindre : concernant l'agriculture, le renforcement de la conservation des ressources génétiques ayant une valeur pour l'alimentation ; la promotion de bonnes pratiques agricoles permettant de préserver la diversité génétique et de réduire la pollution, notamment en conditionnant le soutien agricole au respect de critères écologiques ; le renforcement des mesures agri-environnementales ; la promotion des politiques commerciales favorables au respect de la diversité biologique...

À chaque domaine est associé un plan d'action ; pour ce qui est de l'agriculture, le plan d'action en faveur de la biodiversité biologique dans le domaine de l'agriculture du 27 mars 2001 (COM [2001] 162 final) définit les priorités et identifie les instruments communautaires, notamment ceux de la Politique agricole commune (PAC), mobilisables à cette fin. De façon générale, plusieurs évolutions récentes de la PAC, par exemple la conditionnalité des aides directes de soutien des marchés et des revenus (aides dites « du premier pilier ») au respect de différents critères, en particulier environnementaux, ou le renforcement des mesures agri-environnementales de la politique de développement rural (deuxième pilier de la PAC) s'inscrivent dans cette perspective. Le plan d'action relatif au domaine agricole est complété par des textes spécifiques portant sur, notamment, les produits phytosanitaires[1], l'agriculture biologique[2] et les ressources génétiques en agriculture[3].

Enfin, le 22 mai 2006, la Commission européenne a proposé une nouvelle communication intitulée « Enrayer la diminution de la biodiversité à l'horizon 2010 et au-delà – préserver les services écosystémiques pour le bien-être humain » (COM [2006] 216 final). Cette communication « analyse l'adéquation de la réponse apportée par l'Union européenne à ce jour » en matière de préservation de la biodiversité. Bien que des progrès importants aient été réalisés et que les taux de diminution de la biodiversité présentent des premiers signes de ralentissement, la Commission fait le constat que le rythme et l'étendue de la mise en œuvre de la stratégie communautaire en faveur de la diversité biologique et des plans d'action relatifs aux différents domaines ont été insuffisants. Elle réaffirme que les objectifs souscrits en 2001 de « mettre un terme à l'appauvrissement de la biodiversité [dans l'Union européenne] d'ici 2010 » (Conseil européen de Göteborg, 15 et 16 juin 2001) et « de remettre en état les habitats et les écosystèmes » (COM [2001] 264 final) sont néanmoins atteignables, mais à condition que l'Union et les États membres renforcent les dispositifs à cette fin.

Relayant l'échelon européen, la plupart des États membres ont élaboré ou sont en train d'élaborer des stratégies et/ou des plans d'action nationaux. C'est ainsi que la France a défini, en 2004, une stratégie nationale pour la biodiversité qui, partant du constat et des enjeux, fixe une finalité globale (stopper la perte de biodiversité d'ici

1. « Vers une stratégie thématique concernant l'utilisation durable des pesticides » (COM [2002] 349 final) et « Stratégie thématique concernant l'utilisation durable des pesticides » (COM [2006] 372 final), communications de la Commission européenne ayant conduit à une proposition de directive, le 12 juillet 2006, instaurant un cadre d'action communautaire pour parvenir à une utilisation durable des pesticides.

2. « Plan d'action européen en matière d'alimentation et d'agriculture biologiques » (COM [2004] 415 final).

3. Règlement (CE) 1590/2004 du Conseil établissant un programme communautaire concernant la conservation, la caractérisation, la collecte et l'utilisation des ressources génétiques en agriculture.

2010, conformément à l'engagement souscrit lors du Conseil européen de Göteborg de 2001, voir plus haut) et les orientations (mobiliser tous les acteurs ; reconnaître sa valeur au vivant ; améliorer la prise en compte de la biodiversité par les politiques publiques ; et développer la connaissance scientifique et l'observation). À l'image du niveau communautaire, la stratégie française en matière de préservation de la biodiversité se décline en plans d'action, dont un plan d'action « agriculture ». Ce dernier fixe cinq orientations majeures pour améliorer la prise en compte de la biodiversité dans les politiques agricoles françaises comme dans les pratiques de terrain, à savoir « promouvoir une prise en compte par les agriculteurs et leurs partenaires de la biodiversité dans les démarches territoriales ; généraliser les pratiques agricoles favorables à la biodiversité et améliorer celles à impact négatif ; protéger et renforcer la diversité des ressources génétiques pour l'agriculture et l'alimentation ; assurer le suivi de l'évolution de la biodiversité en milieu rural en lien avec les évolutions des pratiques agricoles ; et renforcer la sensibilisation et les compétences des acteurs de la filière, de l'enseignement, de la recherche et de l'encadrement agricoles pour améliorer les interrelations agriculture-biodiversité ». Dans ce cadre, mais aussi dans celui du plan national santé-environnement de 2004, le plan interministériel 2006-2009 de réduction des risques liés aux pesticides du 28 juin 2006 « prévoit la réduction de 50 % des quantités vendues de substances actives les plus dangereuses » via des actions structurées autour de cinq axes (agir sur les produits en améliorant leurs conditions de mise sur le marché ; agir sur les pratiques et minimiser le recours aux pesticides ; développer la formation des professionnels et renforcer l'information et la protection des utilisateurs ; améliorer la connaissance et la transparence en matière d'impact sanitaire et environnemental ; et évaluer les progrès accomplis) ».

Les instruments communautaires et français de préservation de la biodiversité dans le domaine agricole

Les mesures concrètes adoptées au titre de la préservation de la biodiversité relèvent de plusieurs politiques, naturellement les politiques de protection de l'environnement (eau, air, espaces et espèces protégés, prévention des pollutions et des risques...), mais aussi les politiques sectorielles, par exemple la politique agricole. Les instruments de préservation de la biodiversité sont donc à rechercher dans des corpus normatifs très divers. Dans cette synthèse, nous avons fait le choix de ne présenter que les principaux instruments de protection de la biodiversité dans le domaine agricole, à savoir les mesures agri-environnementales (aujourd'hui dénommées « paiements agri-environnementaux ») du volet « développement rural » de la PAC, le dispositif Natura 2000, la conditionnalité des aides directes de soutien des revenus et des marchés et enfin les outils de certification. Ce choix ne doit pas occulter que la préservation de la biodiversité mobilise parallèlement d'autres outils, notamment pour ce qui relève des aspects juridiques, le droit fiscal, le droit rural, le droit de l'eau ou le droit des produits phytosanitaires.

Les mesures agri-environnementales (MAE)

Les MAE dans l'Union européenne

L'intégration de préoccupations et d'objectifs environnementaux dans la PAC est progressivement montée en puissance : option facultative en 1985 (article 19 du

Règlement CEE 797/85) ; règlement spécifique d'application obligatoire en 1992 (Règlement CEE 2078/92 concernant des méthodes de production agricole compatibles avec les exigences de protection de l'environnement ainsi que l'entretien des espaces naturels) ; affirmation du développement rural comme le second pilier de la PAC (le premier pilier étant la politique de soutien des marchés et des revenus) à l'occasion de la réforme Agenda 2000 avec définition d'un règlement de développement rural (RDR) regroupant en 22 mesures, dont les mesures en faveur des zones défavorisées et des zones soumises à des contraintes environnementales, ainsi que les mesures agri-environnementales, l'ensemble des actions qui auparavant relevaient des mesures structurelles ou des mesures d'accompagnement de la PAC (Règlement CEE 1257/1999) ; extension du domaine de l'agri-environnement et conditionnalité des soutiens budgétaires du premier pilier à divers critères, dont des critères environnementaux, à l'occasion de la réforme de la PAC de juin 2003. À l'échelle communautaire, cette montée en puissance s'est traduite par un accroissement régulier des ressources budgétaires allouées, sans commune mesure toutefois avec celles consacrées aux mesures du premier pilier, ainsi que par une augmentation des surfaces agricoles et du nombre d'exploitations agricoles concernés.

Les MAE en France

En France, les premières applications de l'article 19 du Règlement CEE 797/85 datent de 1989 ; elles visent plus particulièrement la protection de biotopes sensibles. À l'occasion de la réforme de la PAC de 1992, la France reconduit ces opérations « article 19 » désormais intitulées « Opérations locales agri-environnementales » (OLAE) et ciblées sur deux catégories de zones rurales sensibles d'un point de vue environnemental, d'une part les zones de biotopes rares et sensibles, d'autre part les zones très extensifiées, fragilisées et/ou menacées par la déprise agricole ; en outre sont instaurés deux autres types de MAE, d'une part le dispositif national de la « Prime au maintien des systèmes d'élevage extensif » (PMSEE) plus connue sous le nom simplifié de « prime à l'herbe », d'autre part diverses mesures régionales dont la mesure de « conversion à l'agriculture biologique ». Du double point de vue des surfaces consacrées et des ressources budgétaires allouées, le dispositif de la prime à l'herbe est le plus important ; on attendait de ce dernier des retombées positives en matière de préservation de la biodiversité grâce au maintien de couverts prairiaux.

En 1999, la Loi d'orientation agricole (LOA) introduit le principe de la multifonctionnalité de l'agriculture ainsi qu'un nouveau contrat, le Contrat territorial d'exploitation (CTE), qui reconnaît les fonctions économiques, sociales et environnementales des exploitations agricoles. En 2002, au CTE succède le Contrat d'agriculture durable (CAD), davantage ciblé sur des objectifs agri-environnementaux ; néanmoins, outre que les MAE peuvent être contractualisées hors CAD, ce dernier outil est, en 2007, vite abandonné. Les CTE, puis les CAD, s'inséraient dans un cadre plus large, le Plan de développement rural national (PDRN) 2000-2006, correspondant à la mise en œuvre en France du RDR communautaire de 1999. Dans ce plan global, les MAE elles-mêmes ont pu être révisées. Ainsi, la prime à l'herbe est-elle devenue la Prime herbagère agri-environnementale (PHAE) en 2003, et cette dernière qualifiée désormais de « PHAE 1 » a été remplacée en 2007 par la PHAE 2 mise en place dans le cadre du nouveau Plan de développement rural hexagonal (PDRH) 2007-2013. De façon générale, l'évolution dans le temps correspond à des exigences croissantes sur le plan environnemental : ainsi la PHAE 2 oblige désormais l'agriculteur bénéficiaire à ce que les éléments fixes de biodiversité (haies, alignement d'arbres, arbres isolés, tourbières, prairies permanentes humides ou en zone Natura 2000, fossés, mares, cours d'eau...) représentent l'équivalent d'au moins 20 % de la superficie engagée au titre de la PHAE 2.

De cette présentation de la mise en œuvre des MAE en France, on retiendra leur montée en puissance progressive aussi bien des surfaces couvertes que du budget alloué. Même si les évolutions ont eu pour objectif, au niveau français comme à l'échelle communautaire, d'améliorer l'efficacité des mesures en corrigeant les principales insuffisances constatées, on retiendra aussi la complexité et la variabilité temporelle des mesures comme des dispositifs plus globaux dans lesquels celles-ci s'insèrent, avec une logique tantôt principalement territoriale (les OLAE ou les CAD), tantôt essentiellement verticale d'exploitation ou de filière (les CTE). Cette complexité et cette instabilité ne facilitent pas l'évaluation et constituent deux freins au maintien dans le temps des effets attendus des mesures, à l'apprentissage par les acteurs, à la capitalisation des enseignements et à l'amélioration progressive des outils (à la différence de ce qui a pu être fait dans d'autres États membres, au niveau national ou régional, par exemple en Allemagne dans le cadre du programme MEKA mis en œuvre dans le Bade-Wurtemberg).

Analyse juridique des MAE en tant que contrats

L'outil de mise en œuvre des MAE, en France comme dans les autres États membres, est le contrat. L'analyse juridique du contrat comme outil de protection de l'environnement de façon générale, de la biodiversité plus spécifiquement, met en évidence des inconvénients et des avantages.

Les juristes considèrent que le contrat est un instrument de protection de l'environnement moins performant que la réglementation, principalement en raison de son caractère volontaire qui rend la mise en œuvre de la politique – dont le contrat est l'instrument – dépendante du consentement des acteurs. La satisfaction d'objectifs territoriaux et l'instauration de mesures zonées peuvent ainsi être contrariées par le refus de certains agriculteurs à s'engager ; dans ce cas, c'est l'efficacité du dispositif dans son ensemble qui peut être remis en cause. Du caractère volontaire du contrat découlent deux conséquences principales : d'une part, l'impossibilité de rendre le dispositif permanent (même s'il est possible, à l'exemple des baux ruraux, de définir des contrats sur une longue durée) ; d'autre part, la relativité du dispositif qui n'oblige et n'a d'effets que pour les parties. Le contrat agri-environnemental limite donc l'information des tiers et leurs moyens de contrôle, offre moins de garanties juridiques (relativement à l'acte réglementaire) dans la mesure où « il ne vaut pas à l'égard des tiers dont les activités peuvent représenter une menace pour la conservation de la zone » (CJCE, C-255/93, 5 octobre 1994), et peut être contrarié par des contrats privés souscrits par l'exploitant, par exemple des contrats d'intégration avec des firmes d'amont ou d'aval.

Du côté des avantages, les juristes notent que les modalités de sanction en cas de non-respect des engagements souscrits dans le cadre du contrat, non-respect sanctionné par le non-versement du paiement, sont plus simples à mettre en œuvre que les sanctions administratives ou pénales associées au non-respect de la réglementation ; ils font toutefois remarquer que les deux instruments peuvent présenter les mêmes difficultés de contrôle. De façon plus générale, un avantage du contrat environnemental par rapport à la réglementation est qu'il contribue à renforcer la prise de conscience par les agriculteurs du « fait environnemental ». Ainsi, il permet de « faire progresser la norme » dans ce domaine. Le contrat est analysé comme favorisant l'implication des acteurs et leur appropriation du droit, deux facteurs qui ont pour effet de permettre un meilleur respect de la norme. En ce sens, le contrat est vu comme un complément des instruments réglementaires, comme « préparation » à une réglementation future et/ou comme moyen d'aller plus loin que les règles impératives existantes (sachant que les obligations du contrat doivent être distinctes des obligations réglementaires).

Depuis la réforme de la PAC de 2003 et le Règlement (CE) 1698/2005, les États membres sont obligés de procéder à une consultation publique dans la phase d'élaboration de toute MAE ; ils ont également obligation de procéder à son évaluation en continu. En outre, il est désormais possible de recourir à des enchères pour attribuer les paiements, cela dans un objectif d'amélioration du ratio coût sur efficacité des mesures ; l'analyse de la littérature ne permet pas de conclure sans ambiguïté sur ce point (*encadré 9*).

9

L'attribution de contrats agri-environnementaux via des enchères

Les contrats agri-environnementaux de façon générale, les MAE plus spécifiquement, peuvent/pourraient être octroyés sur la base de mécanismes d'enchères : les pouvoirs publics acquièrent des bénéfices environnementaux et les agriculteurs enchérissent sur le paiement qu'ils souhaitent obtenir en contrepartie de la fourniture d'efforts et de services environnementaux, à l'image d'une procédure d'appel d'offre public. Ces enchères peuvent être mises en œuvre sous contrainte budgétaire (les contrats sont alors alloués aux mieux-disants jusqu'à épuisement du budget) ou sous contrainte d'objectif (par exemple, un nombre minimal d'hectares sous contrat). Des mécanismes de mise aux enchères de contrats agri-environnementaux ont été utilisés en Angleterre, en Australie et aux États-Unis. Les résultats de ces expériences sont mitigés. On a identifié une limite : les enchères génèrent de forts coûts de transaction, au niveau de l'administration comme à celui des agriculteurs, en particulier lorsque des contraintes de continuité spatiale sont nécessaires.

Impact des MAE sur la biodiversité

L'évaluation écologique des MAE appliquées en France est très peu développée. L'analyse d'expériences dans divers États membres et en Suisse montre que les résultats sont mitigés. Ainsi, sur les 59 études recensées dans le cadre de cette expertise, 31 concluent à un impact positif des mesures sur la biodiversité mais presque autant (28) aboutissent à la conclusion qu'il n'y a pas d'effet ou des effets mixtes (*tableau 6*). Ce constat soulève deux questions étroitement liées : d'une part, celle de l'adéquation entre les objectifs des mesures et les cahiers de charges censés les réaliser, d'autre part, celle de la mise en œuvre effective des cahiers des charges. La première question renvoie à un défaut de connaissances scientifiques quant aux processus biologiques que le régulateur public souhaite inverser ou au contraire favoriser ; mais la mauvaise adaptation du cahier des charges à l'objectif visé peut aussi résulter de dynamiques biologiques, économiques ou sociales non ou mal anticipées au départ. Par ailleurs, l'efficacité des mesures peut être limitée par une durée trop courte des contrats relativement au temps long de réponse des systèmes écologiques, ainsi que par des surfaces mobilisées trop faibles et/ou trop dispersées dans l'espace.

Tableau 6. Évaluation dans 8 pays européens (7 appartenant à l'Union européenne plus la Suisse) des impacts des MAE sur la biodiversité (richesse spécifique, composition de groupes d'espèces).

	Nombre d'études	Effet positif des MAE	Pas d'effet ou effets mixtes
Irlande	2	0	2
Pays-Bas	8	2	6
France	1	0	1
Allemagne	5	2	3
Suède	2	1	1
Espagne	5	2	3
Grande-Bretagne	12	6	6
Suisse	24	18	6

Efficacité écologique et économique des MAE

De façon plus générale, puisque les MAE s'appuient sur des obligations de moyens dont découle le montant du paiement, et non sur des obligations de résultats en termes environnementaux, leur efficacité globale dépend principalement de cinq facteurs : la causalité entre les pratiques spécifiées et les impacts environnementaux, la localisation des surfaces contractualisées, le taux de contractualisation dans les zones d'intérêt, le respect du cahier des charges par les contractants et la pérennité des pratiques, avec ou sans renouvellement des contrats.

Concernant le premier point, on insistera sur la variation spatiale et temporelle de la causalité ainsi que sur les effets de seuil et d'échelle pour des territoires plus étendus que la parcelle et/ou l'exploitation (même quand ils sont connus, ces effets non linéaires sont rarement pris en compte). Concernant le deuxième facteur, la solution la plus immédiate, déjà adoptée dans certains pays/régions et pour certaines mesures, est la restriction de l'éligibilité à des zones considérées comme d'intérêt prioritaire. Cela n'est pas sans poser de problèmes, notamment celui de l'acceptation par la profession agricole, qui voit là une discrimination dans l'accès aux ressources budgétaires et leur répartition. Quant au taux de contractualisation, il est lui-même fonction de nombreux paramètres (rémunération par hectare en regard des coûts additionnels et de la perte de profit, liés au respect du cahier des charges, durée du contrat, flexibilité du cahier des charges, choix des surfaces qu'il est possible de contractualiser, modalités de contrôle, de sanction et de renégociation...). Dans cet ensemble, on soulignera un facteur trop souvent négligé, la non-prise en compte des coûts de transaction alors que ceux-ci peuvent représenter jusqu'à 35 % du paiement (20 % en moyenne, avec une forte variabilité de 5 à 35 %). En outre, la théorie des coûts de transaction enseigne que ces derniers augmentent avec la spécificité des actifs, autrement dit avec la difficulté d'utiliser à d'autres fins les moyens engagés dans la transaction concernée. Ce résultat explique, au moins pour partie, pourquoi les mesures les mieux rémunérées, donc les plus contraignantes mais aussi très souvent les plus ambitieuses sur le plan environnemental – c'est le cas notamment des MAE qui visent la protection de la biodiversité – sont aussi les moins contractualisées[4].

---

4. Le moindre taux de contractualisation des MAE les plus ambitieuses peut aussi résulter d'une évaluation insuffisante de la compensation per se et/ou d'une surévaluation, au minimum relative, des paiements octroyés dans le cadre de MAE moins ambitieuses.

Augmenter les contrôles est source de coûts additionnels qu'il est possible de recouvrir, au moins partiellement, en augmentant les sanctions financières généralement considérées comme insuffisantes pour être réellement dissuasives ; mais une telle évolution risque d'alimenter l'« inflation bureaucratique » et le mécontentement des agriculteurs ; la solution passe tout autant, si ce n'est plus, par des efforts de sensibilisation des producteurs agricoles au « fait environnemental », par une meilleure information, un appui technique plus efficace... Il a été montré en effet que les agriculteurs pouvaient parfois aller au-delà de l'engagement souscrit dans le cadre de la contractualisation : ainsi, des éleveurs des Alpes du Nord ont profondément revu l'organisation technique de leurs exploitations et intégré la biodiversité comme un élément fort de la gestion de celles-ci, alors qu'ils ne s'étaient contractuellement engagés que sur des surfaces modestes et pour des montants modiques. Enfin, le cinquième point, la pérennité des pratiques, dépend à leur rentabilité, de façon absolue et encore plus de façon relative en comparaison avec des pratiques alternatives, les différents types de pratiques pouvant être modifiés par les politiques publiques.

Le dispositif Natura 2000

Le dispositif Natura 2000 est l'élément central de la politique communautaire de protection de la biodiversité. Natura 2000 se présente comme un réseau d'espaces dans lesquels des espèces végétales et animales, de même que leurs habitats, doivent être protégés. Ce réseau, qui couvre aujourd'hui plus de 20 % du territoire communautaire (Union européenne des 15), est constitué de sites désignés pour assurer la conservation de certaines espèces d'oiseaux, en application de la Directive « oiseaux » de 1979 (les Zones de protection spéciales ou ZPS), et de sites devant permettre la conservation de milieux naturels et d'autres espèces, en application de la Directive « habitats » de 1992 (les Zones spéciales de conservation ou ZSC)[5]. À l'échelle communautaire, les ZPS visent la conservation de plus de 180 espèces et sous-espèces d'oiseaux, et les ZSC, la préservation de plus de 250 types d'habitats, 200 espèces d'animaux et 430 espèces végétales. Les activités humaines, en premier lieu l'activité agricole, ne sont pas exclues dans les zones ainsi protégées, bien au contraire ; c'est ainsi que la Directive « habitats » reconnaît que la conservation doit tenir compte des « exigences économiques, sociales, culturelles et régionales » et ajoute que « la protection de la biodiversité peut, dans certains cas, requérir le maintien, voire l'encouragement, des activités humaines » ; l'exercice de ces activités doit « seulement » être compatible avec l'objectif de conservation de la flore, de la faune et des habitats. Les zones Natura 2000 sont désignées par la Commission européenne, sur propositions des États membres.

Le dispositif Natura 2000 en France

En France, le travail d'identification des sites est confié, à partir de 1995, aux Conseils scientifiques régionaux du patrimoine naturel (CSRPN) composés d'experts naturalistes. Les propositions compilées à l'échelle nationale sont présentées, au début de l'année 1996, au Conseil national de protection de la nature (CNPN) pour validation.

---

5. Plus précisément, c'est la Directive « habitats » du 22 mai 1992 qui définit la constitution du réseau Natura 2000, ce dernier comprenant à la fois les ZSC classées au titre de la même directive et les ZPS classées au titre de la Directive « oiseaux ».

En avril de cette même année, le « groupe des neuf » composé de représentants d'intérêts agricoles, cynégétiques, halieutiques et sylvicoles remet en cause la délégation de la désignation des sites aux seuls scientifiques. Des « comités de suivi » sont alors instaurés aux niveaux national, régional et départemental, comités associant des représentants du « groupe des neuf », des associations environnementales et les collectivités territoriales. Ces comités obtiennent l'assurance que les propositions de zones soient présentées devant les conseils municipaux des communes concernées. Pour chaque site, il est décidé que sera élaboré, en concertation avec les acteurs locaux, un Document d'objectifs (Docob) identifiant les objectifs de conservation et la participation attendue des différents acteurs locaux à leur accomplissement. Ces garanties apportées dans la prise en compte des activités humaines menées à l'intérieur des zones permettent de relancer la procédure. En 1999, plus de 1 000 sites sont transmis aux instances communautaires ; c'est aussi en 1999 qu'est mise en œuvre la démarche d'élaboration des Docob.

L'élaboration des Docob est marquée par la volonté d'associer tous les acteurs concernés via l'instauration d'espaces d'échanges et de débats en vue de définir, par la concertation et la négociation, les mesures de gestion adaptées à chaque site et acceptées – au minimum acceptables – par les acteurs. La délégation du travail d'élaboration des Docob est confiée à des structures locales, qualifiées d'« opérateurs », avec mission d'établir des diagnostics écologiques, économiques et sociaux des sites, de définir les objectifs de conservation et de proposer les mesures à mettre en œuvre par les différents acteurs locaux pour les atteindre. La nature des opérateurs est variable, collectivités territoriales (parcs naturels régionaux, communautés de communes...), associations environnementales (en particulier les Conservatoires régionaux des espaces naturels), institutions forestières (Office national des forêts et Centres régionaux de la propriété forestière)... Leur travail est placé sous la supervision d'un Comité de pilotage (Copil), initialement présidé par le préfet, aujourd'hui par un élu, comprenant des représentants des activités et intérêts concernés par la conservation du site. La composition des Copil témoigne de cette prise en compte : les collectivités territoriales représentent plus d'un tiers des membres ; puis viennent les représentants de l'Administration, de la profession agricole, les associations environnementales, les associations de chasseurs et de pêcheurs... Au début de l'année 2005, plus de 300 Docob étaient validés par les Copil et environ 550 Docob étaient en cours d'élaboration ; près d'un tiers des communes françaises étaient concernées ; plusieurs milliers d'élus et de représentants d'intérêts locaux avaient été mobilisés dans les Copil ; et des dizaines de milliers de citoyens avaient pu prendre part aux procédures de consultation, de concertation, de négociation et d'élaboration des propositions de gestion. Cette dynamique a permis une meilleure appropriation des enjeux liés à la préservation de la biodiversité par les acteurs, avec toutefois une intensité variable selon les sites et les caractéristiques de ces derniers (dimension des zones, diversité des activités présentes...). Pour terminer, soulignons la place centrale des collectivités locales dans le processus d'élaboration des Docob : cette place a été reconnue et confirmée par la loi du 23 février 2005 relative au Développement des territoires ruraux (DTR) qui confie aux collectivités locales la fonction de structure animatrice dans tous les sites et réserve désormais la présidence des Copil à un élu local.

En avril 2007, 1 334 sites ZSC avaient été transmis à la Commission européenne au titre de la Directive « habitats » et 369 sites ZPS, au titre de la Directive « oiseaux ». Au total, cela représentait 6,8 millions d'hectares, soit 12,4 % du territoire français :

41 % de ces surfaces correspondaient à des terres agricoles, 39 % à des forêts et 13 % à des landes et des milieux ouverts. À cette même date, 587 Docob avaient été validés et étaient considérés comme « opérationnels ».

Les outils de protection de la biodiversité dans les sites Natura 2000

De façon générale, les mesures de conservation de la flore, de la faune et des habitats des sites Natura 2000 sont prises dans le cadre de chartes Natura 2000[6] ou de contrats, ou bien en application de dispositions législatives, réglementaires et administratives, notamment celles relatives aux parcs nationaux, aux réserves naturelles, aux biotopes, aux sites classés ou encore à la police de la nature. Les juristes font remarquer que le législateur français n'a pas créé un outil spécifique de protection de la biodiversité applicable aux sites Natura 2000, de même qu'il n'a pas choisi un instrument à privilégier dans l'arsenal juridique existant. Natura 2000 est donc un exemple de mobilisation d'une pluralité d'outils juridiques (exonérations fiscales, contrats, réglementation pour le zonage...).

Le recours à l'outil contractuel pour la gestion des sites Natura 2000 et de la réalisation des opérations de conservation/restauration des habitats et des espèces est privilégié. Deux types de contrats sont utilisés de façon prioritaire : les MAE sur les surfaces agricoles et les contrats Natura 2000 sur les terres non agricoles. À la fin de l'année 2006, 3 100 contrats MAE avaient été conclus avec les agriculteurs et plus de 600 contrats Natura 2000 avec des collectivités territoriales, des propriétaires fonciers, des conservatoires régionaux d'espaces naturels, diverses associations... À cette date, les ressources budgétaires allouées aux contrats Natura 2000 s'élevaient à 17 millions d'euros ; celles consacrées aux contrats MAE sur sites Natura 2000 ne sont pas disponibles mais la sous-section précédente a déjà mis en évidence la modestie des sommes allouées au titre de l'ensemble des MAE, sur et hors sites Natura 2000. En d'autres termes, alors que les premiers Docob ont été validés au début de 2002, très peu de ressources budgétaires leur ont été consacrées[7] : cette faiblesse des moyens financiers est doublement dommageable, non seulement parce qu'elle limite les surfaces sous contrat, mais aussi parce qu'elle fragilise la dynamique positive née de la démarche participative d'élaboration des Docob. Les chercheurs mettent ainsi en évidence le risque de démobilisation des acteurs, voire de défiance, à l'égard de la puissance publique.

Les insuffisances des MAE identifiées précédemment s'appliquent dans le cas spécifique des MAE mises en œuvre sur des terres agricoles de sites Natura 2000 ; soulignons en particulier le problème posé par le fait que les MAE sont des contrats individuels alors que l'approche Natura 2000 est, par essence, une approche territoriale (par milieux) conduisant naturellement à des recommandations de gestion territoriale : sont notamment en jeu ici les aspects relatifs aux superficies agricoles

---

6. « La charte Natura 2000 d'un site donné, instaurée par la loi relative au DTR est constituée d'une liste d'engagements qui contribuent à atteindre les objectifs de conservation ou de restauration des habitats naturels et des espèces définis dans le Docob [du site considéré]... » (Article R. 414-12, code de l'Environnement). Ces engagements ne sont pas rémunérés ; toutefois, le contractant peut être exonéré de la taxe sur le foncier non bâti.

7. Cette faiblesse n'est pas propre à la France : certains Etats membres ont certes transmis à Bruxelles des listes de sites couvrant un pourcentage plus élevé de leur territoire (par exemple près de 23 % pour l'Espagne) ; néanmoins, les procédures d'élaboration des plans de gestion, en règle générale moins participatives qu'en France, les instruments utilisés dans ce cadre et les ressources budgétaires mobilisables/mobilisées sont jugés insuffisants.

sous contrat, à leur localisation, à leur dispersion... ; de façon plus générale, le problème posé est celui de la possible non-cohérence de deux logiques, celle d'acteurs privés, par exemple d'agriculteurs, et celle de collectivités territoriales. Dans le même ordre d'idée, notons également que les MAE portent sur des obligations de moyens à mettre à œuvre alors que l'Union européenne exige de la part des États membres un suivi en termes de résultats, c'est-à-dire une obligation de résultats. Les études juridiques portant sur le contrat comme outil de mise en œuvre d'une politique environnementale s'appuient, dans le cas de Natura 2000, sur la jurisprudence de la Cour de justice des Communautés européennes (CJCE), par exemple l'arrêt « Marais poitevin » du 25 novembre 1999 (C-96/98) qui a considéré que le contrat résultant de l'application des MAE n'offrait pas une protection suffisante au regard des objectifs de la Directive « oiseaux » en raison de « leur caractère volontaire et purement incitatif ».

10

L'agriculture à haute valeur naturelle (HVN)

L'agriculture à HVN se réfère à la fois aux terres agricoles à HVN et aux systèmes agricoles à HVN.

Dans le cadre de l'opération Irena (en français, « indicateur pour le suivi de l'intégration des préoccupations agri-environnementales dans la politique agricole ») initiée en 2002, une définition des terres agricoles à HVN a été proposée à l'échelle communautaire : elles correspondent à « des zones où l'agriculture est un mode majeur d'utilisation du sol (généralement le mode dominant) et où cette agriculture favorise ou est associée avec soit une grande diversité d'espèces et d'habitats, soit la présence d'espèces dont la conservation revêt un intérêt européen, et/ou national et/ou régional, soit les deux ». Quant aux systèmes à HVN, ils renvoient à des systèmes à bas niveaux d'intrants et à des exploitations d'élevage où le bétail utilise la végétation semi-naturelle. Les deux concepts ne sont pas équivalents, le premier correspondant à une approche statique, le second à une vision dynamique. Les terres à HVN et les systèmes agricoles à HVN étant identifiés et caractérisés à l'aide d'indicateurs, ces derniers pourront/pourraient être utilisés pour suivre les changements, notamment ceux relatifs aux ressources, en premier lieu la biodiversité, dans les espaces correspondants. Dans cette perspective, rappelons que dans le cadre de l'axe 2 (amélioration de l'environnement et des paysages) de la politique de développement rural 2007-2013, l'Union européenne cible trois domaines prioritaires : la biodiversité, la préservation et le développement des systèmes agricoles et forestiers à HVN et des paysages agricoles traditionnels, l'eau et le changement climatique.

La conditionnalité des aides directes du premier pilier de la PAC

Le principe selon lequel les agriculteurs communautaires doivent respecter des exigences de protection de l'environnement pour bénéficier des aides directes de soutien des marchés et des revenus (aides directes dites du premier pilier) a été introduit à l'occasion de la réforme Agenda 2000 de 1999. Le concept dit d'éco-conditionnalité a été étendu lors de la réforme de la PAC de juin 2003 avec l'intégration d'aspects relatifs à la santé publique, à la santé des végétaux et des animaux ainsi qu'au bien-être de ces derniers ; d'où la dénomination actuelle de conditionnalité qui va au-delà des seuls aspects environnementaux, même si ces derniers restent centraux.

Les trois volets de la conditionnalité

Le premier volet de la conditionnalité est constitué de 19 directives et règlements communautaires répartis dans trois domaines, à savoir l'environnement (5 textes), la santé publique, et la santé des végétaux et des animaux (11 textes) et le bien-être animal (3 textes)[8]. Les 5 textes portant sur l'environnement sont la directive de 1979 relative à la conservation des oiseaux sauvages, la directive de 1980 relative à la protection des eaux souterraines contre la pollution causée par certaines substances dangereuses, la directive de 1986 relative à la protection de l'environnement, notamment des sols, lors de l'utilisation des boues d'épuration, la directive de 1991 concernant la protection des eaux contre la pollution par les nitrates à partir de sources agricoles et la directive de 1992 concernant la conservation des habitats naturels ainsi que de la faune et de la flore sauvages.

Le second volet de la conditionnalité porte sur le respect de bonnes conditions agricoles et environnementales (BCAE) qui visent à satisfaire quatre objectifs : protéger les sols contre l'érosion ; maintenir le niveau de matière organique des sols ; maintenir la structure des sols ; assurer un niveau minimal d'entretien des terres (Règlement [CE] 1782/2003). Alors que le premier volet de la conditionnalité est obligatoire, les États membres ont la possibilité de définir, dans le cadre du menu communautaire, les BCAE à respecter sur leur territoire. C'est ainsi que la France a choisi de définir les BCAE nationales à travers 5 mesures : la mesure 1 oblige à mettre en place une surface minimale en couvert environnemental contraignant les agriculteurs bénéficiant d'aides du premier pilier à consacrer 3 % de leurs superficies ensemencées en céréales, oléagineux, protéagineux, lin et chanvre, y compris les terres gelées au titre de la politique de gel obligatoire, au couvert végétal (sur ces surfaces, implantées de préférence le long des cours d'eau, aucune application de fertilisants et de pesticides) ; la mesure 2 oblige à ne pas brûler les résidus de culture ; la mesure 3 encourage la diversité des assolements obligeant l'agriculteur (qui souhaite bénéficier des aides directes du premier pilier) à mettre en place au moins trois cultures différentes dans son assolement ou au moins deux familles de cultures différentes ; la mesure 4 exige de l'agriculteur irrigant en grandes cultures qu'il possède une déclaration/un arrêté d'autorisation de prélèvement et un moyen approprié d'évaluation des volumes prélevés ; enfin, la mesure 5 oblige à un entretien minimal des terres de façon à empêcher le développement d'adventices indésirables et la prolifération de broussailles.

Les deux premiers volets de la conditionnalité s'appliquent à toutes les surfaces de l'exploitation bénéficiant d'aides directes du premier pilier.

Le troisième volet porte spécifiquement sur les prairies permanentes et il est défini à l'échelle agrégée de l'État membre ou des régions. Ce dernier s'engage à ce que les surfaces en prairies permanentes soient « maintenues », plus précisément à ce qu'un ratio de référence entre la surface (nationale ou régionale) en prairies permanentes et la surface agricole totale soit maintenu, dans une limite de diminution de 10 % du ratio.

Premiers éléments d'analyse

La conditionnalité n'est entrée en vigueur qu'en 2005, de façon progressive (les trois textes relatifs au bien-être animal ne sont entrés dans le champ de la conditionnalité qu'à compter de 2007). Il est donc trop tôt pour porter une appréciation scientifiquement robuste de ses effets (écologiques, agronomiques, économiques...), en particulier sur la préservation de la biodiversité même si on peut avancer que plusieurs dispositions (plus spécifiquement, les trois premières mesures des BCAE et le maintien

---

8. Seuls certains articles de ces 19 textes font partie de la conditionnalité.

des prairies permanentes – sous réserve toutefois que l'État membre n'utilise pas la liberté de diminuer ces dernières de 10 %) devraient avoir un impact positif en ce domaine, au moins relativement à une situation de comparaison où la conditionnalité n'est pas appliquée. Dans cette perspective, l'exemple suisse pourra être mis à profit pour faire évoluer, si nécessaire, le dispositif dans un sens plus favorable au maintien de la biodiversité (*encadré 11*).

Pour ce qui est du premier volet, mentionnons que la conditionnalité, bien que ne modifiant pas la nature juridique des exigences réglementaires, est néanmoins susceptible d'inciter les agriculteurs à mieux les respecter : il est en effet moins facile de renoncer à une aide, notamment quand le poids de celle-ci dans le revenu est important, que de prendre le risque de s'exposer à des sanctions pénales. En cas de non-respect des exigences réglementaires du premier volet de la conditionnalité, l'agriculteur concerné s'expose en effet à la réduction de ses aides directes du premier pilier, voire à leur suppression. Le niveau de la sanction dépend de la gravité, de l'étendue, de la persistance et de la répétition du non-respect (5 % au maximum en cas de négligence, avec la possibilité de réduire la sanction à un simple avertissement sans réduction des aides, 15 % au maximum en cas de négligence répétée, 15 % au minimum en cas de faute intentionnelle et jusqu'à 100 %). En outre, la conditionnalité a généré un effort en matière de communication des règles applicables. Pour modérer l'aspect positif de la conditionnalité identifié ci-dessus, les juristes font observer que les modalités de contrôle sont les mêmes que celles de la réglementation. L'incitation à mieux respecter les exigences réglementaires est d'autant plus forte que la probabilité d'un contrôle est élevée, que les sanctions sont systématiques (point qui renvoie au mécanisme de contrôle des infractions) et rapidement appliquées, et que les dispositifs d'atténuation des sanctions sont rares et faibles.

Pour ce qui est du deuxième volet, les juristes soulignent que la conditionnalité appliquée à des normes non contraignantes en elles-mêmes peut néanmoins se révéler intéressante. En effet, la conditionnalité transforme ces normes en obligations contractuelles dès lors qu'une contrepartie est attendue par l'agriculteur qui s'engage à les respecter. En outre, les faiblesses du contrat comme outil de protection, mentionnées

11

La conditionnalité des soutiens agricoles en Suisse et son impact sur la biodiversité

La Suisse a développé une éco-conditionnalité obligatoire des soutiens directs agricoles dès 1998 sous la forme de prestations écologiques requises (PER). Cette éco-conditionnalité oblige notamment les producteurs à maintenir une partie de leurs terres en surfaces de compensation écologique (SCE) dans un objectif premier de préservation et de développement de la biodiversité : au minimum, 3,5 % des terres en cultures spéciales et 7 % de la surface agricole utile (SAU) de l'exploitation doivent être en SCE. À ce jour, 88 % des agriculteurs suisses représentant 97 % de la SAU totale respectent cette éco-conditionnalité ; 13,6 % de la SAU suisse est en SCE. Les contrôles sont importants : ils concernent 33 % des producteurs chaque année.

L'évaluation du dispositif des SCE réalisée en 2005 au regard de l'objectif de préservation/développement de la biodiversité est globalement positive : l'exigence minimale d'une biodiversité plus élevée sur les SCE relativement aux surfaces témoins est satisfaite (constat valable pour les différents types de SEC, 16 au total) ; toutefois, l'efficacité du dispositif concernant le maintien, si possible le développement, des espèces animales et végétales les plus menacées, est nettement moindre (à lui seul, le dispositif ne suffit pas à protéger ces espèces menacées).

ci-dessus sont moins marquées dans le cas des BCAE. D'une part, le droit aux aides publiques modifie la perception de l'engagement par l'agriculteur : il n'est pas facile d'accepter la réduction d'une aide déjà attribuée. D'autre part, la pérennité est ici assurée puisque, sur le plan juridique, rien ne s'oppose à ce qu'un droit à paiement soit reconnu sans limite temporelle.

Sur le plan économique, la conditionnalité est sans nul doute à l'origine de coûts additionnels pour les agriculteurs, à l'évidence d'autant plus élevés que les critères sont exigeants et obligent à des changements de pratiques. À ces coûts directs de conformité s'ajoutent vraisemblablement des coûts de transaction. Il est toutefois trop tôt pour fournir une évaluation scientifiquement certifiée, robuste, de ces deux types de coûts générés par le dispositif de la conditionnalité des aides directes du premier pilier de la PAC.

La certification

Sous l'intitulé « modes de valorisation » des produits agricoles, le droit français classe les signes officiels d'identification de la qualité et de l'origine[9] (label rouge, appellation d'origine, indication géographique protégée et spécialité traditionnelle garantie, et agriculture biologique), les mentions valorisantes (dénomination « montagne », qualificatif « fermier », mention « produit de la ferme » ou « produit à la ferme »...) et la démarche de certification des produits. Il existe d'autres dispositifs collectifs de différenciation, par exemple la qualification des exploitations et des produits au titre de l'agriculture raisonnée ou la Charte de la production fruitière intégrée. Les agriculteurs engagés dans un dispositif collectif de certification doivent respecter le cahier des charges correspondant, les coûts additionnels liés à ce respect étant compensés ou surcompensés – du moins c'est l'espoir des contractants – par une meilleure valorisation marchande du produit. Les cahiers des charges de ces dispositifs collectifs de certification peuvent inclure l'obligation de respecter certaines « bonnes » pratiques de culture et d'élevage et/ou un lien à la terre ou au territoire, de sorte qu'il est possible d'anticiper un effet positif sur la biodiversité ; il est néanmoins difficile d'en dire plus dans le cadre de cette expertise, faute d'informations scientifiques précises et robustes sur ce point. L'*encadré 12* présente toutefois le cas d'une Appellation d'origine contrôlée (AOC) fromagère, le Beaufort : parce que reposant sur des systèmes herbagers peu intensifs et diversifiés, elle présente un intérêt particulier du point de vue de la biodiversité. Il est en outre possible et intéressant de présenter le cas spécifique de l'agriculture biologique (AB), compte tenu de son cahier des charges qui certifie les manières de produire et des conséquences en termes de relations entre agriculture et biodiversité.

L'agriculture biologique

L'AB est soumise à une réglementation spécifique communautaire applicable par tous les États membres et complétée par des dispositions nationales supplémentaires (réglementations qui seront abrogées le 1er janvier 2009, remplacées par le Règlement européen du conseil du 28 juin 2007 et ses règles d'application). En s'interdisant l'emploi des produits de la chimie de synthèse (produits phytosanitaires et engrais), au prix parfois de baisses significatives des rendements, le mode de production de l'AB

9. Le vocabulaire officiel peut porter à confusion puisque dans le cas de l'agriculture biologique, par exemple, il y a aussi certification du mode de production.

12

Les difficultés de l'AOC « fromage de Beaufort »

La production de nombreux fromages AOC repose sur des systèmes productifs prairiaux peu intensifs, voire extensifs ; c'est le cas, en particulier, des AOC fromagères de montagne (beaufort, comté, munster...). Dans ces systèmes, la flore est riche et diversifiée, un atout reconnu par les éleveurs (appétence de l'herbe et du foin, souplesse d'utilisation des prairies, goût et typicité des fromages, voir chapitre 2). En outre, les paysages des régions correspondantes sont modelés et entretenus par les activités d'élevage.

L'AOC « fromage de Beaufort » s'est dotée d'un cahier des charges très strict visant à maximiser les utilisations des ressources locales et à limiter l'intensification. En dépit de ce cahier des charges, l'élevage de la zone a tendance à évoluer dans une direction moins favorable à la biodiversité. L'amélioration de la ration de base des vaches laitières entraîne une perte de la diversité floristique des prairies. La diminution du nombre d'exploitations et l'augmentation de leur taille accroissent les contraintes sur le facteur travail avec pour conséquence une utilisation hétérogène de l'espace, plus spécifiquement une surutilisation des surfaces plates et une sous-utilisation des terrains pentus.

Conscients des risques que cette évolution peut créer à long terme, les responsables de l'AOC se sont fortement investis dans la création d'un CTE collectif « fromage de Beaufort » dès la création de l'instrument, en 1999. Pour les acteurs de la filière, le CTE, complément de l'AOC, était un moyen de faire reconnaître la gestion de l'environnement et l'entretien de l'espace comme une fonction de l'agriculture. Cette dynamique a été freinée par la suppression des CTE et des CAD. Elle s'est néanmoins prolongée dans le cadre de partenariats locaux avec des communes, des groupes de communes et des gestionnaires de l'environnement. L'attente à l'égard des nouvelles MAE est très forte.

Après deux décennies de croissance, les revenus des producteurs laitiers de la zone de Beaufort ont tendance à stagner, dans un contexte où la hausse du prix de base du lait a réduit le différentiel entre ce dernier et le prix du lait valorisé sous fromage AOC. Cette situation conduit certains agriculteurs de la zone à demander un assouplissement du cahier des charges de l'appellation, de façon à affronter cette passe délicate avec moins de contraintes, c'est-à-dire moins de coûts additionnels. De façon plus générale, cet exemple illustre la difficulté à valoriser une qualité supérieure quand le prix du produit « standard » est à la hausse.

réduit les pressions toxiques sur l'environnement et implique la mise en œuvre de techniques favorables à la biodiversité. C'est principalement à ce titre que les pouvoirs publics encouragent son développement. Citons le ministère en charge de l'agriculture, qui considère que « l'AB présente un intérêt majeur pour l'environnement et permet de répondre à des objectifs de protection des eaux et de maintien de la biodiversité, du fait de contraintes liées aux itinéraires techniques utilisés ». Néanmoins, les chapitres 1 et 3 de la présente expertise ont montré que l'effet positif de l'AB sur la biodiversité dépend du contexte paysager.

Une étude basée sur 76 cas compare les effets sur la biodiversité de l'AB *versus* ceux de l'agriculture conventionnelle. Elle identifie un éventail de taxons, y compris les oiseaux, les mammifères, les invertébrés et la flore, qui tirent profit de l'AB à travers une plus grande richesse d'espèces et/ou une plus grande abondance. Une autre étude, portant sur des systèmes céréaliers au Royaume-Uni, conclut à une biodiversité plus importante en AB qu'en agriculture conventionnelle, avec néanmoins des ampleurs différentes selon les taxons : meilleure réponse des plantes que des invertébrés, oiseaux et chauves-souris. Enfin, une troisième étude basée sur 66 cas conclut aussi que les systèmes d'exploitation en AB ont un impact positif sur les invertébrés et les oiseaux (toujours relativement à l'agriculture conventionnelle).

En 2005, 11 400 exploitations françaises (conversions en cours comprises) étaient en AB ; elles représentaient un peu plus de 560 000 hectares, soit 2,0 % de la SAU française. Ces chiffres sont très éloignés des objectifs du plan pluriannuel de développement de l'AB lancé en 1997, puisque ce dernier visait 25 000 exploitations et 1 million d'hectares à l'horizon 2005. En effet, après une période de forte croissance à la fin du siècle dernier, le développement de l'AB marque le pas depuis 2002 (*figure* 2).

Les causes de ce ralentissement sont multiples mais difficiles à hiérarchiser sur la base des travaux scientifiques existants : verrous techniques, inadaptation des référentiels d'évaluation des intrants, notamment au niveau de la sélection variétale, effort de recherche trop faible et complexité du dispositif de recherche-développement en AB, besoin d'accompagnement des agriculteurs, besoin de formation des agriculteurs et des conseillers, politiques publiques de soutien à l'AB insuffisamment incitatives, en valeur absolue et relative (c'est-à-dire par comparaison aux soutiens et aux revenus que peut espérer une exploitation conduite de façon conventionnelle)...

En France, l'AB a été officiellement reconnue en 1981. Pendant la phase de conversion (période entre la date de passage en mode de production AB et le moment où il est possible de commercialiser les produits sous marque collective de certification AB), les producteurs reçoivent des aides de conversion : jusqu'en 1999 dans le cadre des MAE, puis à l'intérieur du dispositif plus large des CTE et des CAD. L'AB a par ailleurs bénéficié de plusieurs plans de développement, le dernier en date, « Agriculture biologique objectif 2012 » présenté en septembre 2007, est décliné en cinq domaines d'actions : recherche, développement et formation ; structuration de la filière ; consommation de produits issus de l'AB ; réglementation ; conversion et pérennité des exploitations en AB. Ce plan prévoit notamment de reconduire le crédit d'impôt pour les exploitations dont au moins 40 % des recettes proviennent d'activités ayant fait l'objet d'une certification AB et qui ne bénéficient pas (plus) d'un CTE ou d'un CAD.

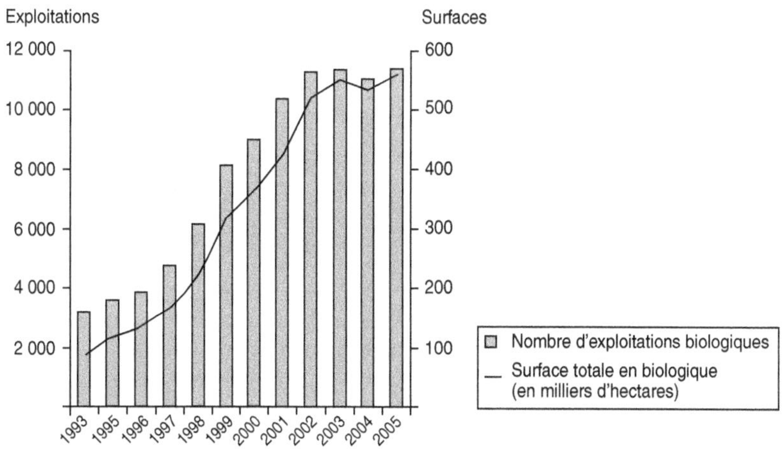

Figure 2. L'agriculture biologique en France : évolution des surfaces consacrées (milliers ha) et nombre d'exploitations concernées (source : Agence Bio, 2006).

Il s'inscrit dans la logique du Grenelle de l'environnement qui, pour ce qui est de l'AB (conclusions des tables rondes des 24-26 octobre 2007), recommande de stimuler la demande en encourageant la consommation de produits biologiques dans la restauration collective (20 % en 2012) et, simultanément, de développer l'offre en augmentant les surfaces en AB, de préférence autour des zones de captage des eaux potables (6 % en 2010, 15 % en 2013 et 20 % en 2020). À la différence d'autres États membres, la France n'octroie pas d'aides au maintien des pratiques répondant au cahier des charges de l'AB, le plan de 2007 prévoyant néanmoins de réfléchir « sur une mesure d'aide au maintien ciblée sur des actions collectives, territoriales et contractuelles, renforçant la structuration des filières ». Même si la preuve scientifique est lacunaire, on avancera qu'une des causes du ralentissement de l'offre en AB depuis 2002 est la distorsion induite par le fait que les producteurs français ne bénéficient pas d'aides ciblées sur le maintien en AB alors que nombre de leurs concurrents perçoivent de telles aides (versées au titre des MAE).

Efficacité des dispositifs existants et nouveaux leviers d'action

En dépit d'une intégration croissante de l'environnement en général, de la biodiversité plus spécifiquement, dans la politique agricole communautaire et française, l'expertise montre que la prise en compte reste modérée, que les outils utilisés présentent des inconvénients et que des pistes d'amélioration existent. Avant de présenter les principales voies de progrès, un point mérite d'être souligné ; il a trait, de façon générale, à la cohérence des politiques publiques.

Une nécessaire cohérence des politiques publiques

Le *tableau 7* montre clairement que les aides directes agricoles versées aux producteurs français au titre du premier pilier de la PAC (soutien des marchés et des revenus) sont sans commune mesure avec celles octroyées au titre de la politique de développement rural du deuxième pilier (11 milliards *versus* 1,5 milliard). Ces chiffres illustrent le point déjà mentionné de la modestie des fonds alloués *via* la politique de développement rural qui, rappelons-le, ne couvre pas que les aspects environnementaux puisqu'elle englobe, notamment, des aspects tels que la promotion de la qualité des produits ou le développement des territoires.

Le processus de réforme de la PAC à l'œuvre depuis 1992 peut être caractérisé par deux mouvements ; d'une part, la diminution du soutien par les prix et sa compensation par des aides directes de plus en plus déconnectées des choix et des niveaux de produits (processus de découplage de la politique de soutien des revenus) ; d'autre part, le transfert progressif de ressources budgétaires du premier pilier (soutien des marchés et des revenus) vers le deuxième sur des objectifs prioritairement environnementaux et territoriaux[10]. Force est de constater la modestie du transfert même s'il est difficile d'estimer ce que devrait être la répartition « optimale » des fonds entre les

10. Rappelons en outre le mouvement simultané de conditionnalité des aides du premier pilier au respect de règlements et de bonnes pratiques agricoles et environnementales, mouvement que d'aucuns résument en « verdissement du premier pilier ».

Tableau 7. Montant des différentes aides.

	Surface (millions ha)	Part dans le territoire	Part de la SAU française	Aides (milliards euros)*
Premier pilier (marchés et revenus agricoles)				11
SCOP (conditionnalité)	13	24 %	40 %	6,6
dont jachère non industrielle	1,2	2,2 %	4 %	nd
Deuxième pilier (développement rural)				1,51
MAE totales	6,9	12,7 %	30 %	0,6
dont AB	0,6	1,1 %	2 %	nd
dont prime à l'herbe	3,2	5,8 %	10 %	0,21
Natura 2000 (1 705 sites)	6,8	12,4 %	10 %	0,002
Parcs naturels régionaux (45 parcs)	7	12,7 %	10 %	nd

* Aides directes versées au titre de la politique agricole ; nd : non disponible.

deux piliers, compte tenu, notamment, de la difficulté à mesurer la valeur de l'environnement et de ses services.

L'analyse des données économiques pointe qu'en matière d'aide publique l'adoption de mesures environnementales peut se trouver en contradiction avec le système d'aide à la production. Ainsi un agriculteur peut ne pas adopter une MAE favorable à la biodiversité « simplement » parce que cette adoption le contraint à renoncer à tout ou partie d'autres aides directes versées au titre d'autres objectifs[11] : c'est le cas, par exemple, si la MAE oblige à diminuer le nombre d'animaux par unité de surface alors qu'une autre aide serait d'autant plus élevée que le nombre d'animaux est grand ; dans cette perspective, le découplage de la politique de soutien des marchés et des revenus va dans le bon sens puisqu'il supprime le lien entre les paiements du premier pilier et les choix et niveaux des productions.

Mieux mesurer la biodiversité et sa valeur

Les instruments du droit peuvent être mobilisés pour une meilleure appréhension et prise en compte de la valeur de la biodiversité. L'instauration d'un régime de responsabilité environnementale, tel que celui institué par la Directive 2004/35/CE sur la responsabilité environnementale en ce qui concerne la prévention et la réparation des dommages environnementaux, permet d'obliger l'auteur d'un dommage à la biodiversité à la réparer. Afin de faciliter l'évaluation du dommage et les mesures nécessaires à sa réparation, ladite directive prend en compte les atteintes affectant « les fonctions assurées par une ressource naturelle au bénéfice d'une autre ressource ou du public ».

L'obligation à réparer les atteintes à la biodiversité peut également intervenir *ex ante*, avant la dégradation, *via*, par exemple, des mécanismes de compensation. De façon simplifiée, la compensation oblige le porteur d'un projet qui porte atteinte à l'environnement à compenser la dégradation *via* la création et la gestion d'un espace naturel équivalent. Ce principe de la compensation est appliqué à l'étranger, par exemple

11. Pour une présentation d'autres facteurs de non-adoption, voir plus haut la section consacrée aux MAE.

aux États-Unis dans le cadre des *conservation banks* qui ciblent la protection des zones humides ou des *mitigation banks* qui visent la protection des espèces et de leurs habitats. En France, la compensation, bien que possible depuis 1976, n'a pas été réellement mise en œuvre, sauf dans le cadre du réseau Natura 2000[12]. Ces mécanismes permettent d'associer une « certaine » valeur à la biodiversité et d'intégrer le coût de sa dégradation, *via* son remplacement, dans les décisions publiques et privées. L'efficacité des dispositifs de compensation dépend de leur encadrement par les pouvoirs publics et des institutions en charge de les réguler ; ils présentent par ailleurs différents risques, au moins potentiels : discrimination entre ceux qui peuvent ou non « acheter de la biodiversité » ; ségrégation spatiale entre zones de compensation (protégées) et zones à compenser (dégradées)...

De façon plus générale, la revue de la littérature met en évidence la nécessité d'améliorer la mesure, la prise en compte et la rémunération des services écosystémiques allant au-delà de la « seule » relation entre la destruction de la biodiversité et sa compensation.

Mieux connaître la biodiversité dans sa relation à l'agriculture

Il a été montré que l'absence de référentiels de la biodiversité est un frein à l'adoption de pratiques plus favorables à la biodiversité (voir chapitre 3). Mettre en place des systèmes d'information permettant le suivi des performances environnementales et agronomiques des pratiques agricoles imposées par tel ou tel cahier des charges ne va pas de soi, et peut se révéler coûteux (*encadré 13*). Dans cette perspective, les expériences de nations ou régions étrangères (Bade-Wurtemberg en Allemagne, Pays-Bas, Suisse...) peuvent être mises à profit ; elles montrent que les systèmes d'information facilitent l'évaluation des mesures et l'apprentissage collectif permettant d'accroître l'acceptabilité des mesures par les acteurs et d'améliorer les cahiers des charges des bonnes pratiques préconisées. Un effort significatif portant sur l'information, sa collecte et sa maintenance est donc utile pour la définition des politiques publiques de préservation de la biodiversité, le suivi de leurs effets et leur amélioration.

13

L'information et le suivi

Les observations sur les éléments constitutifs de la biodiversité (populations, espèces...) sont lacunaires et insuffisamment inscrites dans la durée. Plusieurs facteurs expliquent pourquoi il en est ainsi :

- le coût de collecte de l'information est élevé car la biodiversité est multiple, distribuée spatialement, et sa mesure requiert des compétences hautement spécialisées ;
- la collecte est le plus souvent assurée par des « naturalistes » bénévoles motivés par la conservation ou par des utilisateurs (chasseurs, pêcheurs...) ;
- les mesures des changements et leur interprétation sont difficiles et sources d'erreurs.

12. Signalons toutefois l'initiative récente de la Caisse des dépôts et consignation (CDC) à travers la création de sa filiale CDC Biodiversité basée sur le principe de la compensation ; plus spécifiquement, les deux objectifs de cette filiale sont, d'une part, de gérer écologiquement des terrains qui génèrent des « unités de biodiversité » pouvant être vendues à des personnes, publiques ou privées, porteuses de projets portant atteinte à l'environnement, et, d'autre part, de proposer une offre de services afin d'aider les entreprises à compenser elles-mêmes les dommages.

Mieux réguler la relation entre agriculture et biodiversité

Une gouvernance environnementale territorialisée

Les échelons territoriaux pertinents dans la gestion de la biodiversité devraient être définis en fonction des échelles spatiales et des niveaux d'organisation identifiés dans les trois chapitres précédents de l'expertise. Construire les formes de gouvernance environnementale aux échelons territoriaux pertinents n'est pas facile, car ce processus entraîne des coûts humains et financiers (coûts directs et coûts de transaction) dont on peut néanmoins espérer qu'ils décroissent après la phase de démarrage. L'expérience du réseau Natura 2000 en France (implication croissante des collectivités territoriales et reconnaissance de l'impact positif de cette implication) suggère que la territorialisation de la gouvernance permet de faciliter l'appropriation des enjeux par les acteurs et, par suite, leur adhésion ; elle permet aussi, en application du principe de subsidiarité, d'accroître la cohérence entre objectifs et moyens d'action.

Définir les risques acceptables

Ce point peut être illustré par l'exemple des produits phytopharmaceutiques. Les chapitres 1 et 2 de l'expertise montrent clairement que ces produits peuvent avoir un impact sur la biodiversité. Leur mise sur le marché et les conditions de leur emploi font l'objet d'un cadre réglementaire et législatif, aux plans communautaire et national, qui vise à identifier, évaluer et réduire les risques qu'ils présentent pour la santé humaine et celle des espèces, végétales et animales, « non cibles ». Ce cadre est perfectible comme le montrent la proposition de Règlement communautaire (COM [2006] 388 final) et les différents plans d'action relatifs à l'utilisation des produits phytopharmaceutiques ; les objectifs sont, notamment, une meilleure connaissance des effets potentiels de ces produits sur les différents compartiments de l'environnement (eau, air, sol) et la biodiversité ; la substitution des substances les plus dangereuses par d'autres moins nocives ; l'amélioration des conditions de distribution et d'emploi de ces produits.

Une problématique majeure liée aux produits phytopharmaceutiques est celle du « risque acceptable », lequel requiert des procédures de décision et d'évaluation transparentes et démocratiques, et la détermination de critères d'acceptabilité des risques qui tiennent compte, notamment, de la valeur de la biodiversité.

Développer des innovations au service de la biodiversité

Le développement de systèmes de production plus favorables à l'environnement en général, à la biodiversité plus spécifiquement, requiert très souvent la mise au point, l'adoption et la diffusion d'innovations, portant notamment sur les intrants et sur les démarches systémiques relevant du champ des « systèmes agricoles innovants ». Il nécessite aussi un engagement de tous les acteurs : producteurs agricoles, entreprises d'amont et d'aval, organismes de conseil, de recherche et de recherche-développement... Dans cette perspective, faute d'une reconnaissance suffisante par le marché, des politiques publiques d'aides aux innovations peuvent être utiles, au moins de façon transitoire, pour inciter au développement d'innovations portant sur les intrants (semences, engrais, pesticides...) comme sur les pratiques et systèmes (argument du soutien public à une « industrie naissante »).

Des politiques publiques de taxation ciblées sur les facteurs principaux à l'origine des impacts négatifs sur la biodiversité peuvent également être utiles. De telles politiques présentent un double avantage : sur un plan statique, en réduisant les emplois de ces facteurs et donc les impacts négatifs sur la biodiversité ; d'un point de vue dynamique, en incitant à développer des recherches et des innovations visant à économiser ces facteurs rendus ainsi plus onéreux à acquérir et utiliser (théorie du progrès technique induit). Naturellement, ces deux avantages doivent être mis en regard des coûts additionnels de production agricole et de la perte de profit pour les agriculteurs. De façon plus générale, il s'agit de concevoir des politiques publiques (incitatives et réglementaires[13]) et des modes de gouvernance permettant de favoriser des systèmes agricoles doublement gagnants, sur le plan environnemental comme d'un point de vue économique.

13. Dans cette perspective, il conviendrait sans doute d'analyser les critères d'autorisation de mise sur le marché des pesticides en tenant compte des enjeux, notamment de long terme, de préservation de la biodiversité et des services écosystémiques que celle-ci peut assurer.

Conclusions

Une expertise centrée sur la recherche de synergies entre agriculture et biodiversité

L'attention aujourd'hui portée à la biodiversité prend de plus en plus en compte son rôle dans le fonctionnement des écosystèmes, notamment ceux gérés par l'homme, et dans les services que ces écosystèmes peuvent rendre aux sociétés humaines. Dans ce contexte, les relations entre agriculture et biodiversité peuvent s'appréhender selon trois logiques :

• Une logique qui privilégie la protection des milieux à haute valeur écologique, logique qui prône une spécialisation des territoires : exclue d'une partie de ceux-ci, l'agriculture peut en contrepartie intensifier sa production sur les espaces qu'elle exploite et où la prise en compte de la biodiversité est faible. Cette conception sous-entend un antagonisme entre biodiversité et agriculture, chacune ne pouvant se développer que dans des territoires séparés.

• Une logique de conservation de la biodiversité remarquable et ordinaire dans les espaces agricoles, logique qui cherche à promouvoir des pratiques agricoles qui limitent les impacts sur la biodiversité et soient acceptables pour les agriculteurs. Il s'agit de gérer une cohabitation, et de négocier des compromis entre objectifs de production agricole et objectifs de préservation de la biodiversité.

• Une logique de meilleure intégration de la biodiversité dans les processus de production agricole qui tente, non seulement de limiter les impacts de cette dernière sur la biodiversité, mais aussi de mieux utiliser la biodiversité pour les activités productives. Cette troisième approche, qui associe une vision de protection et une vision « utilitariste » de la biodiversité, fait le pari que des synergies entre biodiversité et agriculture peuvent être valorisées et développées. En ce cas, l'intérêt que les agriculteurs peuvent retirer de la biodiversité peut concourir à mettre en place des pratiques agricoles favorables à celle-ci.

Compte tenu de la lettre de commande des ministères chargés de l'agriculture et de l'écologie, c'est dans ces logiques que s'inscrivent l'analyse et la synthèse des connaissances disponibles réalisées dans le cadre de la présente expertise scientifique collective. Cette expertise a pris en compte les diverses dimensions de la biodiversité, sa valeur intrinsèque, les services qu'elle rend dans le fonctionnement des agro-écosystèmes et, plus largement, ses valeurs esthétiques et culturelles. Elle a tout particulièrement concerné la biodiversité associée aux activités agricoles, dont la préservation ou la disparition dépendent étroitement de ces activités, et qui constitue simultanément un gisement potentiel de fonctions à maintenir et à utiliser pour développer des agricultures plus durables.

Les effets de l'agriculture sur la biodiversité

Une relation historique étroite entre agriculture et biodiversité

Biodiversité et agriculture sont indissociablement liées dans les pays d'Europe de l'Ouest en raison de l'emprise territoriale de l'agriculture et de son rôle historique avéré dans l'évolution de la biodiversité présente dans nos pays. En France par exemple, les zones agricoles représentent la majorité de l'espace (60 %). Historiquement, l'effet positif de l'agriculture sur la biodiversité en Europe a été lié à la diversification des paysages, notamment la création et le maintien d'espaces ouverts abritant une grande biodiversité. Le débat porte aujourd'hui sur les effets des évolutions de l'agriculture, et notamment sur les effets négatifs possibles de l'intensification et de la spécialisation des modes de production. Ces évolutions se sont traduites par un accroissement de la productivité des surfaces cultivées, associé à l'emploi de fertilisants minéraux et de pesticides de synthèse, et par une simplification des paysages agricoles, résultat de la spécialisation des systèmes de production et de la suppression des surfaces non productives.

Aujourd'hui, des effets forts confirmés

Un constat global d'effets forts, négatifs et positifs, de l'agriculture sur la biodiversité est établi à différents niveaux d'organisation et différentes échelles spatiales, dans le cadre notamment d'études paneuropéennes qui ont considéré les effets des pratiques agricoles et des caractéristiques des paysages sur la diversité d'une large gamme d'organismes.

Les effets négatifs au niveau de la parcelle sont liés à une intensification et à une simplification des pratiques qui modifient les conditions de milieu et se traduisent par des perturbations fréquentes et intenses (fertilisation, traitements pesticides, irrigation et drainage, travail du sol...). À l'échelle des paysages, ces effets négatifs relèvent de l'homogénéisation de ceux-ci, notamment du fait d'une réduction importante des milieux semi-naturels (incluant zones boisées, prairies semi-naturelles, haies et bords de champ) à l'interface des espaces agricoles ainsi que de l'homogénéisation des pratiques (moindre diversification des cultures dans le temps et l'espace, synchronisation des dates de récolte ou de fauche...). Les conditions de milieu imposées par les pratiques intensives ont éliminé les espèces sensibles aux perturbations et défavorisées par l'enrichissement en nutriments du milieu. La simplification des paysages a supprimé les espèces dépendant essentiellement ou partiellement des éléments semi-naturels ou d'une diversité des cultures. Les ravageurs sont favorisés par une agriculture intensive dans des paysages homogènes, alors que les auxiliaires de culture tirent bénéfice d'un paysage complexe et d'une agriculture peu intensive. Globalement, l'intensification de l'agriculture et la simplification des paysages favorisent des espèces communes.

À l'inverse, des modes de production moins intensifs ont des effets positifs sur la biodiversité, ce qui s'explique par une moindre perturbation et une plus grande hétérogénéité des systèmes ainsi gérés. De telles pratiques sont, dans une large gamme de situations, bénéfiques pour la richesse en espèces. Ces effets positifs sont particulièrement observés dans le cadre de paysages suffisamment complexes qui jouent un rôle de réservoir pour une diversité biologique variée à l'échelle des territoires.

Des compromis pour préserver la biodiversité dans les espaces agricoles ?

Sur la base des mécanismes explicatifs présentés ci-dessus, l'expertise a identifié trois tendances lourdes sur les dernières décennies, qui ont eu des impacts négatifs forts sur la biodiversité : il s'agit de l'intensification des pratiques agricoles à l'œuvre dans de nombreuses régions, du recul ou de l'abandon de l'activité agricole dans d'autres zones et de la simplification des paysages qui a plus particulièrement touché des régions bocagères. Ceci peut déboucher sur un antagonisme entre biodiversité et agriculture intensive, spécialisée et simplifiée, aboutissant à la recherche, par compromis, de modalités de préservation de la biodiversité dans les espaces agricoles *à côté* de l'agriculture. La présente expertise montre que la complexité du paysage joue un rôle essentiel en matière de préservation de la biodiversité dans les espaces agricoles, par sa capacité à atténuer, voire à compenser, les effets négatifs des modes de production intensifs. Des pistes peuvent être ainsi proposées pour gérer les paysages et permettre de préserver/restaurer la biodiversité, en fonction des systèmes de production. Insistons sur le fait que des mesures de restauration ne sont/seront possibles que si le processus de modification de la biodiversité est réversible. Une trop forte simplification des paysages réduit ce caractère réversible.

Sans s'arrêter à ce constat, l'expertise montre qu'il est essentiel de considérer le rôle joué par la biodiversité en tant que fournisseur de services écologiques, mais aussi générateur de dommages dans les systèmes agricoles ; il est tout aussi essentiel, suivant la troisième logique d'intégration présentée ci-dessus, d'analyser les possibilités de valorisation et de développement des synergies entre biodiversité et agriculture.

Intégrer la biodiversité dans les processus de production agricole : bénéfices et conditions de réalisation

Les services fournis par la biodiversité

Trois niveaux de services écologiques sont fournis par la biodiversité : ceux qui contribuent directement au revenu agricole (rendements, qualité des produits) ; ceux qui contribuent au bon fonctionnement des écosystèmes par des contrôles biologiques (rôles des ennemis naturels des ravageurs, des pollinisateurs...) ou par la fourniture de ressources aux plantes (fertilité et stabilité physique du sol...) ; et ceux qui procurent des bénéfices hors revenu agricole direct (qualité de l'eau, régulation du climat...).

Les services de production, végétale et animale

L'effet de la biodiversité pour ces services est important, plus particulièrement dans les prairies où est soulignée l'opportunité de profiter des complémentarités fonctionnelles entre espèces, notamment par association avec des légumineuses (espèces végétales qui peuvent fixer l'azote de l'air ce qui profite aussi aux plantes voisines). Les effets positifs sur la production des complémentarités fonctionnelles entre espèces peuvent également se trouver dans les rotations culturales, avec une efficacité accrue dans les systèmes peu intensifiés. La diversité botanique des prairies et des parcours a un effet avéré de stimulation de l'appétit, donc de l'ingestion, des herbivores domestiques. Cette diversité floristique, ou du moins la présence de certaines espèces, peut aussi améliorer les caractéristiques organoleptiques des fromages. Ces services sont déjà, au moins pour partie, valorisés par certaines agricultures ; ils pourraient l'être davantage dans le cadre d'une meilleure intégration biodiversité-agriculture.

Les services de pollinisation et de contrôle des ravageurs par leurs ennemis naturels

L'analyse a confirmé les bénéfices pour l'activité agricole des services de pollinisation et de contrôle des ravageurs assurés par la biodiversité de groupes d'insectes clés, par exemple les abeilles et les syrphes. Ces groupes d'insectes ayant besoin d'espaces semi-naturels pour assurer leur survie et leur reproduction, la préservation de ce service est conditionnée, non seulement par une protection chimique raisonnée des cultures, mais aussi par un contexte paysager qui n'a pas éliminé les populations « sources » (cela inclut également une gestion raisonnée des éléments non productifs bordant les parcelles). Ces services peuvent par ailleurs réduire les coûts en intrants des producteurs agricoles et éviter des impasses de gestion, face à des organismes résistants par exemple.

Les services de fourniture de ressources aux peuplements végétaux

Ces services qui comprennent notamment le maintien de la stabilité physique des sols et de leur fertilité, c'est-à-dire des conditions d'alimentation en eau et en éléments minéraux des cultures, sont principalement assurés par la biodiversité de la faune et des microorganismes du sol, mais aussi par celle de la flore. Ces organismes étant très sensibles à la fertilisation et au travail du sol, des pratiques intensives en ces deux domaines réduisent à la fois le niveau des services écologiques assurés par la biodiversité et leur intérêt agronomique dans les contextes intensifs. Ces services peuvent difficilement assurer de bons niveaux de fonctionnement s'ils ne sont pas accompagnés de modes de gestion adaptés et souvent innovants (apports en matière organique, utilisation plus efficace de la ressource eau et des nutriments par le choix de variétés et de pratiques adaptées...).

Les services hors revenu agricole direct

La biodiversité rend des services essentiels en dehors de la production agricole et des revenus agricoles au sens strict, par exemple *via* la limitation des pollutions des nappes phréatiques. Certains de ces services peuvent ou pourraient être valorisés par les agriculteurs *via* une reconnaissance du rôle de l'agriculture dans le maintien de paysages ouverts correspondant aux attentes de citoyens, par le biais de dispositifs de rémunération du maintien de la biodiversité (par exemple sous la forme de mécanismes de compensation)...

Les résultats publiés sur lesquels s'est appuyée l'expertise ont majoritairement été produits pour vérifier telle ou telle hypothèse dans le cadre de dispositifs expérimentaux conçus sans référence à des situations agricoles et, de ce fait, souvent éloignés des conditions réelles de gestion des exploitations et des espaces agricoles. Néanmoins, il ressort des connaissances disponibles à ce jour qu'une intensification modérée de l'agriculture laissant une place importante à la diversité d'organismes clés permet de préserver des services importants pour l'agriculture. À ce stade, il apparaît donc nécessaire de voir quand et jusqu'où ces services sont intégrés dans les pratiques des agriculteurs, et d'analyser les conditions d'une utilisation plus systématique de la biodiversité pour les services qu'elle peut délivrer.

De la limitation des effets négatifs de l'agriculture sur la biodiversité à la recherche d'une plus grande intégration

Certaines évolutions techniques allant dans le sens d'une amélioration des effets de l'agriculture sur la biodiversité et/ou d'une meilleure utilisation de la biodiversité par l'agriculture sont d'ores et déjà opérationnelles et adoptées par un certain nombre d'agriculteurs : systèmes de culture dits « à bas niveaux d'intrants », techniques de simplification du travail du sol et d'implantation des cultures, désherbage sélectif, production intégrée, agriculture biologique, exploitation moins intensive des prairies, diversification des cultures... Ces pratiques peuvent occasionner des baisses de rendement et de marge relativement aux méthodes conventionnelles ; néanmoins, ces pertes sont très souvent compensées par des économies sur les consommations intermédiaires (énergie, fertilisants et pesticides).

De façon générale, l'intégration entre agriculture et biodiversité reste limitée, même dans le cas de certaines des évolutions techniques énumérées ci-dessus : ainsi, la simplification des modes de travail du sol et d'implantation des cultures peut s'accompagner d'une plus forte utilisation de pesticides et ne pas être suffisamment pérenne ; le nombre de traitements phytosanitaires reste souvent élevé dans les systèmes de production fruitière intégrée ; les effets positifs de l'agriculture biologique sur la biodiversité dépendent des caractéristiques du paysage agricole dans son ensemble...

Concrètement, la mise en œuvre de pratiques permettant réellement de limiter les impacts négatifs de l'agriculture sur la biodiversité et de tirer effectivement parti des services offerts par celle-ci repose sur des modifications profondes des systèmes et des itinéraires de production (rotations, couverture permanente du sol, réduction significative des pesticides...). Elle doit s'accompagner d'une gestion adaptée des espaces agricoles au niveau des paysages et des territoires. En d'autres termes, elle requiert une approche systémique intégrant différents niveaux d'organisation des systèmes biologiques productifs et semi-naturels. Dans la plupart des situations, ces modifications exigent des agriculteurs une plus grande technicité et un temps de travail plus important. Dans le cas des grandes cultures tout particulièrement, l'évolution des modes de production devra s'accompagner d'une restructuration profonde des paysages. Cette évolution est donc conditionnée par la mise à disposition de nouvelles références techniques, à l'heure actuelle insuffisamment documentées.

Des pistes pour mieux préserver et utiliser la biodiversité dans les espaces agricoles

Les connaissances scientifiques permettent de proposer des pistes pour mieux intégrer biodiversité et agriculture en fonction des systèmes de production et des contextes régionaux :

• Dans les zones céréalières telles que celles de la Beauce, la Brie, la Champagne ou le Lauragais, la mise en place de nouveaux éléments semi-naturels (zones enherbées pérennes, prairies semi-naturelles, haies, bosquets, mares...), connectés à ceux déjà en place, serait utile. Simultanément, les pratiques agricoles devraient évoluer vers des systèmes de production intégrée limitant le recours aux fertilisants, aux pesticides, au labour... La mise en œuvre de rotations longues et diversifiées, une répartition *ad hoc* des cultures dans le territoire, l'utilisation de cultures associées, l'implantation de couverts intermédiaires et de cultures dérobées, l'emploi de variétés moins sensibles aux maladies ainsi que la fixation d'objectifs de rendement moins élevés et mieux adaptés aux potentialités des terres apparaissent ici comme des éléments clés à considérer.

• Dans les zones bocagères où la mosaïque paysagère est complexe, il est important de maintenir la qualité des éléments semi-naturels, en particulier au niveau des bords de champs (talus et haies) soumis à une forte pression pour leur entretien. Il faut aussi rétablir la connectivité entre éléments semi-naturels lorsque les arasements de talus et de haies ont été trop importants.

• Dans les zones d'élevage intensif dominées par la prairie, comme dans certaines parties du Jura, les mesures les plus importantes qui permettraient de préserver et d'améliorer la biodiversité sont la réduction de la fertilisation et le changement des modes d'exploitation, avec réduction du chargement animal, diminution du rythme de fauche, et report des dates de première exploitation de certaines parcelles. D'une manière générale, dans les régions de prairie permanente, les enjeux importants se situent, en fonction du contexte géographique et agricole, premièrement dans le choix du niveau d'intensification des prairies et des systèmes fourragers dans les zones où cela est possible (plaines, piémonts humides, zones à climat océanique) ; deuxièmement dans le choix des systèmes de production, notamment au niveau de place de la prairie permanente vis-à-vis des cultures fourragères (en premier lieu, le maïs ensilage) et des grandes cultures.

• Dans les zones d'arboriculture, dans le Sud-Est par exemple, un enjeu fort est celui de la réduction de l'utilisation des pesticides et le développement d'une production fruitière intégrée préservant et utilisant davantage la biodiversité, en incluant la diversification des espèces végétales par enherbement des vergers.

• Dans les zones de moyenne montagne du sud et du centre de la France, la déprise agricole peut conduire à une perte de biodiversité qui ne sera enrayée que par le maintien d'une gestion « agricole » d'une partie au moins du territoire, en veillant à la pluralité des modes d'exploitation.

Dans tous les cas, ce ne sont pas les pratiques seules mais la totalité des systèmes productifs et l'organisation spatiale des usages des terres à l'échelle des territoires qui sont à repenser.

La conversion à l'agriculture biologique

Bien que le cahier des charges de l'agriculture biologique (AB) ne fasse pas explicitement référence à la préservation de la biodiversité, on peut considérer qu'un mode de production qui exclut les pesticides et les fertilisants de synthèse est un atout pour la biodiversité. Après une période de forte croissante jusqu'au début de ce siècle, l'AB peine à se développer en France depuis 2002 ; les surfaces en AB ne représentent aujourd'hui que 2 % de la surface agricole utilisée (SAU) nationale. Les causes de ce tassement sont multiples, mais difficiles à hiérarchiser sur la seule base des travaux scientifiques existants : verrous techniques (contrôle délicat des ravageurs, approvisionnement difficile en engrais organiques, fluctuation des rendements...), inadaptation des référentiels d'évaluation des différents intrants, notamment au niveau de la sélection variétale, effort de recherche trop faible et complexité du dispositif français de recherche-développement en AB, besoin d'accompagnement et de formation des agriculteurs et de leurs conseillers, politiques publiques de soutien à l'AB insuffisamment incitatives et rémunératrices, en valeur absolue et relative (c'est-à-dire par comparaison aux soutiens et aux revenus que peut espérer une exploitation conduite de façon conventionnelle), compensation insuffisante des surcoûts par le marché... Plusieurs études étrangères appliquées aux États-Unis, au Canada ou aux Pays-Bas font pourtant état de résultats économiques voisins, si ce n'est supérieurs, à ceux de l'agriculture conventionnelle, du moins sur des durées courtes.

L'intégration de la biodiversité dans l'agriculture : un pari fondé sur la recherche et la formation de toute la filière

Pour être pérenne, l'insertion de la biodiversité comme composante de la production doit être raisonnée en tenant compte d'un ensemble de facteurs en interactions ; une telle insertion dépasse donc, largement, le seul cadre de la faisabilité technique auquel il convient d'ajouter des facteurs d'ordre économique, psychologique, organisationnel ou encore social (maintien du revenu agricole à moyen et long termes, organisation du travail sur l'exploitation, existence et acquisition des connaissances et des référentiels...).

L'expertise montre que des synergies peuvent être développées ; néanmoins, il apparaît que dans de nombreuses situations les adaptations et les changements des modes de production nécessiteront de pondérer entre fonction de production agricole et fonction de préservation de l'environnement, entre une logique individuelle et une logique territoriale, ainsi qu'entre diverses filières positionnées sur un territoire aux finalités diverses.

Si les opportunités existent, elles exigent, pour aboutir, une intensification différente de celle qui a prévalu jusqu'à ce jour, c'est-à-dire une intensification ciblée sur les facteurs que sont la « connaissance », la « formation » et la « technicité », appelés à prendre une place au moins aussi importante que les facteurs de production actuellement dominants : les consommations intermédiaires et les matériels. Les facteurs « temps » et « travail », quant à eux, seront davantage orientés sur des tâches de gestion des services, notamment des tâches de gestion directe et indirecte de la biodiversité et de ses services. Cette révision profonde des systèmes de production nécessitera une mobilisation de tous les acteurs : les agriculteurs en premier lieu, mais aussi les entreprises d'amont et d'aval, la recherche et la recherche-développement, le conseil, les pouvoirs politiques...

L'antagonisme éventuel entre intensification des productions agricoles et biodiversité dépend de l'ampleur de cette intensification, de la diversification des productions et de la situation paysagère. Trouver les équilibres « optimaux » entre ces trois dimensions est un enjeu important des années à venir. Dans cette perspective, l'expertise montre que les espaces semi-naturels des paysages, qu'ils soient implantés sous forme de corridors écologiques ou de mosaïques, sont un élément déterminant de ces équilibres. La conception des structures paysagères à promouvoir doit être réfléchie en fonction des conditions écologiques et agricoles locales.

Les outils de l'action publique : constat et pistes

Lorsqu'il s'agit de la traduire en règles de droit et/ou en politiques publiques, la protection de la diversité biologique ne va pas sans difficultés. Celles-ci sont liées au fait que la biodiversité est un concept multidimensionnel difficile à appréhender. Sa protection fait donc l'objet de règles juridiques spécifiques rassemblées sous le libellé « droit de l'environnement » qui fut, en outre, d'application plus tardive et plus incomplète en agriculture, relativement au secteur industriel, par exemple. Pour une large part, ces difficultés tiennent au fait qu'il est difficile de mesurer la biodiversité (les diverses composantes de la biodiversité) et, par suite, de lui associer une valeur. C'est pourtant parce que la biodiversité a une valeur et que celle-ci n'est pas, ou très imparfaitement, reflétée dans un prix de marché que l'économie publique justifie et légitime l'intervention de l'État, autrement dit des politiques publiques de la biodiversité.

De fait, plusieurs politiques sont simultanément mises en œuvre au titre de la préservation de la biodiversité : au premier chef, les politiques de l'environnement (eau, air, espaces et espèces protégés, prévention des pollutions et des risques...), mais également des politiques sectorielles, notamment la politique agricole. Les mesures agri-environnementales utilisent l'outil du contrat et sont donc mises en œuvre sur des bases volontaires ; le dispositif Natura 2000, élément central de la politique communautaire de protection de la biodiversité, est un réseau d'espaces de protection des espèces, végétales et animales, et de leur habitats – ici aussi, l'outil privilégié d'intervention est le contrat, une fois les espaces à protéger délimités ; la conditionnalité obligatoire des aides directes de soutien des marchés et des revenus du premier pilier de la Politique agricole commune (PAC) subordonne l'octroi de ces aides au respect de textes réglementaires (dont plusieurs relatifs à la protection de l'environnement) et au maintien des terres dans de bonnes conditions agricoles et environnementales – son application est récente puisque née de la réforme de la PAC de juin 2003 ; les cahiers des charges des outils de certification collective intègrent parfois des exigences favorables à l'environnement de façon générale, à la biodiversité de façon spécifique : dans cet ensemble, la certification « agriculture biologique » qui garantit un mode de production dont sont exclus les produits de la chimie de synthèse (produits phytosanitaires et engrais) a, au prix de baisses significatives des rendements, un effet positif avéré sur la biodiversité.

Sans entrer dans le détail, on retiendra que les différents outils publics de protection de la biodiversité ont pâti de la complexité des relations entre agriculture et biodiversité, de la connaissance insuffisante de ces relations et des mécanismes qui les sous-tendent, de l'instabilité temporelle et spatiale des dispositifs, de ressources budgétaires insuffisantes notamment pour « contrecarrer » des incitations plus élevées versées au titre du premier pilier de la PAC... En outre, la concertation décentralisée à l'échelle spatiale pertinente où se pose la question de préservation de la biodiversité est un facteur clé de l'efficacité de toute politique de préservation en ce qu'elle permet l'appropriation et l'acceptation, au minimum l'acceptabilité, des enjeux, des objectifs et des moyens à mettre en œuvre par les différents acteurs concernés. Ces divers facteurs sont autant de leviers sur lesquels il est possible d'agir dans le but d'améliorer l'efficacité des politiques publiques de préservation de la biodiversité.

Enjeux pour la recherche

Un morcellement des communautés scientifiques et des approches disciplinaires

Mieux intégrer biodiversité et agriculture implique de faire converger autour de cet objectif plusieurs communautés scientifiques relevant de l'écologie, de l'agronomie, du droit, de l'économie, de la sociologie. Chaque discipline aborde la question avec des objectifs, des regards, des concepts et des méthodes souvent distincts.

L'écologie s'intéresse à la dynamique des espèces et des communautés ; l'agriculture constitue alors un bon modèle d'étude des mécanismes qui déterminent la dynamique de la biodiversité dans des écosystèmes sous contraintes anthropiques. Les communautés scientifiques travaillant aux échelles de la parcelle et des paysages sont largement disjointes, et les travaux intégrant différents niveaux d'organisation sont rares. Les années 90 ont vu émerger, à partir d'études portant sur les interactions biotiques (compétition, mutualisme...), une importante activité de recherche sur les rôles fonctionnels possibles de la biodiversité, abordés sous l'angle de leurs caractéristiques biologiques. La mise en évidence des « services rendus par la biodiversité » fait l'objet d'une démonstration académique, généralement conçue sans lien direct avec les pratiques à la parcelle ou les structures des paysages. Ces pratiques et ces structures ne sont envisagées que comme des facteurs extérieurs aux systèmes étudiés et utilisés comme variables de forçage en entrée des modèles. Ce n'est que récemment qu'est apparue la nécessité de prendre en compte les dimensions relatives à la gestion du système, au contexte paysager, aux modalités de manipulation de la biodiversité *via* un élargissement de la perspective en passant de l'agrosystème au socio-écosystème (*socio-ecological system*).

L'agronomie s'est longtemps focalisée sur la compréhension des flux de matière et d'énergie pour répondre, par exemple, aux problèmes de pollution des eaux ou aux problèmes d'irrigation posés par des pratiques agricoles intensives. Jusqu'à une date récente, les travaux d'agronomie intégraient peu les interactions biotiques dans la mesure où les produits phytosanitaires permettaient ou devaient permettre de s'affranchir des contraintes biotiques (ravageurs, adventices...).

Les sciences sociales, enfin, envisagent les rapports entre biodiversité et agriculture sous l'angle des valeurs économiques, juridiques, sociales et politiques associées à la biodiversité. Elles cherchent aussi à expliciter comment ces valeurs peuvent être prises en compte dans les comportements individuels des acteurs et dans les politiques publiques.

Ce morcellement des communautés scientifiques et des approches disciplinaires explique la difficulté à agréger des connaissances pertinentes dans les différents domaines concernés par la question complexe des relations entre agriculture et biodiversité. Toutefois, des évolutions positives sont en cours, comme le montre la bibliographie la plus récente : les écologues commencent à s'intéresser à la réalité agronomique des systèmes étudiés ; les agronomes prennent désormais en compte les enjeux de travaux expérimentaux pour quantifier la contribution de l'agrobiodiversité aux services écosystémiques ; les sciences économiques, juridiques et sociales tiennent compte dans leurs travaux positifs et normatifs des enseignements des disciplines biotechniques.

Une communauté scientifique appelée à se construire pour répondre aux enjeux

Qu'il s'agisse des différentes perceptions de la biodiversité, des fonctionnements paysagers, de la définition des services des agro-écosystèmes ou encore des conditions de mise en œuvre et d'acceptabilité des politiques publiques, les questions posées aujourd'hui quant aux liens entre biodiversité, agriculture et société engagent la capacité d'interactions entre les sciences de l'écologie, de la biologie, de l'agronomie et les sciences économiques, juridiques et sociales.

L'équilibre entre les apports des différentes disciplines dépend des questions posées. Ainsi, le champ des possibles en matière de services écosystémiques pour une situation géographique et agricole donnée, ainsi que les implications en matière de redéfinition des pratiques et du paysage relèvent prioritairement de l'agronomie et des sciences économiques et sociales. Mais les mécanismes déterminant le caractère synergique ou antagoniste de ces services, ainsi que l'influence des pratiques et du paysage sur ces services et les différentes composantes de la biodiversité relèvent davantage de l'écologie et de l'agro-écologie.

Si une attention particulière n'est pas portée à la clarification des interfaces entre disciplines et à la définition conjointe de priorités pour chaque discipline par une stratégie de co-construction, il y a un risque élevé de superficialité, voire d'erreurs. Il y a urgence à une réflexion approfondie visant à définir les priorités, cerner les partages et les particularités, pour en déduire les chantiers à développer. Dialogue entre disciplines et co-construction sont ici les maîtres mots.

Le défi pour la recherche est double, celui d'une reformulation de questions *et* celui d'une (ré)acquisition de compétences. En effet, mieux comprendre et évaluer les effets de l'agriculture sur la biodiversité impliquera d'améliorer nos connaissances relatives, non seulement aux effets des systèmes de production, des pratiques agricoles et des paysages tels qu'ils existent, mais aussi aux impacts des contraintes techniques, économiques, juridiques et sociologiques qui déterminent comment les activités de production et d'aménagement des paysages sont mises en œuvre. Il est nécessaire de faire des recherches interdisciplinaires articulant la vision agro-écologique avec une approche des problèmes intégrant pleinement les aspects techniques, économiques, juridiques et sociaux, depuis le niveau de l'exploitation agricole jusqu'à celui des marchés. La recherche pourra ainsi faire progresser notre connaissance des relations entre agriculture et biodiversité et, *in fine*, évaluer les points de blocage à prendre en compte pour réconcilier objectifs de production et objectifs de préservation de la biodiversité.

Il convient enfin de garder à l'esprit que les stratégies d'intégration de la biodiversité dans l'agriculture sont basées sur des recherches de synergie, des choix et des compromis. Dans cette perspective, un enjeu majeur est de concevoir des solutions adaptées aux situations locales, qu'il s'agisse de la parcelle ou de la structure paysagère, tout en gardant une cohérence à l'échelle des territoires. La recherche n'est pas encore très habituée à une démarche ainsi ancrée dans une réalité territoriale. Un autre enjeu est d'utiliser au mieux les acquis de la recherche dans l'objectif de faire la part de ce qui est connu et valorisable à court terme *versus* ce qui relève d'hypothèses à confirmer et encore à travailler. Un dialogue amélioré entre science et société est ici nécessaire pour un partage des priorités et une évaluation plus réaliste des connaissances qu'il est possible de transférer.

Des besoins importants de recherches

Pour répondre à ces défis, les besoins sont multiples. Tout d'abord, une appréhension scientifique des processus territoriaux implique de disposer de systèmes d'observation et d'expérimentation (zones ateliers, observatoires de recherche en environnement...) permettant de quantifier les bénéfices d'une biodiversité plus élevée au sein des parcelles cultivées et du paysage, aux échelles spatiales et temporelles pertinentes : il s'agit de concevoir ces systèmes comme des points de rencontre entre les différentes disciplines scientifiques, le monde agricole, les décideurs et la société.

Il conviendra de développer les synergies entre actions de recherche, d'ingénierie et d'agriculture expérimentale grâce à des opérations associant chercheurs, agronomes et agriculteurs. L'adoption par les agriculteurs des innovations nécessite l'acquisition de références et d'un nouveau savoir-faire : un enjeu premier est alors la mise au point d'innovations et leur diffusion ; un enjeu tout aussi important est une appropriation par le monde de la recherche des pratiques innovantes mises en œuvre de façon empirique par les agriculteurs. Dans ce contexte, mettre en place les lieux adaptés de dialogues et de partage est une nécessité.

La modélisation jouera un rôle clé pour évaluer et scénariser la manière dont les pratiques agissent sur la biodiversité, les raisons de l'adoption (ou du rejet) des pratiques et les systèmes de décision dans lesquelles celles-ci s'insèrent. Un problème important est ici la prise en compte de la dimension temporelle des innovations et de la gestion des phases de transition entre divers modes de production. C'est par le biais d'approches intégrées et formalisées qu'il sera possible d'identifier les leviers d'actions, aux différentes échelles et dans les différents champs du technique, de l'économique et du social.

Documentation et recherche bibliographique

Tout au long de ce travail d'expertise, les experts ont analysé un très grand nombre de références scientifiques, rapports internationaux et documents techniques. Cinq documentalistes Inra ont été mobilisés pour apporter un appui aux experts, notamment pour la recherche documentaire dans les différentes sources d'information, la constitution du corpus documentaire, la fourniture de documents et l'appui à la mise en forme des références bibliographiques dans le rapport final.

Principales sources d'informations utilisées

Web of Science. Produite par Thomson Scientific (ex-ISI), c'est « la » base de référence des milieux scientifiques du monde entier. Les domaines couverts représentent toutes les disciplines en sciences et sciences sociales et permettent de répondre aux recherches traversant plusieurs champs disciplinaires et celles menées aux interfaces entre les disciplines.

CAB Abstracts. Produite par CABI Publishing (Commonwealth Agricultural Bureaux), cette base est spécialisée dans les thématiques « agriculture » au sens large (production végétale et protection des cultures, production animale et sciences vétérinaires, foresterie, santé et alimentation humaine, gestion et conservation des ressources naturelles, économie et sociologie rurale).

Econlit. Produite par l'American Economic Association, cette base est spécialisée en économie et management. Elle recense des articles de périodiques (400 titres), des monographies, chapitres de volumes collectifs, comptes rendus de congrès, thèses, travaux de recherche (« working papers »).

Business Source Premier. Produite par EBSCO Publishing, cette base est spécialisée dans les domaines de l'économie, management, gestion des entreprises, finance, comptabilité. Elle donne accès en texte intégral aux revues d'intérêt général telles que *Business Week, Forbes, Fortune…*, ainsi qu'aux revues plus académiques telles que *Harvard Business Review, Journal of Finance…*

Francis. Produite par l'INIST, cette base est spécialisée en sciences humaines et sociales. Elle contient des articles de revues, d'ouvrages, de thèses, de congrès et de rapports. Les documents français et européens sont traités en priorité.

Méthode de travail

Les bases de données bibliographiques ont été interrogées à l'aide d'équations complexes combinant plusieurs niveaux de mots-clés validés par les experts. De nombreuses interactions ont été nécessaires entre les documentalistes et les experts afin de définir les mots-clés et affiner les recherches. Par exemple, pour le chapitre 2, les équations de recherche utilisées ont combiné 292 mots-clés correspondant aux 3 niveaux d'analyse (groupes, systèmes agricoles, paramètres).

Plusieurs milliers de références bibliographiques ont ainsi été communiquées aux experts sous format Endnote ou de listes Word. Par exemple, les experts du chapitre 2 ont examiné au total 13 481 références pour n'en citer que 700 dans le rapport.

Quelques chiffres sur les références citées dans le rapport

Au total, plus de 2 000 références ont été sélectionnées par les experts et intégrées dans le rapport.

Les experts se sont référés principalement à des travaux récents, 44 % des références ayant moins de 5 ans. Ils ont cité principalement des articles publiés dans des revues scientifiques internationales (78 %), ce qui répond bien à la définition de l'exercice d'expertise scientifique. Les principales revues scientifiques utilisées sont : *Agriculture, Ecosystems & Environment, Applied Soil Ecology, Aspects of applied biology, Biological Conservation, Biological Control, Conservation Biology, Ecology, Ecology Letters, Environmental Entomology, Journal of Applied Ecology, Oecologia.*

Les experts se sont également référés à des ouvrages ou chapitres d'ouvrages (12 %) publiés par des grands éditeurs scientifiques : Academic Press, British Crop Protection Council, Cambridge University Press, Éditions Quæ, Marcel Dekker, Quest Environmental, Springer, University of California Press.

Dans un second temps, les experts ont également fait appel à de la « littérature grise » sous forme de rapports scientifiques édités par des institutions internationales (OCDE, Commission des communautés européennes) (3 %), de communications réalisées lors de conférences (2 %), de thèses (1 %) et d'articles publiés dans des revues techniques (4 %).

À noter que pour le chapitre 3, les experts ont analysé les données agronomiques publiées dans des rapports ou des revues techniques, ou présentées lors de conférences (18 %), alors que dans les chapitres 1 et 2 les experts ont compilé préférentiellement des articles publiés dans des revues scientifiques internationales (84 %).

Références bibliographiques des figures

Aubertot J.N., Barbier J.M., Carpentier A., Gril J.N., Guichard L., Lucas P., Savary S., Voltz M. and Savini I. (2005). *Pesticides, agriculture, environnement, Réduire l'utilisation des pesticides et en limiter les impacts environnementaux*, Expertise scientifique collective, ministère de l'Agriculture et de la Pêche ; ministère de l'Écologie, de l'Énergie, de l'Aménagement du territoire et du Développement durable, 702 p.

http://www.inra.fr/l_institut/expertise/expertises_realisees/pesticides_rapport_d_expertise

Bakker J.P. and Berendse F. (1999). Constraints in the restoration of ecological diversity in grassland and heathland communities. *Trends in Ecology & Evolution* 14(2): 63-68.

Billeter R., Liira J., Bailey D., Bugter R., Arens P., Augenstein I., Aviron S., Baudry J., Bukacek R., Burel F., Cerny M., De Blust G., De Cock R., Diekotter T., Dietz H., Dirksen J., Dormann C., Durka W., Frenzel M., Hamersky R., Hendrickx F., Herzog F., Klotz S., Koolstra B., Lausch A., Le Cœur D., Maelfait J.P., Opdam P., Roubalova M., Schermann A., Schermann N., Schmidt T., Schweiger O., Smulders M.J.M., Speelmans M., Simova P., Verboom J., van Wingerden W.K.R.E. and Zobel M. (2008). Indicators for biodiversity in agricultural landscapes: a pan-European study. *Journal of Applied Ecology* 45(1): 141-150.

Bonet A. and Pausas J. (2004). Species richness and cover along a 60-year chronosequence in old-fields of southeastern Spain. *Plant Ecology* 174(2): 257-270.

Bouvier J.C. (2004). Exposition et réponse de l'avifaune aux pratiques phytosanitaires en vergers : Possibilités de traduction en termes de bioindication et de transfert vers la profession agricole. Mémoire d'ingénieur diplômé par l'État, spécialité Agriculture, ENSAM Montpellier, 62 p + annexes.

Cingolani A.M., Noy-Meir I. and Díaz S. (2005). Grazing effects on rangeland diversity: a synthesis of contemporary models. *Ecological Applications* 15(2): 757-773.

Diaz S., Fargione J., Chapin F.S. and Tilman D. (2006). Biodiversity Loss Threatens Human Well-Being. *Plos Biology* 4(8): e277.

Huston M.A. (1979). A general hypothesis of species diversity. *American Naturalist* 113: 81-101.

Huston M.A. (1994). *Biological Diversity. The Coexistence of Species in changing landscapes,* Cambridge University Press, 681 p.

Klimek S., Richter gen. Kemmermann A., Hofmann M. and Isselstein J. (2007). Plant species richness and composition in managed grasslands: The relative importance of field management and environmental factors. *Biological Conservation* 134(4): 559-570.

Pointereau P. and Bisault L. (2007). *La monoculture et ses dangers pour l'environnement, trente ans de paysages agricoles,* Solagro.

http://www.solagro.org/site/im_user/206okles_dangers_de_la_monoculture1.pdf

Poschold P., Bakker J.P. and Kahmen S. (2005). Changing land use and its impact on biodiversity. *Basic and Applied Ecology* 6(2): 93-98.

Roschewitz I., Gabriel D., Tscharntke T. and Thies C. (2005). The effects of landscape complexity on arable weed species diversity in organic and conventional farming. *Journal of Applied Ecology* 42(5): 873-882.

Schmid B. and Hector A. (2004). The value of biodiversity experiments. *Basic and Applied Ecology* 5(6): 535-542.

Schmidt M.H., Lauer A., Purtauf T., Thies C., Schaefer M. and Tscharntke T. (2003). Relative importance of predators and parasitoids for cereal aphid control. *Proceedings of the Royal Society of London. Series B, Biological Sciences* 270(1527): 1905-1909.

Simon S., Defrance H. and Sauphanor B. (2007). Effect of codling moth management on orchard arthropods. *Agriculture, Ecosystems & Environment* 122(3): 340-348.

Spehn E.M., Scherer-Lorenzen M., Schmid B., Hector A., Caldeira M.C., Dimitrikopoulus P.G., Finn J.A., Jumpponen A., O'Donnovan G., Pereira J.S., Schulze E.-D., Troumbis A.Y. and Körner C. (2002). The role of legumes as a component of biodiversity in a cross-European study of grassland biomass nitrogen. *Oikos* 98: 205-218.

Steffan-Dewenter I. and Tscharntke T. (1999). Effects of habitat isolation on pollinator communities and seed set. *Oecologia* 121(3): 432-440.

Tscharntke T., Bommarco R., Clough Y., Crist T.O., Kleijn D., Rand T.A., Tylianakis J.M., van Nouhuys S. and Vidal S. (2007). Conservation biological control and enemy diversity on a landscape scale. *Biological Control* 43(3): 294-309.

Tscharntke T., Klein A.M., Kruess A., Ingolf Steffan-Dewenter I. and Thies C. (2005). Landscape perspectives on agricultural intensification and biodiversity-Ecosystem service management. *Ecology Letters* 8(8): 857-874.

Zhang W., Ricketts T.H., Kremen C., Carney K. and Swinton S.M. (2007). Ecosystem services and dis-services to agriculture. *Ecological Economics* 64(2): 253-260.

Auteurs et éditeurs de l'expertise

Experts

Responsable de la coordination scientifique

Xavier Le Roux, DR*, Inra-EFPA Lyon : écologie microbienne, relations biodiversité-fonctionnement.

Contributeurs

Robert Barbault**, Pr, Paris 6 - Muséum national d'Histoire naturelle, Paris : biodiversité, écologie générale.

Jacques Baudry, DR, Inra-SAD Rennes : dynamique et écologie des paysages agricoles.

Françoise Burel, DR, CNRS Rennes : biodiversité et écologie des paysages agricoles.

Bruno Chauvel, CR, Inra-EA Dijon : agronomie, écologie, gestion des adventices.

Denis Couvet, Pr, Muséum national d'Histoire naturelle, Paris, et École polytechnique, Palaiseau : biologie de la conservation, observatoires, indicateurs et scénarios de biodiversité.

Christian Deverre, DR, Inra-SAD Avignon : biodiversité et société.

Isabelle Doussan, CR, Inra-SAE2 Toulouse : droit de l'environnement.

Anne Farruggia, IR, Inra-PHASE Clermont-Ferrand-Theix : pâturage et biodiversité.

Philippe Fleury, enseignant-chercheur, Isara Lyon : agronomie et géographie, relations agriculture-biodiversité, agriculture et développement territorial.

Éric Garnier, DR, CNRS Montpellier : biodiversité végétale, écologie fonctionnelle.

Thierry Hance, Pr, Centre de recherche sur la biodiversité, université de Louvain-la-Neuve (Belgique) : écologie des interactions et contrôle biologique, lutte biologique.

Félix Herzog, DR, Agroscope, Zurich (Suisse) : évaluation des mesures écologiques agriculture-biodiversité.

* AI : Assistant ingénieur ; CR : chargé de recherche ; DR : directeur de recherche ; IE : ingénieur d'étude ; IR : ingénieur de recherche ; MC : maître de conférences ; Pr : professeur.
Départements de recherche Inra : EA : environnement et agronomie ; EFPA : écologie des forêts, prairies et milieux aquatiques ; PHASE : physiologie animale et systèmes d'élevage ; SAD : sciences pour l'action et le développement ; SAE2 : sciences sociales, agriculture et alimentation, espace et environnement ; SPE : santé des plantes et environnement.
** En gras : experts coordinateurs de parties du rapport.

Sandra Lavorel, DR, CNRS Grenoble : biodiversité et fonctionnement des écosystèmes, écologie du paysage, services écosystémiques.

Xavier Le Roux, DR*, Inra-EFPA Lyon : écologie microbienne, relations biodiversité-fonctionnement.

Robert Lifran, DR, Inra-SAE2, SupAgro Montpellier : économie de l'environnement, politiques publiques.

Sylvain Plantureux, Pr, Ensaia Nancy : agronomie, prairies permanentes, indicateurs.

Jean Roger-Estrade, Pr, AgroParisTech, département SIAFEE, Paris : agronomie, systèmes de culture, systèmes de production.

Jean-Pierre Sarthou, MC, Ensa Toulouse : agro-écologie, entomologie, protection des cultures.

Bernhard Schmid, Pr, Institute of Environmental Sciences, University of Zurich (Suisse) : relations biodiversité-fonctionnement des écosystèmes.

Sylvaine Simon, IR, Inra-SPE, Avignon : arboriculture fruitière.

Christian Steinberg, DR, Inra-SPE Dijon : microbiologie des sols et environnement, écologie microbienne, bio-indicateurs.

Muriel Tichit, CR, Inra-SAD Paris : sciences animales, écosystèmes prairiaux, pâturage, biodiversité.

Michel Trommetter, DR, Inra-SAE2 Grenoble : économie appliquée et de l'innovation, biodiversité.

Cécile Villenave, CR, IRD, Montpellier : écologie du sol, faune du sol.

Ont également été sollicités, pour des contributions plus ponctuelles à la rédaction du rapport, les chercheurs suivants : Bernard Amiaud (INPL Nancy), Stéphane Aulagnier (Inra Toulouse), Sylvie Bonny (Inra Grignon), Jean-Charles Bouvier (Inra Avignon), Alain Butet (CNRS Rennes), Gabriel Carré (Inra Avignon), Jérôme Cortet (Ensaia-INPL Nancy), Isabelle Dajoz (École normale supérieure), Jean-François Debras (Inra Avignon), Thibault Decaens (université Rouen), Christian Dupraz (Inra Montpellier), Pierre Joly (CNRS Lyon), Sébastien Lavergne (CNRS Grenoble), Fabien Liagre (Agroof Développement), Jean-Pierre Lumaret (CNRS Montpellier), Fabien Quétier (IMBIV, Argentine), Benoît Sauphanor (Inra Avignon), Sophie Thoyer (SupAgro Montpellier), Bernard Vaissière (Inra Avignon), Diederik van Tuinen (Inra Dijon).

Unité Expertise scientifique collective (UESCo) de l'Inra

Claire Sabbagh, IR, Inra Paris : direction de l'unité, management de l'ESCo.

Isabelle Savini, IE, Inra Paris : rédaction, coordination éditoriale.

Dominique Fournier, IE, Inra Montpellier : ingénierie documentaire.

Suzette Astruc, Inra Montpellier, Alain Bone, Inra Grignon ; Anne Dufay, Inra Sophia Antipolis ; Laurent Garnier, Inra Montpellier ; Virginie Lelièvre, Inra Avignon, Anne Toumelin, Inra Montpellier.

Imprimé pour vous par Books on Demand (Allemagne)

www.ingramcontent.com/pod-product-compliance
Lightning Source LLC
La Vergne TN
LVHW050858051026
849532LV00006BA/2305
* 9 7 8 2 7 5 9 2 1 8 2 4 0 *